양자 불가사의 -물리학과 의식의 만남

Quantum Enigma

글과 강의와 대화로 우리에게 영감을 준

20세기 후반의 위대한 양자이론가 존 벨에게 이 책을 바친다

브루스 로젠블룸Bruce Rosenblum은 뉴욕대학 물리학과를 졸업하고 컬럼비아대학교에서 박사학위를 받았으며, 미국 산타크루즈 소재 캘리포니아대학교 물리학 교수를 역임하였다. 그는 분자물리학에서 생물물리학에 이르기까지 다양한 연구를 계속하였다. 또한 정부의 기술 산업과 정책 문제에도 폭넓게 관여해 왔으며, 양자역학의 근본적인 쟁점들을 연구하였다.

프레드 커트너Fred Kuttner는 메사추세츠공대(MIT) 물리학과를 졸업하고, 프린스턴대학교에서 박사학위를 받았으며, 산타크루즈 소재 캘리포니아대학교 물리학과 교수이다. 그는 산업계의 첨단 연구 분야에서 경력을 쌓은 후에 물리학 강의에 전념하고 있다. 그의 연구 분야는 자기 시스템의 양자이론 분석이다. 최근까지 양자이론의 의미와 양자역학의 토대를 강의하며 연구하고 있다.

옮긴이 전대호는 서울대학교 물리학과를 졸업하고 같은 대학교 철학과 대학원 석사학위를 마쳤다. 독일 쾰른대학에서 철학을 수학한 후 서울대학교 철학과 박사과정을 수료했다. 1993년 조선일보 신춘문예에 시 당선. 시집으로『가끔은 중세를 꿈꾼다』,『성찰』이 있고, 번역서로『수학의 언어』,『유클리드의 창』,『과학의 시대』,『짧고 쉽게 쓴 '시간의 역사'』,『수학의 사생활』,『우주생명 오디세이』,『위대한 설계』등이 있다.

양자 불가사의

지은이: 브루스 로젠블룸 • 프레드 커트너 / 옮긴이: 전대호 / 펴낸곳: 도서출판 지양사 · 키드북
주소: 서울시 마포구 서교동 399-24 정명빌딩 4층
등록번호: 제18-25 / 초판 발행일: 2012년 9월 27일
전화: 02-324-6279 / 팩스 · 02-325-3722
홈페이지: www.jiyangsa.com / e-mail: jiyangsa@daum.net
값 22,000원

물리학과 의식의 만남

양자 불가사의

Quantum Enigma

Physics Encounters Consciousness

차례

2판 서문

　양자역학은 놀라울 만큼 성공적이다. 이 이론은 잘못된 예측을 단 하나도 내놓지 않았다. 우리 경제의 3분의 1이 양자역학에 기초한 제품들에 의존한다. 무엇보다도 양자역학은 불가사의한 수수께끼를 제기한다. 이 이론에 따르면, 물리적 실재는 관찰에 의해 창조되고, 서로 멀리 떨어진 두 사건이 어떤 물리적 힘의 관여도 없이 한 순간에 '도깨비 같은 작용'으로 서로에게 영향을 끼친다. 인간의 관점에서 보면, 양자역학은 물리학으로 하여금 의식과 마주치게 했다.

　이 책은 이론의 여지가 전혀 없는 실험적 사실들과 그로 인해 확립된 양자이론을 서술한다. 그리고 이 책에서 우리는 현재 경쟁 중인 해석들을 논한다. 또한 그 해석들 각각이 어떻게 의식과 조우하는지 논한다. 다행스럽게도 양자 불가사의는 비전문적인 언어로도 깊이 있게 탐구할 수 있다. 양자역학이 제시했고 물리학자들이 '양자 측정 문제'라고 부르는 미스터리는 아주 간단한 양자 실험에서도 분명하게 드러난다.

　최근에 양자역학의 토대와 미스터리에 관한 연구가 급증했다. 양자 현상들은 컴퓨터공학부터 생물학과 우주론까지 다양한 분야에서 과거 어느 때보다 더 도드라지게 눈에 띈다.

이 책 2판에는 이론과 응용 분야에서 최근에 일어난 발전들이 포함되었다. 우리는 이 책의 초판을 대규모 강의와 소규모 세미나에서 사용해 본 덕분에 서술 방식을 개선할 수 있었다. 이 책을 사용해본 다른 교수들과 독자들의 반응, 평론가들의 평가도 도움이 되었다. 우리는 웹사이트 quantumenigma.com에서 일부 주제에 관한 논의를 확장하고 새롭게 할 계획이다.

이 책을 준비하는 동안 많은 사람들의 도움을 받았다. 레너드 앤더슨, 필리스 아로지나, 도널드 코인, 리 딕, 칼로스 피게로아, 프레다 헤지스, 닉 허버트, 알렉스 모라루, 앤드루 네어, 톱시 스몰리의 비판과 조언에 감사드린다.

통찰력 있는 조언과 지원을 제공한 전임 편집자 마이클 펜과 현 편집자 필리스 코언, 전임 편집팀장 스테파니 아티아, 2판 출간에 크게 기여한 현 편집팀장 아미 위트머에게도 감사의 말을 전한다.

우리의 대리인 페이스 햄린은 줄곧 도움과 따스한 격려를 해주었다. 그녀에게 큰 고마움을 느낀다.

1

'도깨비 같다'라는 아인슈타인의
그 말을 그땐 몰랐었네

나는 양자 문제를 일반상대성이론보다 백 배나 더 많이 생각했다.
_알베르트 아인슈타인

나는 양자이론을 진지하게 믿을 수 없다. 왜냐하면 …… 물리학은 시간
과 공간 안의 실재를, 도깨비 같은 원격 작용 없이 기술해야 하기 때문
이다.
_알베르트 아인슈타인

나(브루스 로젠블룸)는 1950년대의 어느 토요일에 프린스턴의 친구들을
방문하였다. 나를 초대한 분은 알베르트 아인슈타인Albert Einstein과 친분
이 있었는데, 자신의 사위 빌 베네트와 나에게 오늘 저녁에 아인슈타
인을 만날 의향이 있냐고 물었다. 우리는 당시 물리학과 대학원생이었
는데 외경심에 사로잡혀 아인슈타인의 거실에서 기다리다가 슬리퍼에
티셔츠 차림으로 계단을 내려오는 그분을 보았다. 나는 차와 과자는
기억이 나는데, 대화가 어떻게 시작되었는지는 기억나지 않는다.

이내 아인슈타인이 우리의 양자역학 수업에 대해서 물었다. 그는 우
리 대학원의 교수들이 데이비드 봄David Bohm의 책을 교과서로 선택한
것을 수긍했고, 양자이론의 기이한 귀결들을 다루는 봄의 방식이 마음
에 드느냐고 물었다. 우리는 대답할 수 없었다. 우리는 교수들로부터

그 부분을 건너뛰고 '이론의 수학적 정식화'라는 제목이 붙은 부분에 집중하라고 지시받았었다. 아인슈타인은 그 이론의 진정한 의미에 대한 우리의 생각을 집요하게 파고들었다. 그러나 그가 관심을 기울이는 내용들은 우리에게 낯설었다. 우리의 양자물리학 수업들은 이론의 의미가 아니라 활용에 초점을 맞췄다. 그의 탐색에 대한 우리의 반응은 그를 실망시켰고, 대화는 다른 쪽으로 흘러갔다.

그 후 여러 해가 지나서야 나는 양자이론의 수수께끼 같은 귀결들에 대한 아인슈타인의 우려를 이해했다. 양자이론이 한 지점에서의 관찰이 멀리 떨어진 다른 사건에 즉각적으로, 어떤 물리적 힘의 관여도 없이, 영향을 끼칠 것을 요구한다는 사실을 아인슈타인은 일찍이 1935년에 지적하여 양자이론 개발자들을 깜짝 놀라게 했다. 그러나 우리가 아인슈타인을 만났을 때 나는 그 사실을 몰랐다. 아인슈타인은 그런 즉각적인 영향 끼침을, 실제로 존재할 수 없는 '도깨비 같은 작용'이라고 부르면서 비웃었다.

"만일 당신이 원자처럼 작은 대상이 특정 위치에 있음을 관찰하면, 당신의 관찰 때문에 그 대상이 거기에 있게 된다." 이와같은 양자이론의 주장도 아인슈타인은 받아들일 수 없었다. 이 주장은 큰 물체들에도 타당할까? 원리적으로, 그렇다. 양자이론을 조롱하기 위해서 아인슈타인은 동료 물리학자에게, 당신이 달을 볼 때만 달이 있다고 믿느냐고 농담 삼아 묻기도 했다. 아인슈타인에 따르면, 양자이론을 진지하게 받아들인다는 것은 관찰 여부에 상관 없이 물리적으로 실재하는 세계를 부정한다는 것이다.

이것은 심각한 도발이다. 양자이론은 여러 물리학 이론 가운데 하나에 불과한 게 아니다. 양자이론은 물리학 전체를 궁극적으로 떠받치는 틀이다.

　이 책은 아인슈타인이 1905년에 양자 개념을 제안할 때부터 반세기 후 사망할 때까지 그를 괴롭힌 양자이론의 불가사의한 귀결들에 초점을 맞출 것이다. 그러나 아인슈타인을 만난 그날 저녁 이후 여러 해 동안 나는 물리학자들이 '측정 문제'라고 부르는, 양자의 기괴함에 대해서 거의 생각하지 않았다. 대학원생인 나는 그 문제와 관련이 있는 '파동-입자 이중성'을 붙들고 고민했다. 이 역설을 설명하자면 이렇다. 한편으로 당신은 원자가 한 지점에 집중된 탄탄한 물체라는 것을 증명할 수 있다. 그러나 다른 한편으로 당신은 그것의 정반대를 증명할 수도 있다. 즉, 원자가 탄탄한 물체가 아니라 넓은 구역에 퍼져 있는 파동이라는 것을 증명할 수 있다. 이 모순이 나를 어리둥절하게 했다. 그러나 나는 몇 시간만 곰곰이 생각하면 모든 것을, 내가 보기에 교수들이 그러한 것처럼, 명확하게 이해할 수 있으리라고 생각했다. 대학원생으로서 나는 더 긴급하게 할 일들이 있었다. 나의 박사논문은 양자이론과 많은 관련이 있었지만, 대부분의 물리학자들과 마찬가지로 나는 그 이론의 심층적인 의미에는 관심이 없다시피 했다. 당시에 나는 그 의미가 한낱 '파동-입자 이중성'을 훨씬 능가한다는 사실을 몰랐다.

　10년 동안 산업계에서 물리학 연구와 연구 관리에 종사한 뒤에 나는 산타크루즈 소재 캘리포니아대학교(UCSC)의 교수단에 합류했다. 나는 교양 물리학을 가르치면서 양자역학의 미스터리에 흥미를 갖게 되었다. 일주일 동안 이탈리아에서 양자역학의 토대에 관한 학회에 참석한 것을 계기로 나는 오래전 프린스턴에서 아인슈타인과 함께 보낸 저녁에 준비 부족으로 토론하지 못한 주제들에 사로잡혔다.

나(프레드 커트너)는 매사추세츠공과대학 3학년 시절 양자역학을 처음 접했다. 그때 공책의 한 페이지 전체에 슈뢰딩거 방정식을 적어놓고 우주의 모든 것을 지배하는 그 방정식을 벅찬 마음으로 바라보았다. 얼마 후에 나는 원자의 북극이 동시에 여러 방향을 가리킬 수 있다는 양자역학의 명제에 어리둥절해졌다. 나는 이 문제를 붙들고 한동안 고민하다가 포기했다. 더 많이 배우고 나면 이해가 되려니 생각했다.

나는 박사논문을 쓰기 위해 자기 시스템을 양자이론으로 분석하는 연구를 했다. 나는 양자이론을 써먹는 데는 능숙해졌지만 그 이론의 의미에 대해선 생각할 여유가 없었다. 논문들을 출판하고 학위를 따느라 너무 바빴다. 나는 첨단 기술 업체 두 곳에서 일한 뒤에 산타크루즈 소재 캘리포니아대학교의 교수단에 합류했다.

우리 두 사람이 물리학과 사변 철학이 만나는 접경 지역을 탐사하기 시작했을 때, 동료 물리학자들은 놀랍다는 반응이었다. 지난 우리의 연구 분야가 상당히 통상적이고 심지어 실용적이었기 때문이다(우리가 산업체와 대학에서 수행한 연구에 대한 추가 정보와 우리의 연락처는 이 책의 웹사이트 www.quantumenigma.com 참조).

물리학의 감추고 싶은 비밀

양자이론이 요구하는 세계관은 우리의 예상 능력을 초월할 정도로 기이하다. 왜 그런지 이야기해보자.

우리 대부분은 다음과 같은 상식적 직관을 공유한다. 단일한 물체는 서로 멀리 떨어진 두 지점에 동시에 있을 수 없다. 또한 누군가가 여기에서 하는 행동이 멀리 떨어진 다른 곳에서 일어나는 일에 즉각적으로 영향을 끼칠 수는 없다. 또 우리가 보든 말든, 실제 세계가 '저 바깥에' 있다는 것은 두말 하면 잔소리가 아닌가. 그러나 양자역학은 이 모든 직관에 도전한다. J. M. 야우흐J. M. Jauch는 이렇게 말한다. "많은 사려 깊은 물리학자들에게 [양자역학의 깊은 의미는] 말하자면 감추고 싶은 비밀로 남아 있다."

이 장 첫머리에서 우리는 양자이론에 관한 아인슈타인의 우려를 언급했다. 양자이론이란 무엇인가? 양자이론은 20세기 초에 원자의 행동을 지배하는 메커니즘, 곧 역학을 설명하기 위해 개발되었다. 물체의 에너지는 양자라는 이산적인(불연속적인) 양만큼씩만 변할 수 있다는 사실이 일찌감치 발견되었고 이 때문에 '양자역학'이라는 명칭이 만들어졌다. '양자역학'은 실험 관찰과 그것을 설명하는 양자이론을 아우른다.

양자이론은 화학부터 우주론까지 모든 자연과학의 바탕에 놓여 있다. 왜 태양이 빛나는지, 어떻게 텔레비전 수상기가 화면을 만들어내는지, 왜 풀이 녹색인지, 어떻게 우주가 빅뱅에서부터 진화했는지, 이 모든 걸 이해하려면 양자이론이 필요하다. 또한 현대 기술의 기반에는 양자이론으로 설계한 장치들이 있다.

양자이론 이전의 물리학, 곧 '고전역학' 혹은 '고전물리학'('뉴턴물리학'이라고도 함)은 분자보다 훨씬 더 큰 물체들에 대해서는 일반적으로 훌륭한 근사 이론이며 대개 양자이론보다 훨씬 더 쉽게 써먹을 수 있다. 그러나 고전물리학은 근사이론에 불과하다. 만물의 재료인 원자에는 고전물리학이 통하지 않는다. 그럼에도 고전물리학은 우리의 상식, 곧 뉴턴식 세계관의 토대이다. 그러나 이제 우리는 이 고전적 세계관에 근본적인 결함이 있음을 안다.

고대 이래로 철학자들은 물리적 실재에 관한 심오한 사변에 도달하곤 했다. 그러나 양자역학이 등장하기 이전에는 그런 사변을 거부하고 단순명료한 상식적 세계관을 고수하는 것이 논리적으로 가능했다. 하지만 오늘날 양자물리학에서 이루어진 실험들의 결과는 상식이 말하는 물리적 실재를 부정한다. 상식적 세계관은 이제 더는 논리적으로 허용되는 선택지가 아니다.

양자역학이 제안하는 세계관이 과학의 울타리 밖에서도 유효할 수 있을까? 과학 안팎에서 두루 유효한 앞서 이루어졌던 발견들을 생각해보자. 이를테면 지구가 우주의 중심이 아니라는 코페르니쿠스Nicolas Copernicus의 깨달음이나 다윈의 진화론을 생각해보자. 양자역학의 유효성은 아주 멀리 있거나 오래전에 있었던 것들을 다루는 코페르니쿠스나 다윈의 사상보다 더 직접적이다. 양자이론은 지금 여기를 다룬다. 더 나아가 양자이론은 인간성의 정수, 우리의 의식과 마주친다.

그렇다면 왜 양자역학은 코페르니쿠스나 다윈Charles Darwin의 사상만큼의 지적, 사회적 영향력을 아직까지 발휘하지 못하는 것일까? 아마도 양자역학이 이해하기 더 어렵기 때문일 것이다. 확실히 코페르니쿠스의 사상과 다윈의 사상은 양자역학보다 믿기가 훨씬 더 수월하다. 이 사상들의 의미는 몇 개의 문장으로 요약 가능하다. 그 문장들은 적어도 현대인이 보기에는 사리에 맞다. 반면에 양자이론의 함의를 그렇게 요약해 보라. 불가사의하게 보이는 문장들이 나올 것이다.

그럼에도 우리는 대략적인 요약을 감행하려 한다. 양자이론에 따르면, 한 대상에 대한 관찰은 아주 멀리 떨어진 다른 대상의 행동에 영향을 미친다. 설령 두 대상을 연결하는 힘이 전혀 없더라도 말이다. 아인슈타인은 이런 영향 미침을 '도깨비 같은 작용'이라며 배제했지만, 지금은 그것의 존재가 증명되어 있다. 또한 양자이론은 한 대상이 동시에 두 장소에 있을 수 있다고 말한다. 대상이 특정 장소에 존재한다는 사실은 오로지 대상이 관찰될 때 비로소 실현된다. 요컨대 양자이론은 관찰에 의존하지 않고 물리적으로 실재하는 세계를 부정한다(나중에 논하겠지만, '관찰'은 까다롭고 논란 많은 개념이다).

기이한 양자 현상들은 오로지 작은 대상들을 주인공으로 삼아야만 직접 보여줄 수 있다. 고전물리학은 큰 대상들의 상식적인 행동을 아주 훌륭한 근사치로 서술한다. 그러나 큰 대상은 작은 대상들로 이루어졌다. 고전물리학은 하나의 세계관으로서 더이상 유효하지 않다.

고전물리학은 세계를 꽤 잘 설명한다. 고전물리학이 감당하지 못하는 것은 단지 '세부 사항들'뿐이다. 반면에 양자물리학은 '세부 사항들'을 완벽하게 처리한다. 양자물리학이 설명하지 못하는 것은 단지 세계뿐이다. 아인슈타인이 고민에 빠진 이유가 여기에 있다.

현대 양자이론의 창시자 중 한 명인 에르빈 슈뢰딩거Erwin Schrödinger
는 양자이론이 '부조리하다'는 것을 강조하기 위해 유명한 고양이 이
야기를 내놓았다. 양자이론에 따르면, 관찰되지 않은 슈뢰딩거의 고양
이는, 당신의 관찰로 인해 죽게 되거나 살게 되기까지는, 죽어 있는 동
시에 살아 있다. 심지어 다음과 같은 양자이론의 귀결은 더욱 받아들
이기 어렵다. 고양이가 죽어 있음을 발견하면, 사후 경직에까지 이른
고양이의 역사가 창조된다. 반대로 고양이가 살아 있음을 발견하면,
굶주림에 허덕이며 버텨온 고양이의 역사가 창조된다. 현재의 발견이
시간을 거슬러 과거를 창조하는 것이다.

양자이론의 불가사의는 80년 동안 물리학자들을 괴롭혀왔다. 물리
학자의 전문성과 재능은 어쩌면 양자이론을 이해하기에는 충분하지
못한 듯하다. 우리 물리학자들은 겸손하게 문제에 접근해야 할 것이
다. 물론 쉬운 일은 아니지만 말이다.

예상 밖일 수도 있겠지만, 양자 불가사의가 무엇인지는 많은 물리학
지식이 없어도 사실상 완전하게 파악할 수 있다. 여러 해 동안 양자이
론을 활용해 본 경험이 없는 사람이 새로운 통찰에 도달할 수 있을까?
임금님이 벌거벗었다고 지적한 주인공은 어린아이였다.

논쟁

이 책은 교양학부 수강생들을 위한 일반 물리학 강의를 기초로 삼았
다. 그 강의는 막바지 몇 주 동안 양자역학의 수수께끼들을 중점적으

로 다뤘다. 내(브루스 로젠블룸)가 학과 회의에서 그 강의를 처음 제안했을 때, 한 교수가 강의의 마지막 주제를 문제 삼고 나섰다.

교수님 말씀이 맞기는 하지만, 이런 내용을 비과학자들에게 이야기하는 것은 어린아이에게 실탄이 장전된 총을 주면서 갖고 놀라고 하는 것과 같습니다.

사람 좋은 그 교수의 염려는 타당했다. 확고한 과학인 물리학이 의식을 지닌 정신이라는 미스터리와 연결되어 있음을 배운 사람들 중 일부는 온갖 사이비과학의 헛소리에 흔들리게 될 수도 있다. 나는 강의에서 '총기 안전 교육'도 실시하겠다고, 과학적 방법을 강조하겠다고 대꾸했다. 결국 강의 개설이 승인되었다. 현재 프레드 커트너가 담당하는 그 강의는 물리학과에서 최고 인기를 누리고 있다.

단도직입적으로 이야기하겠는데, 이 책의 제목이 말하는 의식과의 만남은 '마인드 컨트롤' 따위와 무관하다. 당신이 생각만으로 물리적 세계를 직접 통제할 수 있다는 식의 의미는 조금도 없다. 양자역학 실험에서 나온 명백한 결과들은 물리적 세계에서 의식이 신비로운 역할을 담당한다는 사실을 함축할까? 이 질문은 물리학의 경계에서 등장하는 뜨거운 논쟁거리다.

이 책은 양자 불가사의가 출현하는 장소인 그 경계를 중점적으로 다루므로 논란을 불러일으키는 책일 수밖에 없다. 그러나 우리가 양자역학 자체에 대해서 하는 이야기 중에는 논란거리가 전혀 없다. 논란거리는 양자역학의 결론들이 함축하는, 물리학 너머의 미스터리다. 많은 물리학자들은 이 난감하고 기괴한 미스터리에 대해서는 침묵하는 것이 최선이라고 여긴다. 우리 저자들을 포함해서 물리학자들은 물리학이 의식과 같은 '비물리적인' 무언가와 마주치는 것을 탐탁지 않게 여길 수 있다. 양자역학적 사실들은 이론의 여지가 없지만, 그 사실들 배후의 의미, 양자역학이 우리 세계에 대해서 무엇을 이야기하는가는 뜨거운 논쟁의 주제다. 이런 주제를 물리학과에서, 더구나 물리학 수업에서 비전공 학생들과 논하려 들면, 일부 교수들은 반발할 것이다(당연한 말이지만, 물리 현상에 대한 논의에서 신비롭게 등장하는 의식이라는 주제를 탐탁지 않게 여기는 것은 물리학자들뿐만이 아니다. 그 주제는 우리 모두의 세계관을 뒤흔들 수 있다).

아인슈타인 평전을 쓴 어느 저자에 따르면, 과거 1950년대에 아직 정년 보장을 받지 못한 물리학 교수가 양자이론의 기이한 함의들에 조금이라도 관심을 가지면 앞날을 망칠 위험이 있었다. 그러나 분위기는 바뀌고 있다. 양자역학의 토대에 관한, 의식과의 만남을 피할 수 없는 연구는 오늘날 물리학을 넘어서 심리학, 철학, 심지어 컴퓨터공학까지 아우르면서 갈수록 활발해지고 있다.

양자이론은 모든 실용적인 상황에서 완벽하게 작동하므로, 일부 물리학자들은 양자이론에 문제가 있다는 것 자체를 부인한다. 이런 부인은 비물리학자들에게 가장 흥미로울 만한 양자역학의 측면들을 사이비과학 공급자들에게 넘겨주는 결과를 초래한다. 우리 저자들이 개탄하는 사이비과학의 한 예로 영화 〈왓 더 블립 두 위 노What the Bleep do we know?〉를 들 수 있다(이 영화를 잘 모르는 독자는 15장 도입부를 참조하라). 진짜 양자 불가사의는 이런 어설픈 해석이 옹호하는 '철학들'보다 더 기괴하고 심오하다. 진짜 양자 미스터리를 이해하려면 정신적 노력을 조금 더 기울일 필요가 있다. 또한 그럴 가치가 있다.

(우리 두 저자를 비롯한) 물리학자 수백 명이 참석한 어느 물리학회에서 한 강연에 이은 토론 시간에 논쟁이 벌어졌다. (『뉴욕타임스』는 청중 전체가 참여한 그 열띤 논쟁을 2005년 12월에 보도했다.) 한 사람은 양자이론은 기괴하기 때문에 문제가 있다고 주장했다. 다른 사람은 문제가 없다고 강력하게 반발하면서 첫 번째 사람이 '논점을 벗어났다'고 비난했다. 그러자 세 번째 사람이 끼어들어 이렇게 말했다. "아직 너무 일러요. 양자역학을 유치원에서 가르치게 될 2200년까지 기다리는 것이 옳습니다." 네 번째 사람이 말했다. "세계는 우리가 생각하는 것만큼 실재적이지 않습니다." 처음 세 사람은 노벨물리학상 수상자이고, 네 번째 사람은 수상 가능성이 높은 인물이다.

이 논쟁은 우리 자신의 성향을 드러내는 다음과 같은 일화를 연상시킨다. 부부가 상담소에 왔다. 아내가 말한다. "우리 결혼 생활에 문제가 있어요." 남편이 반발하며 말한다. "우리 결혼 생활엔 아무런 문제도 없어요." 상담사는 누구 말이 옳은지 대번에 안다.

양자이론 해석하기

일생의 마지막 20년 동안 아인슈타인은 계속해서 양자이론에 도전했지만, 도전은 배척되기 일쑤였고 그와 현대 물리학계 사이의 틈은 갈수록 벌어졌다. 아인슈타인이 양자이론에서 발견한 '도깨비 같은 작용'의 실재성을 부정한 것은 실제로 틀린 판단이었다. 현재 '얽힘'으로 불리는 그 작용은 존재한다는 것이 증명되었다. 그럼에도 아인슈타인은 오늘날 가장 선구적인 양자이론 비판자로 평가받는다. 지금 넘쳐나는 엉뚱한 양자이론 해석들은 양자이론의 기괴함을 무시하지 말아야 한다는 아인슈타인의 한결같은 주장이 옳음을 방증한다.

15장에서 우리는 양자역학이 물리적 세계에 대해서—또한 어쩌면 우리 자신에 대해서— 무슨 말을 하는가에 관한, 경쟁하는 여러 견해 혹은 해석을 살펴볼 것이다. 그 해석들은 하나같이 상세한 수학적 분석을 동반한 진지한 제안들이다. 그것들은 관찰이 물리적 실재를 창조한다는 것, 다수의 평행 세계가 있고 각각의 평행 세계 안에 우리 각자가 있다는 것, 보편적 연결, 과거에 영향을 끼치는 미래, 물리적 실재를 넘어선 실재, 심지어 자유의지에 대한 도전을 다양한 방식으로 함축한다.

물리학이 의견 일치를 강제하지 못하는 변방에서 양자이론의 의미는 논란의 대상이다. 대부분의 해석은 모든 실용적 목적을 고려할 때 의식이라는 주제는 무시할 수 있음을 보여준다. 그러나 현재 양자이론의 토대를 탐구하는 전문가 대부분은 미스터리를, 대개 의식과 관련된 미스터리를 인정한다. 의식은 우리가 가장 친밀하게 경험하는 바이지만 잘 정의되어 있지 않다. 의식은 물리학이 다룰 수 없지만 무시할 수도 없는 대상이다.

노벨물리학상 수상자 프랭크 윌첵Frank Wilczek은 최근에 이렇게 논평했다.

관련(양자이론의 의미에 관한) 문헌은 불분명하고 논란이 많기로 유명하다. 누군가가 양자역학의 형식적 틀 안에서 '관찰자'를 구성해낼 때까지는, 다시 말해 어떤 모형 항목을 구성해 내고 그것의 상태가 의식 상태와 유사함이 확인될 때까지는, 이런 혼란이 지속되리라고 나는 믿는다. …… '관찰자'를 구성하는 것은 통상적인 물리학의 울타리를 훨씬 벗어나는 만만찮은 과제이다.

우리는 이론의 여지가 없는 사실들을 제시하고 그것들이 우리에게 안겨주는 수수께끼를 강조하겠지만 수수께끼의 해결을 제안하지는 않을 것이다. 오히려 우리는 독자들이 스스로 궁리할 수 있도록 발판을 제공할 것이다. 거듭 강조하지만, 이 논쟁적인 주제를 이해하는 데 많은 물리학 지식이 필요한 것은 아니다.

2

넥 아네 폭 방문_양자 우화 한 편

과장해서 연기할 셈이라면, 철저하게 과장하라.
_G. I. 구르지예프

양자역학의 불가사의는 몇 장이 지난 다음에 등장할 것이다. 그러나 여기서 그 역설적인 불가사의를 한번 맛보기로 하자. 현재의 기술로는 아주 작은 원자의 세계에서만 양자 불가사의를 보여줄 수 있다. 그러나 양자역학은 모든 것에 적용된다고 믿어진다.

이제부터 한 물리학자가 '넥 아네 폭Neg Ahne Poc'을 방문하는 이야기가 펼쳐질 것이다. '넥 아네 폭'은 마법 같은 기술이 존재하는 마을이어서, 그곳에서는 원자가 아니라 남자와 여자 같은 큰 대상을 가지고도 일종의 양자 불가사의를 시연할 수 있다. 우리 우화는 현실 세계에서는 불가능한 일을 서술하지만, 무엇이 넥 아네 폭을 방문한 주인공을 당황하게 하는지를 눈여겨보라. 나중에 나올 장들에서 당신은 그와 비슷한 당혹스러움을 경험하게 될 것이다.

＊　＊　＊

방문자: (자신감 넘치는 넥 아네 폭 방문자의 첫머리 대사) 내가 이 가파른 길을 애써 오르는 까닭을 말씀드리겠습니다. 양자역학은 자연을 신비로운 존재처럼 보이게 만들 수 있어요. 그래서 일부 사람들로 하여금 초자연 현상과 같은 어리석은 망상을 받아들이게 할 수 있지요.

지난달에 내가 캘리포니아에서 친구 몇 명을 만났거든요. 대부분 사리분별이 멀쩡한 친구들이죠. 그런데 그 친구들은 양자 헛소리에 유난히 잘 넘어가는 것 같아요. 그 친구들이 넥 아네 폭에 사는 '롭Rhob'이라는 인물을 언급하더군요. 넥 아네 폭은 히마우랄산맥 고지대에 위치한 마을이래요. 친구들은 그 주술사가 큰 대상들을 가지고 양자 현상을 시연할 수 있다고 했어요. 당연히 말도 안 되는 소리죠!

내가 그런 시연은 불가능하다고 설명하니까, 친구들이 나를 옹졸한 과학자라고 나무라는 거예요. 그러면서 직접 조사해 보래요. 한 친구가 인터넷 회사 갑부예요. 파산 몇 달 전에 회사를 팔아서 큰 돈을 벌었는데, 그건 순전히 우연이었다고 스스로 인정하는 친구지요. 그 친구가 내 여행 경비를 대겠다는 거예요. 물리학과 동료들은 그런 쓸데없는 일에 시간 낭비하지 말고, 교수로서 정년 보장을 받으려면 진지한 물리학을 해서 논문을 출판하는 편이 더 낫다고 강력하게 권고했어요. 하지만 공익 정신을 지닌 과학자라면 부당한 생각이 퍼지는 것을 막기 위해 조금이라도 조사에 힘을 기울여야 한다고 나는 믿습니다. 그래서 지금 여기에 온 것입니다.

나는 철저히 열린 마음으로 그 주술사를 조사할 겁니다. 그래서 집으로 돌아가면 이 터무니없는 사기극의 정체를 폭로할 거예요. 하지만 넥 아네 폭에 있는 동안에는 신중하게 행동해야죠. 이곳에서는 그 주술사의 속임수가 종교의 한 부분일 가능성이 높으니까요.

길이 완만해지고 넓어지다가 끝나고 적당한 광장이 나온다. 우리 방문자가 넥 아네 폭에 도착한 것이다. 그는 친구들의 배려가 있음을 보고 안도한다. 마중 나온 사람들이 있었다. 롭과 주민 몇 명이 그를 따뜻하게 맞이한다.

롭: 반갑습니다, 호기심 많은 질문자이자 세심한 실험자가 오셨군요. 우리 마을에 오신 것을 환영합니다.

방문자: 아이고, 고맙습니다. 따뜻한 환영에 감동했습니다.

롭: 당신이 우리와 함께해서 기쁩니다. 나는 당신이 진실을 추구하는 것을 이해합니다. 당신은 미국인이니까 일을 빨리 해결하고 싶으시겠지요. 우리가 당신과 보조를 맞추도록 애쓰겠지만, 당신도 우리의 느긋한 태도를 양해하시기 바랍니다.

방문자: 그럼요, 여부가 있겠습니까. 제가 불편을 끼쳐드리지 않기를 바랄 따름입니다.

롭: 원, 별말씀을. 당신네 물리학자들이 최근에, 그러니까 지난 세기에 우리 우주의 심오한 진리 몇 가지를 깨달았다는 것을 알고 있습니다. 그런데 당신네 기술은 한계가 있어서 작고 간단한 대상들만 다룰 수 있지요. 하지만 우리의 '기술은', 이걸 기술이라고 불러야 할지 의문입니다만, 아무튼 우리의 기술은 아주 복잡한 대상을 가지고도 그 진리들을 보여 줄 수 있답니다.

방문자: (반색하면서, 그러나 미심쩍은 눈치로) 제발, 보여 주십시오. 정말

보고 싶어 못 견디겠습니다.

롭: 내가 계획을 세워놨습니다. 당신이 적당한 질문을 하면, 그 질문에 대한 답이 당신 앞에 제시될 것입니다. 질문을 던지고 답을 얻는 것은 당신네 과학자들이 '실험'이라고 부르는 활동과 아주 유사하다고 알고 있습니다. 어떻습니까? 실험을 한번 해보시겠습니까?

방문자: (어리둥절한 표정으로) 글쎄, 어어…… 예, 예, 해봅시다.

롭: 제가 실험 준비를 하지요.

롭이 20미터쯤 간격을 두고 나란히 놓인 오두막 두 채를 향해 손짓으로 신호를 보낸다. 두 오두막 사이에 젊은 남녀가 손을 잡고 서 있다.

롭: 이 준비 작업을 '상태 준비'라고 불러도 좋겠는데요, 아무튼 이 작업은 관찰 없이 이루어져야 합니다. 이 눈가리개를 착용하십시오.

우리의 방문자가 부드러운 검은 천으로 된 눈가리개를 쓴다. 롭이 말을 잇는다.

롭: 이제 상태 준비가 끝났습니다. 눈가리개를 벗으십시오. 저 오두막 두 채 중 한 곳에 남자와 여자가 함께 있습니다. 다른 오두막은 비어 있고요. 당신의 첫 번째 '실험'은 어느 오두막에 남녀가 있고 어느 오두막이 비어 있는지 알아내는 것입니다. 적당한 질문을 던져보십시오.

방문자: 좋습니다. 어느 오두막에 남녀가 있고, 어느 오두막이 비어 있습니까?

롭: 아주 좋아요, 잘하셨습니다.

롭이 조수에게 신호를 보내자, 조수가 오른쪽 오두막의 문을 열어 서로 팔짱을 끼고 수줍게 미소 짓는 남녀를 보여준다. 이어서 조수가 다른 오두막의 문을 열어 안이 비어 있음을 보여준다.

롭: 자, 보세요. 당신의 질문에 적합한 답이 나왔습니다. 남녀가 정말로 한 오두막에 있었어요. 다른 오두막은 당연히 비어 있었고요.
방문자: (심드렁하지만 예절 바르게 행동하려 애쓰면서) 아, 예 예, 그렇네요.
롭: 하지만 과학자들에게는 재현 가능성이 결정적으로 중요하다고 알고 있습니다. 그러니 실험을 반복하기로 합시다.

두 사람은 같은 실험을 여섯 번 되풀이한다. 남녀는 오른쪽 오두막에서 나타나기도 하고 왼쪽 오두막에서 나타나기도 한다. 방문자가 지루해하는 기색이 역력하자, 롭이 실험을 멈추고 설명한다.

롭: (즐거운 듯이) 자, 보세요. 남녀가 어디 있느냐는 당신의 질문이 남녀를 함께 한 오두막에 있게 만들었습니다.
방문자: (먼 길을 여행한 끝에 이따위 시시한 시연을 보게 되다니 도저히 화를 내지 않을 수 없다고 느끼면서) 내 질문이 남녀를 한 오두막에 있게 만들었다고요? 이런 젠장, 말도 안 돼! 내가 눈을 가리고 있는 동안에 당신이 지시했기 때문에 남녀가 한 오두막에 들어간 것 아니오. 좋소, 그만둡시다. 흥분해서 미안하군요. 훌륭한 시연에 대단히 감사하오. 시간이 늦

었으니 나는 이만 내려가 봐야겠소.

롭: 아니오, 사과해야 할 사람은 오히려 나요. 미국인의 집중력은 오래 가지 못한다는 점을 잊지 말아야 했는데, 내가 실수했군요. 당신네 미국인들은 30초짜리 동영상 몇 편을 보고 국가 지도자를 선택한다는 이야기를 들은 적이 있습니다. 하지만, 잠깐만 기다려주시오. 아직 두 번째 실험을 해야 하오. 이번에는 당신이 다른 질문을 던지는 겁니다. 남녀가 따로따로 오두막에 들어가게 만드는 질문을 던지는 거예요.

방문자: 좋아요, 좋아. 다 좋은데, 난 정말 더 늦기 전에 산에서 내려가야…….

방문자의 말이 끝나기도 전에 롭이 그에게 눈가리개를 건네고, 롭의 어깻짓에 방문자가 눈가리개를 쓴다. 잠시 후 롭이 말한다.

롭: 자, 눈가리개를 벗으세요. 이제 당신이 새로운 질문을 하는 겁니다. 어느 오두막에 남자가 있고 어느 오두막에 여자가 있는지 알아내기 위한 질문을 던져보세요.

방문자: 알겠어요, 알겠어. 어느 오두막에 남자가 있고 어느 오두막에 여자가 있습니까?

이번에는 롭의 신호에 따라 조수들이 동시에 두 오두막의 문을 연다. 오른쪽 오두막 안의 남자와 왼쪽 오두막 안의 여자가 서로를 향해 미소 짓는다.

롭: 자, 보세요! 당신이 던진 새 질문에 적합한 답이 나왔습니다. 당

신이 한 새로운 실험에 적합한 결과가 나온 것이지요. 당신의 질문이 남녀를 각자 다른 오두막에 들어가게 만들었습니다. 이제 이 실험을 되풀이해서 재현 가능성을 확인하기로 합시다.

방문자: 잠깐만요, 실례지만, 나는 당장 출발해야 한다니까요. (빈정대는 투로) 당신의 '실험들을' 무한정 반복해도 늘 똑같겠죠. 한결같이 이런 엄청난 결과가 나오겠죠. 정말 대단해요. 다 인정합니다, 인정한다고요.

롭: 아, 불쾌하셨다면 사과드리겠습니다.

방문자: (자신의 무례에 새삼 놀라며) 아뇨, 천만에요. 내 표현이 좀 지나쳤나 봅니다. 재미있을 것 같은데, 이 실험을 반복해보죠.

롭: 그래요, 두세 번쯤 해볼까요?

실험이 세 번 되풀이된다.

롭: 지루하신 듯한데, 그래요, 세 번이면 충분히 증명된 것 같네요. 남자와 여자가 각자 어디에 있느냐는 당신의 질문이 남녀를 각자 다른 오두막에 들어가게 만들었습니다. 동의하십니까?

방문자: (지루함과 실망을 느끼지만 짐짓 아무렇지도 않은 듯이) 물론이죠. 당신이 남녀를 당신 마음대로 두 오두막에 배치할 수 있다는 것에 전적으로 동의합니다. 아무튼 이제 나는 정말이지 출발해야 합니다. 이렇게 호의를 베풀어주셔서 진심으로……

롭: (방문자의 말을 끊으며) 아직 마지막 실험이 남았습니다. 이 결정적인 실험까지 해야만 우리의 시연이 완성됩니다. 당신을 위한 일이니,

실험을 딱 두 번만 더 하게 해주십시오. 딱 두 번만.

방문자: (거만한 태도로) 그렇다면, 좋소. 두 번이오.

방문자가 눈가리개를 쓴다.

롭: 눈가리개를 벗고 질문을 하십시오.

방문자: 무슨 질문을 해야 하죠?

롭: 아하, 당신은 이미 두 가지 질문을 하지 않았습니까. 그 둘 중에 아무거나 하면 됩니다. 당신이 두 실험 중에 하나를 선택하시는 거죠.

방문자: (별다른 생각 없이) 좋아요. 남녀가 어느 오두막에 있습니까?

롭의 지시로 오른쪽 오두막의 문이 열리고 그 안에 남녀가 손을 잡고 있는 모습이 드러난다. 이어서 왼쪽 오두막의 문이 열리고 텅 빈 내부가 드러난다.

방문자: (약간 신기하다고 느끼지만, 그다지 놀라지는 않으면서) 음······.

롭: 보십시오. 당신이 던진 질문, 당신이 선택한 실험이 남녀를 한 오두막에 있게 했습니다. 이제 실험을 다시 해봅시다. 두 번째 실험이니까, 당신도 동의하시겠죠?

방문자: 동의하고말고요. 다시 해봅시다.

방문자가 다시 눈가리개를 쓴다.

롭: 눈가리개를 벗고 두 질문 중에 하나를 하십시오.

방문자: (약간 미심쩍은 듯이) 좋아요, 이번에는 다른 질문을 하겠어요. 어느 오두막에 남자가 있고 어느 오두막에 여자가 있습니까?

롭이 조수를 시켜 두 오두막의 문을 동시에 열자 오른쪽 오두막 안에서 남자가, 왼쪽 오두막 안에서 여자가 나타난다.

방문자: 음……(관객을 향해, 독백) 재미있군. 내가 선택할 질문을 저자가 연거푸 두 번 알아맞혔어. 어떻게 이럴 수가 있지?
롭: 보십시오. 당신이 어떤 질문을 선택하든지 항상 그 질문에 적합한 답이 나옵니다. 자, 이것으로 시연이 완결되었습니다. 아까부터 출발해야 한다고 하셨죠?
방문자: 아 예, 그건 그런데…… 솔직히 말씀드리자면, 이 마지막 실험을 다시 해보고 싶습니다.
롭: 아주 좋은 생각입니다. 어떤 실험을 선택하든 항상 그 실험에 적합한 답이 나온다는 증명에 관심이 있다니 저는 기쁠 따름이죠.

실험이 반복되고, 방문자는 점점 더 놀라면서 더 여러 번 반복을 요청한다. 방문자의 질문에 적합한 답, 즉 방문자가 물을 수 있었지만 묻지 않았던 질문에는 부적합한 답이 연거푸 여덟 번 나온다.

방문자: (흥분해서 관객을 향해, 방백) 도저히 믿을 수 없어! (다시 롭을 향해) 부탁인데, 한 번 더 해봅시다!
롭: 글쎄요…… 슬슬 어두워지는 것 같아서……. 내려가는 길이 가

파릅니다. 장담하건대, 항상 당신의 질문에 적합한 답이 나옵니다. 당신의 질문이 초래한 상황에 적합한 답이 나온다는 거죠.

방문자: (무언가 못마땅한 듯이 중얼거린다.)

롭: 어디 불편하신 데라도…….

방문자: 내가 무슨 질문을 던질지 어떻게 알고 남녀를 배치한 것이오?

롭: 나는 몰랐소. 당신이 즉석에서 아무 질문이나 던지는데, 내가 어떻게 알 수 있겠소?

방문자: (흥분해서) 그건 그렇지만, 도대체 어떻게……. 차분하게 따져 봅시다. 만약에 내가 남녀의 당시 배치에 적합하지 않은 질문을 던졌다면 어떻게 되었을까요?

롭: 이것 보세요, 당신들이 존경하는 위대한 덴마크 물리학자 보어가 이미 얘기하지 않았소. 과학은 실제로 수행되지 않은 실험을 설명할 필요가 없다, 실제로 제기되지 않은 질문에는 답할 필요가 없다고.

방문자: 물론 그렇죠. 하지만 생각해 봐요. 남녀는 내가 질문을 던지기 직전에 함께 있거나 아니면 떨어져 있어야 해요.

롭: 음, 이제야 알겠군요, 당신이 무엇을 의아하게 생각하는지. 당신은 물리학자이고 실험실에서 양자역학을 경험했는데도 여전히, 당신이 무엇을 관찰할지 선택하기 이전에도, 당신이 의식을 가지고 경험하기 이전에도 특정한 물리적 실재가 존재한다는 생각에 빠져 있어요. 보아 하니 물리학자들은 최근 들어 위대한 진리를 조금씩 알아가면서도 완전한 이해에 도달하기는 어려운 것 같더군요. 아무튼, 당신은 여기서 보려던 것을 다 보셨습니다. 이제 떠나셔야죠. 산길 무사히 내려가시기를 빕니다.

방문자: (당황한 기색이 역력한 채 출발하기 위해 몸을 돌리며) 아…… 예…… 아…… 고맙습니다. 그런데……예……고맙습니다…….

방문자: (가파른 산길로 접어들며, 독백) 곰곰이 생각해 보자. 어쨌든 합리적으로 설명이 되어야 하니까 말이야. 남녀가 어디에 있냐고 내가 물으면, 그는 즉시 한 오두막에 함께 있는 남녀를 보여 줬어. 반면에 내가 남자와 여자가 각자 어디에 있느냐고 물으면, 그는 즉시 두 오두막에 따로 있는 남자와 여자를 보여 줬어. 그런데 남녀는 내가 질문을 던지기 이전에 한 상태에 있든지 아니면 다른 상태에 있어야 하잖아? 두 오두막은 서로 멀리 떨어져 있었어. 도대체 이게 어떻게 된 일이지?

내가 무언가에 홀려서 그가 미리 정한 배치에 적합한 질문을 한 걸까? 아냐, 그건 아냐. 나는 자유롭게 선택했어.

도저히 불가능한 일이야! 하지만 내 눈으로 똑똑히 봤는걸. 마치 양자 실험에서처럼 두 상태가 동시에 존재했어. 그러다가 내가 보면, 한 상태만 보였지. 롭은 '의식을 가지고 경험하는 것'을 운운했어. 하지만 의식 따위는 물리학이 다룰 주제가 아니잖아! 아무튼 양자역학은 사람 같은 큰 물체에는 적용되지 않는다고. 물론, 이 말이 전적으로 맞는 건 아니야. 원리적으로 양자물리학은 모든 것에 적용되니까. 하지만 이런 일은 예컨대 간섭 실험에서나 일어날 수 있어. 큰 물체로 간섭 실험을 하는 것은 현실적으로 불가능하고. 그럼 내가 아까 환상을 본 걸까?

캘리포니아로 돌아가면, 이 롭이라는 사기꾼의 정체를 어떻게 폭로하지? 게다가, 맙소사! 물리학과 동료들이 내 여행에 대해서 물어볼 텐데…… 야단났군!

*　*　*

당연한 말이지만, 넥 아네 폭은 존재하지 않는다. 우리의 방문자가 겪은 일은 실제로 불가능하다. 그러나 마치 넥 아네 폭의 남녀처럼 당신이 어떤 실험을 선택하느냐에 따라서 한 대상이 전적으로 한 장소에 있음이 증명될 수도 있고 두 장소에 나뉘어 있음이 증명될 수도 있음을 나중 장들에서 보게 될 것이다. 당신은 우리의 방문자와 마찬가지로 어리둥절해질 것이다.

관찰이 물리적 실재의 원인이 된다는 증명은 현재의 기술로는 아주 작은 물체들에 대해서만 가능하다. 그러나 갈수록 큰 대상들에 대해서도 증명이 이루어지고 있다. 우리는 한 장 전체를 할애해서 이 역설에 대한 물리학의 '정통' 해결, 곧 양자역학에 대한 코펜하겐 해석을 다룰 것이다. 이 해석을 구성한 우두머리는 닐스 보어Niels Bohr이다. 보어가 제시한 설명은 넥 아네 폭에서 롭이 제시한 설명과 그리 다르지 않다 ('롭Rhob'의 영어 철자들을 거꾸로 나열하면 '보어Bohr'가 된다). 더 나중에 우리는 코펜하겐 해석에 대한 현대의 도전들도 논할 것이다.

3

우리의 뉴턴식 세계관–보편적인 운동 법칙

자연과 자연법칙들은 어둠 속에 숨어 있었네.
신께서 말씀하시길, 뉴턴이 있으라 하시니, 모든 것이 밝아졌네.
_알렉산더 포프

양자이론은 우리의 직관과 정면으로 충돌한다. 그럼에도 물리학자들은 양자이론을 모든 물리학의 토대로, 따라서 모든 과학의 토대로 기꺼이 인정한다. 그 이유를 이해하기 위해 역사를 살펴보자.

17세기에 갈릴레오Galileo Galilei의 과감한 입장에서부터 근대적인 의미의 과학이 탄생했다. 그로부터 몇십 년 후, 아이작 뉴턴Isaac Newton이 발견한 보편 운동 법칙이 합리적인 설명의 모범이 되었다. 뉴턴의 물리학은 오늘날 우리 모두의 사고를 지배하는 세계관으로 이어졌다. 양자역학은 그 사고에 의지함과 동시에 도전한다.

과학 이론은 오로지 실험을 통한 검증에 근거해서 수용되거나 배척되어야 한다고 갈릴레오는 강조했다. 이론이 직관에 부합하는가는 중요한 문제가 아니어야 했다. 이런 생각은 르네상스 시대의(사실상 고대 그리스의) 과학적 관점에 대한 도발이었다. 이제부터 갈릴레오가 르네상스 시대 이탈리아에서, 그리스 과학의 유산과 벌인 대결을 살펴보자.

그리스 과학이 인류에 미친 기여와 치명적 결함

우리는 자연을 설명할 수 있다는 관점을 채택함으로써 과학의 터전을 닦은 공로를 고대 그리스 철학자들에게 돌린다. 13세기에 아리스토텔레스의 저술이 재발견되었을 때, 그 저술들은 '황금시대'의 지혜로 떠받들어졌다.

아리스토텔레스Aristoteles는 모든 사건은 본질적으로 물질의 운동이라고 지적했다. 심지어 도토리에 싹이 터서 참나무가 생겨나는 과정도 그러했다. 그러므로 그는 단순한 대상의 운동을 탐구하는 것을 출발점으로 삼았고 몇 가지 근본 원리들을 기초로 삼을 수 있었다. 실제로 이것은 오늘날 우리가 물리학을 하는 방식이기도 하다. 그러나 근본 원리들을 선정하는 아리스토텔레스의 방법은 진보를 가로막았다. 그는 근본 원리들이 자명한 진리라는 것을 직관적으로 알아챌 수 있다고 여겼기 때문이다.

몇 가지 근본 원리는 다음과 같다. 물질적인 대상은 우주의 중심('명백히'지구)에 대해 상대적으로 멈춘 상태를 추구한다. 물체가 낙하하는 것은 우주의 중심에 도달하려는 욕구 때문이다. 무거운 물체는 그 욕구가 더 크므로 당연히 가벼운 물체보다 더 빨리 낙하한다. 반면에 완벽한 천상에서는, 천체들이 완벽한 도형인 원을 그리며 운동한다. 그 원들은 우주의 중심인 지구를 둘러싼 구면들에 속한다.

그리스 과학은 치명적인 결함을 지니고 있었다. 그 과학에는 합의를 강제하는 메커니즘이 없었다. 그리스인들은 과학적 결론에 대한 실험적 검증을 정치적인 주장이나 미학적인 주장에 대한 실험적 검증과 마찬가지로 중요하지 않게 여겼다. 그러므로 대립하는 의견들 사이의 논쟁이 끝없이 이어질 수 있었다.

황금시대의 사상가들은 과학적 노력의 물꼬를 텄다. 그러나 합의를 이끌어내는 방법 없이 진보를 이루는 것은 불가능했다. 아리스토텔레스는 당대에 합의를 이끌어내지 못했지만, 중세에 그의 견해들은 주로 토마스 아퀴나스Thomas Aquinas의 공로로 교회의 공식 교리가 되었다.

아퀴나스는 아리스토텔레스 우주론과 물리학을 교회의 도덕과 영적인 교리에 맞게 다듬어 강력한 종합적 사상 체계를 구성했다. 떨어지는 물체들이 향하는 땅은 도덕적으로 타락한 자들에게 배정된 장소이기도 했다. 완벽한 원운동이 일어나는 하늘은 신과 천사들의 장소였다. 우주에서 가장 낮은 지점, 곧 지구의 중심에는 지옥이 있었다. 르네상스 시대 초기에 단테는 『신곡』에서 이런 우주론적 질서를 차용했고, 이때 이후 이 틀은 서양사상에 근본적인 영향을 미쳤다.

중세와 르네상스 시대의 천문학

별들의 위치는 옛 사람들에게 계절의 변화를 미리 알려주었다. 그렇다면 별들이 총총한 밤하늘에서 이리저리 돌아다니는 밝은 천체 다섯 개는 어떤 의미였을까? 한 가지 '뻔한' 생각은 그 행성들('행성planet'은 떠돌이를 뜻한다)이 변덕스러운 인간사를 미리 알려준다는 것이었다. 그러므로 사람들은 행성들을 주목했다. 천문학의 뿌리는 점성술이다.

기원후 2세기에 알렉산드리아의 프톨레마이오스Klaudios Ptolemaios는 천체들의 운동을 수학적으로 매우 정확하게 기술했다. 그의 모형에 기초한 달력과 항해술은 제 몫을 톡톡히 해냈다. 점성술사들의 예측도 ─ 적어도 행성들의 위치에 관한 한 ─ 정확하게 맞아떨어졌다. 움직이지 않는 지구를 우주의 중심으로 삼은 프톨레마이오스의 천문학에서는 행성들이 '주전원'을 따라 운동해야 했다. 주전원이란 큰 원의 둘레에 중심을 둔 작은 원으로, 행성이 주전원을 따라 운동하면 결과적으로 복잡하게 휘어진 곡선을 그리게 된다. 카스티야의 왕 알폰소 10세는 프톨레마이오스 시스템에 대한 설명을 듣고 나서 이렇게 말했다고 한다. "전능하신 주님께서 창조에 착수하시기 전에 나에게 조언을 구했더라면, 나는 좀더 단순한 시스템을 추천했을 텐데." 그럼에도 프톨레마이오스 천문학은 아리스토텔레스 물리학과 더불어 현실적인 진리인 동시에 종교적인 교리로 받아들여졌고 종교 재판소에 의해 강요되었다.

그 후 16세기에 교회 내부에서 모든 것을 뒤엎는 통찰이 등장했다. 폴란드 성직자 겸 천문학자 니콜라스 코페르니쿠스Nicolas Copernicus는 자연이 프톨레마이오스 우주론보다 더 단순해야 마땅하다고 느꼈다. 그는 지구와 다섯 행성이 중심에 멈춰 있는 태양 주위를 돈다고 주장했다. 배경의 별들을 기준으로 삼을 때 행성들이 왔다갔다 헤매는 것은 우리가 궤도 운동을 하는 지구에서 행성들을 바라보기 때문이라고, 지구는 태양에서 세 번째로 멀리 떨어진 행성에 불과하다고 그는 말했다. 이것은 더 단순한 우주관이었다.

그러나 단순성이 설득력을 발휘하기는 어려웠다. 지구는 '명백히' 멈춰 있었다. 그 누구도 지구의 운동을 느끼지 못했다. 지구가 움직인다면, 한 지점에서 똑바로 위로 던진 돌멩이는 다른 지점에 떨어져야 할 것이었다. 또한 모든 공간에 공기가 들어차 있다고 여겨졌으므로, 만일 지구가 움직인다면, 거센 바람이 불어야 할 것이었다. 더 나아가 지구의 운동은 황금시대의 지혜와 충돌했다. 이런 반론들을 물리치기는 쉽지 않았다. 가장 큰 문제는 코페르니쿠스 시스템이 성경과 모순된다는 평가였다. 성경을 의심하면, 지옥에 떨어질 위험이 있었다.

코페르니쿠스가 죽기 직전에 출판된 그의 주저에 편집자가 추가한 서문은 그의 서술이 단지 수학적 편의를 위한 것이라고 공언했다. 감히 천체들의 실제 운동을 서술할 의도는 없다고 말이다. 서문은 교회의 가르침과 책의 내용 사이에 있을 수 있는 모든 충돌에 대한 책임을 회피했다.

몇십 년 후, 요하네스 케플러Johannes Kepler는 행성들이 태양을 한 초점으로 삼은 타원궤도를 따라 운동한다고 가정하면 새로 나온 정확한 행성 운동 데이터를 완벽하게 설명할 수 있음을 탁월한 분석을 통해 보여주었다. 또한 그는 행성이 태양 주위를 한 바퀴 도는 데 걸리는 시간을 계산하는 간단한 공식을 발견했다. 그 시간은 행성과 태양 사이의 거리에 따라 결정되었다. 하지만 케플러는 이 규칙을 설명할 수 없었다. 또한 그는 '불완전한 원'인 타원을 싫어했다. 그러나 그는 선입견을 억눌렀고 자신이 본 바를 받아들였다.

케플러는 위대한 천문학자였지만, 그의 세계관을 주도한 것은 과학이 아니었다. 그는 원래 천사들이 행성을 밀고 다닌다고 생각했고 부업으로 점성도를 그렸다. 그는 점성술을 믿었을 가능성이 크다. 또한 천문학 연구에 쓸 시간을 할애해서 마녀로 몰린 어머니를 변호해야 했다.

운동에 대한 갈릴레오의 새로운 생각

1591년, 갈릴레오는 약관 27세로 파도바대학 교수가 되었다. 그러나 얼마 안 있어 그는 피렌체로 직장을 옮겼다. 오늘날의 대학 교수라면 그 이유를 능히 이해할 것이다. 갈릴레오는 더 많은 연구 시간과 더 적은 강의 의무를 원했다. 갈릴레오의 재능은 과학뿐 아니라 음악과 미술에도 미쳤다. 천재적이고 매력적인 유머를 지닌 그는 때때로 거만하고 무례했지만 한편 옹졸했다. 우리는 그의 말솜씨를 부러워한다. 그는 여자를 좋아했고, 여자들도 그를 좋아했다.

갈릴레오는 확신을 가지고 코페르니쿠스를 옹호했다. 그가 보기에는 더 단순한 코페르니쿠스 시스템이 타당했다. 그러나 코페르니쿠스와 달리 갈릴레오는 그 시스템이 새로운 계산 기법일 뿐이라고 주장하지 않았다. 그는 새로운 세계관을 주창했다. 겸손은 그에게 어울리지 않았다.

교회는 독립적인 사유를 추구하는 갈릴레오를 제지하지 않을 수 없

그림3.1 갈릴레오 갈릴레이. 런던 그리니치 국립해양박물관 제공

었다. 교회의 목표는 과학적 타당성이 아니라 영혼의 구원이었다. 종
교재판에서 이단 혐의로 유죄 판결을 받고, 고문실들을 둘러본 갈릴레

오는 지구가 태양 주위를 돈다는 주장을 철회했다. 그는 말년을 가택 연금 상태로 보냈다. 화형당한 또 다른 코페르니쿠스 옹호자 조르다노 브루노Giordano Bruno에 비하면 가벼운 형벌을 받았던 셈이다.

비록 주장을 철회하기는 했지만, 갈릴레오는 지구가 움직인다는 것을 알고 있었다. 더 나아가 지구가 움직인다면 운동에 대한 아리스토텔레스의 설명이 유지될 수 없음을 깨달았다. 갈릴레오가 보기에 나무 토막이 미끄러지다가 멈추는 것은 우주의 중심에 머물고자 하는 욕구 때문이 아니라 마찰 때문이었다. 깃털이 돌멩이보다 느리게 떨어지는 것은 우주의 중심으로 나아가려는 욕구가 적어서가 아니라 공기의 저항 때문이었다.

갈릴레오는 아리스토텔레스의 주장에 맞서서 이렇게 단언했다. "마찰이 없고 힘이 가해지지 않으면, 물체의 수평 운동은 일정한 속도로 계속될 것이다."

또한 갈릴레오는 이렇게 주장했다. "공기 저항이 없다면 무거운 물체와 가벼운 물체가 똑같은 속도로 낙하할 것이다."

갈릴레오의 생각들은 명백히 옳았다. 적어도 그 자신이 보기에는 그랬다. 어떻게 하면 다른 사람들을 설득할 수 있을까? 물질의 운동에 관한 아리스토텔레스의 가르침을 반박한다는 것은 당시로선 사소한 일이 아니었다. 아리스토텔레스 철학은 교회가 공인한 포괄적 세계관이었다. 그런 세계관의 한 부분에 대한 반박은 교리 전체에 대한 반박과 다를 바 없어 보였다.

실험적 방법

　사람들로 하여금 갈릴레오의 생각을 어쩔 수 없이 받아들이게 하려면, 아리스토텔레스 역학과는 충돌하면서 갈릴레오의 생각에는 부합하는 사례들이 필요했다. 주위를 둘러보았지만, 그런 사례는 거의 눈에 띄지 않았다. 그리하여 그가 선택한 해법은 사례를 만들어내는 것이었다.

　갈릴레오는 명확하게 설정된 특수 상황을 구현하는 작업, 곧 '실험'을 고안했다. 실험은 이론의 예측을 검증한다. 실험을 당연한 접근법으로 여기는 독자도 있겠지만, 갈릴레오의 시대에 실험은 독창적이고 심오한 발상이었다.

　갈릴레오가 했다고 전해지는 가장 유명한 실험은 납으로 된 공과 나무로 된 공을 피사의 사탑에서 떨어뜨리는 것이었다. 나무 공과 납 공이 바닥에 떨어지는 소리가 동시에 들렸고, 이로써 가벼운 나무와 무거운 납이 똑같은 속도로 떨어진다는 것이 증명되었다. 이런 실험 결과들은 아리스토텔레스의 이론을 버리고 그 자신의 이론을 받아들일 이유로 충분하다고 갈릴레오는 주장했다.

　일부 사람들은 갈릴레오의 실험 방법에 문제가 있다고 지적했다. 실험에서 드러난 사실을 부정할 수는 없지만, 갈릴레오의 실험은 '단지 설정된 상황'일 뿐이었다. 그런 상황은 직관적으로 자명한 물질의 본성과 상충하므로 무시할 수 있었다. 더구나 갈릴레오의 생각은 아리스토텔레스 철학과 상충하므로 틀린 것일 수밖에 없었다.

　이에 갈릴레오는 이후 지대한 영향을 미치게 된, 과학은 오로지 증명할 수 있는 것들만 다뤄야 한다는 답변으로 대응했다. 갈릴레오에 따르면, 과학에는 직관과 권위가 들어설 자리가 없다. 과학에서 유일한 판단 기준은 실험이다.

갈릴레오의 접근법은 몇십 년도 채 지나지 않아 열광적으로 수용되었다. 과학은 전례없이 활발하게 진보했다.

신뢰할 만한 과학

이론을 신뢰할 만한 과학으로 받아들이는 것과 관련해서 몇 가지 규칙을 정해 보기로 하자. 그런 규칙들은 우리가 반직관적인 양자이론을 받아들일지 여부를 고민할 때 큰 도움이 될 것이다.

하지만 그 전에 먼저 '이론'이라는 단어를 곱씹어 보자. 우리는 왜 양자이론을 '이론'이라고 부르고 뉴턴의 법칙을 '법칙'이라고 부를까? '이론'은 현대적인 단어이다. 우리 저자들은 20세기나 21세기 물리학에서 등장한 '법칙'을 단 하나도 생각해낼 수 없었다. '이론'은 사변적인 생각을 가리킬 때 쓰는 단어인 것이 사실이지만, 이 단어가 반드시 불확실성을 내포하는 것은 아니다. 적어도 지금 우리가 아는 한에서 양자이론은 전적으로 참이다. 오히려 뉴턴의 법칙들은 근사적으로 참이다.

이론이 합의를 강제할 수 있으려면, 무엇보다 먼저, 검증 가능한(검증 결과를 객관적으로 제시할 수 있는) 예측을 내놓아야 한다. 다시 말해, 이론을 반박하려는 시도에 정면으로 대응해야 한다.

"착한 사람은 천국에 간다." 이 예측은 참일 수도 있겠지만 객관적으로 검증할 수 없다. 종교, 정치적 입장, 일반적인 철학은 과학적 이론이 아니다. 아리스토텔레스의 검증 가능한 낙하 이론, 2킬로그램짜리 돌멩이가 1킬로그램짜리 돌멩이보다 두 배 빠르게 낙하할 것이라고 예측하는 그 이론은 비록 틀렸지만 과학적인 이론이다.

검증 가능한 예측을 내놓는 이론은 신뢰할 만한 과학이 될 수 있는 후보다. 그 예측은 이론을 반박하기 위해 고안한 실험에 의해 검증되어야 한다. 그리고 그 실험은 심지어 회의론자도 확신을 갖게 만들어야 한다. 예컨대 초감각적 지각(ESP)의 존재를 주장하는 이론들은 여러 예측을 내놓지만, 회의론자마저도 확신을 갖게 만드는 검증은 아직까지 이루어지지 않았다.

이론이 신뢰할 만한 과학으로 자리 매김하려면 이론의 많은 예측들이 입증되고 단 하나의 예측도 반증되지 않아야 한다. 단 하나라도 틀린 예측을 하는 이론은 수정되거나 폐기되어야 한다. 과학적 방법은 이론에게 가혹하다. 스트라이크 하나면, 곧장 아웃이다! 또한 전적으로 신뢰할 만한 과학 이론은 결코 없다. 과학 이론이 미래의 검증을 통과하지 못할 가능성은 항상 열려 있다. 과학 이론은 기껏해야 잠정적으로 신뢰할 만하다.

실험적 검증이라는 높은 기준을 들이대는 과학적 방법은 이론에게 가혹하다. 또한 우리에게도 가혹할 수 있다. 어떤 이론이 그 높은 기준을 만족시키면, 그 이론이 우리의 직관과 아무리 심하게 충돌하더라도, 우리는 반드시 그 이론을 신뢰할 만한 과학으로 수용해야 한다. 양자이론이 바로 그런 경우이다.

뉴턴식 세계관

아이작 뉴턴Isaac Newton은 갈릴레오가 사망한 해인 1642년에 태어났다. 당시에는 실험적 방법이 널리 수용되었고 과학의 진보가 느껴졌지만, 많은 선생들은 여전히 아리스토텔레스의 틀린 물리학을 가르쳤다. 오늘날 주요 과학자 조직이 된 런던왕립학회는 1660년에 창립되었다. 왕립학회의 라틴어 좌우명 '눌리우스 인 베르바Nullius in verba'를 우리말로 옮기면 '누구의 말에도 의지하지 말라'가 된다. 갈릴레오가 이 좌우명을 들었다면 분명 기뻐했을 것이다.

손재주가 좋은 뉴턴은 가족의 농장을 넘겨받을 것으로 예상되었다. 그러나 쟁기보다 책에 더 관심이 많았던 그는 용케 케임브리지대학에 들어가 허드렛일로 생계를 꾸리며 고학했다. 그는 탁월한 우등생은 아니었지만, 당시에 '자연철학'이라고 불린 과학에 매료되었다. 흑사병이 창궐하여 대학이 문을 닫자, 뉴턴은 농장으로 돌아가 1년 반 동안 머물렀다.

젊은 뉴턴은, 완벽하게 매끄러운 수평면 위에서 일단 미끄러지기 시작한 나무토막은 영원히 미끄러질 것이라는 갈릴레오의 생각을 이해할 수 있었다. 힘은 마찰을 극복하기 위해서만 필요하다. 마찰을 극복할 정도 이상의 큰 힘을 가하면, 나무토막은 속도가 빨라질 것이다. 즉, 가속할 것이라고, 뉴턴은 생각했다.

그러나 갈릴레오는 낙하는 '자연적'이어서 힘을 필요로 하지 않는다는 아리스토텔레스의 생각을 받아들였다. 또한 행성들은 아무 힘도 받지 않지만 '자연적으로' 원을 그리며 운동한다고 생각했다. 동시대의

그림3.2 아이작 뉴턴(1642-1727)의 1702년 초상화. 고드프리 크넬러경 그림, Getty Images 제공

케플러가 발견한 타원궤도를 무시했던 것이다. 뉴턴이 보편 운동 법칙들과 중력법칙을 생각할 수 있으려면, 갈릴레오가 수용한 아리스토텔레스의 '자연' 개념을 반드시 극복해야 했다.

뉴턴은 사과가 떨어지는 것을 보다가 깨달음을 얻었다고 말했다. 아마 그는 이렇게 자문했을 것이다. 수평 가속을 위해서 힘이 필요하다면, 수직 가속을 위해서도 힘이 필요하지 않겠는가? 아래 방향의 힘이 사과에 작용한다면, 달에도 작용하지 않겠는가? 그런 힘이 달에도 작용한다면, 왜 달은 사과처럼 떨어지지 않을까?

뉴턴이 상상한 유명한 산 위의 대포 그림에서, 그냥 떨어뜨린 포탄은 곧장 아래로 낙하하는 반면, 빠른 속도로 발사한 포탄은 속도가 빠

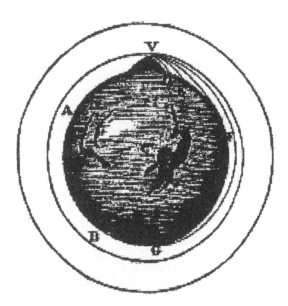

그림3.3 뉴턴의 산 위의 대포 그림

를수록 더 멀리 날아가 떨어진다. 포탄의 속도가 충분히 빠르다면, 포탄은 계속 '떨어지면서도' 땅에 도달하지 않을 것이다. 그런 포탄은 끊임없이 지구의 중심을 향해 가속하면서 또한 '수평'으로 운동할 것이므로 결과적으로 지구 주위를 돌 것이다. 포를 쏜 사람은 포탄에 뒤통수를 맞지 않게 고개를 숙이는 것이 좋으리라.

달이 땅으로 떨어지지 않는 것은, 단지 달이 빠른 포탄처럼 방향이 지구 반지름에 수직인 속도를 충분히 크게 가지고 있기 때문이다. 뉴턴은 당시까지 아무도 몰랐던 것을 깨달았다. 달은 계속 떨어지는 중이다.

보편 운동 법칙과 중력

힘이 없어도 등속직선운동이 일어난다는 갈릴레오의 규칙은 운동 방향이 지구 표면과 나란할 때만, 즉 운동이 지구 중심을 둘러싼 원 위에서 일어날 때만 성립한다고 생각되었다. 뉴턴은 이 생각을 수정했다. 그는 물체가 등속직선운동을 벗어나게 만들려면 힘이 필요하다고 선언했다.

얼마나 큰 힘이 필요할까? 질량이 큰 물체를 가속시키려면 큰 힘이 필요하다. 뉴턴은 필요한 힘이 물체의 질량 곱하기 가속도와 같다고, 즉 $F=Ma$라고 추측했다. 이것이 뉴턴의 보편 운동 법칙이다.

그러나 뉴턴의 시대에는 이 법칙의 반례가 있는 듯했다. 낙하운동은 아래 방향으로 가속하는 운동인데, 아무런 힘의 작용 없이 일어나는 듯했다. 그러므로 젊은 뉴턴은 두 가지 근본적인 발상에 동시에 도달해야 했다. 그것은 운동 법칙과 중력이다.

흑사병이 잦아들자 뉴턴은 케임브리지로 돌아왔다. 얼마 지나지 않아 당시 루카스 수학교수였던 아이작 배로Isaac Barrow는 한때 제자였던 뉴턴을 높이 평가하여 그에게 루카스 교수직을 물려주기 위해 자리에서 물러났다. 그리하여 조용한 소년은 세속을 벗어난 학자가 되었다(당시에 케임브리지대학 교수는 독신자여야 했다). 뉴턴은 내성적이고 변덕스러웠으며 좋은 의도의 비판에 화를 내는 일이 잦았다. 함께 저녁 시간을 보낼 상대로는 뉴턴보다 갈릴레오가 더 나았다.

뉴턴은 자신의 생각들을 검증할 필요가 있었다. 그러나 그가 지상에서 이리저리 움직일 수 있는 물체들 사이의 중력은 턱없이 작아서 측정할 수 없었다. 따라서 그는 하늘로 눈을 돌렸다. 뉴턴은 스스로 발견한 운동 방정식과 중력 법칙을 이용하여 간단한 공식 하나를 도출했다. 그 공식을 보는 순간, 의심의 여지없이 그는 등골이 서늘해졌을 것이다. 그의 공식은 몇십 년 전에 케플러가 발견했지만 설명하지 못한, 행성의 공전주기를 계산하는 공식과 정확하게 일치했다.

또한 뉴턴은 낙하하는 물체의 속도가 초당 초속 10미터씩 빨라진다는 전제 아래 달의 공전주기 27일을 계산으로 얻을 수 있었다. 초당 초속 10미터($10m/s^2$)는 갈릴레오가 실험적으로 증명한 낙하 가속도였다. 이로써 뉴턴의 운동방정식과 중력방정식은 사과뿐 아니라 달도 지배한다는 것이 밝혀졌다. 뉴턴의 방정식들은 보편적이다.

『프린키피아』

뉴턴은 자신의 발견이 얼마나 중요한지 알아챘다. 그러나 그가 쓴 첫 논문을 둘러싼 논쟁은 그를 몹시 화나게 만들었다. 그리하여 그에게 논문 발표는 생각만 해도 끔찍한 일이 되었다.

농장에서 깨달음에 도달한 후 20년쯤 지났을 때 뉴턴은 젊은 천문학자 에드먼드 핼리Edmund Halley의 방문을 받았다. 중력 법칙을 탐구하여 케플러의 타원궤도를 도출하려는 생각을 품은 사람들이 있음을 알고 있었던 핼리는 뉴턴에게 그의 중력 법칙에서는 어떤 궤도가 도출되느냐고 물었다. 뉴턴은 즉시 '타원궤도'라고 대답했다. 신속한 대답에 깊은 인상을 받은 핼리는 구체적인 계산을 보여 달라고 했다. 뉴턴은 서류철을 뒤졌지만 관련 문건을 발견하지 못했다. 한 역사가는 이렇게 논평한다. "다른 사람들이 중력 법칙을 찾으려 애쓰고 있을 때, 뉴턴은 이미 중력 법칙을 잃어버린 뒤였다."

핼리는 다른 사람들이 뉴턴을 앞지를 수도 있다고 경고했다. 이 경고를 들은 후 뉴턴은 18개월 동안 미친 듯이 『자연철학의 수학적 원리 Philosophiae Naturalis Principia Mathematica』를 썼다. 오늘날 흔히 줄여서 『프린키피아』로 불리는 이 책은 1687년에 핼리의 비용 부담으로 출판되었다. 그리고 뉴턴이 늘 품어왔던 비판에 대한 공포가 현실이 되었다. 심지어 어떤 이들은 뉴턴이 자신의 연구를 도용했다고 주장했다.

『프린키피아』는 자연법칙들에 관한 심오한 지식을 담은 책으로 널리 인정받기는 했지만 수학적으로 엄밀하고 라틴어로 쓰였기 때문에 거의 읽히지 않았다. 그러나 곧 대중용 해설서들이 등장했다. 『귀부인을 위한 뉴턴주의』는 베스트셀러였다. 볼테르Voltaire는 자신보다 과학적 재능이 더 뛰어난 연인 에밀리 뒤 샤틀레의 도움을 받아 쓴 『뉴턴 철학의 요점』에서 이렇게 밝혔다. "이 거인을 나의 동료 멍청이들과 같은 크기로 축소했다."

뉴턴이 밝혀낸 자연의 합리성은 혁명적이었다. 자연의 합리성은, 적어도 원리적으로는, 시계 장치를 이해하는 수준으로 세계를 이해할 수 있어야 함을 의미했다. 이 같은 시계 장치 관점은 훗날 혜성의 회귀에 관한 핼리의 정확한 예측에 의해 극적으로 뒷받침되었다. 당시까지 혜성은 통상 왕의 죽음을 예언한다고 여겨졌었다.

『프린키피아』는 '계몽'이라고 불리는 지적인 움직임에 불을 붙였다. 이제 사회는 더 이상 황금시대를 돌아보며 지혜를 구할 필요가 없었다. 알렉산더 포프 Alexander Pope는 당시의 분위기를 이렇게 표현했다.

"자연과 자연법칙들은 어둠 속에 숨어 있었네. 신께서 말씀하시길, 뉴턴이 있으라 하시니, 모든 것이 밝아졌네."

뉴턴은 더 나은 수학의 필요성을 느끼고 미적분학을 발명했다. 빛에 대한 그의 연구는 광학 분야를 바꿔놓았다. 그는 케임브리지 몫의 의회 의석을 차지했고 조폐국장이 되어 진지하게 직무를 수행했다. 과학자 최초로 작위까지 받은 말년의 아이작 뉴턴경은 서양에서 가장 존경받는 인물이었을 것이다. 역설적이게도 뉴턴은 신비주의자이기도 했다. 그는 초자연적인 연금술과 성경의 예언들에 대한 해석에 몰두하기도 했다.

뉴턴의 유산

뉴턴식 세계관의 가장 직접적인 효과는 물리적 세계와 영적 세계의 중세 후기식 종합을 깨뜨린 것이었다. 코페르니쿠스가 지구를 우주의 중심에서 밀어냄으로써 교회가 보증한 그 종합을 깨뜨리는 일에 어쩌면 본의 아니게 착수했다면, 뉴턴은 동일한 물리법칙들이 지상과 천상에 공히 적용됨을 보임으로써 그 일을 완성했다. 이에 고무되어 지질학자들은, 자연의 역사 내내 동일한 법칙들이 성립한다는 전제를 바탕에 깔고, 지구의 나이가 성경이 말하는 대로 6,000년이 아니라 그보다 훨씬 더 많음을 보여주었다. 이 성과는 근대 과학에서 가장 큰 사회적 논란을 일으킨 이론인 다윈의 진화론으로 곧장 이어졌다.

뉴턴이 남긴 유산의 여러 측면은 영원히 존속할 것이다. 뉴턴의 기계적 세계관과 오늘날 우리가 '고전물리학'이라고 부르는 것은 현대물리학의 도전에 직면했다. 그러나 뉴턴이 물려준 기계적 세계관은 여전히 물리적 세계에 대한 우리의 상식과 지성계 전체에서 우리의 사고를 지배한다.

이제부터 뉴턴식 '상식' 다섯 가지를 살펴보자. 양자역학은 이들 모두를 위태롭게 만든다.

결정론

이상적인 당구공은 물리학자가 결정론을 이야기할 때 매우 즐겨 거론하는 모형이다. 충돌을 목전에 둔 당구공 두 개의 위치와 속도를 알면, 뉴턴물리학을 이용하여 임의의 미래 시점의 두 당구공의 위치와 속도를 예측할 수 있다. 컴퓨터를 쓰면, 서로 충돌하는 수많은 당구공들의 미래 위치도 계산해낼 수 있다.

상자 속에서 이리저리 운동하며 충돌하는 기체 원자들에 대해서도 원리적으로는 똑같은 이야기가 성립한다고 할 수 있다. 이런 생각을 끝까지 밀어붙이면 다음과 같은 결론에 도달한다. 우주에 있는 모든 원자 각각의 위치와 속도를 아는 '전지적인 눈'은 우주의 미래 전체를 환히 내다볼 것이다. 이런 뉴턴식 우주의 미래는 원리적으로, 그 미래를 아는 자가 있거나 없거나, 결정되어 있다. 뉴턴의 결정론적 우주는 거대한 기계다. 기계의 톱니바퀴들이 돌아감에 따라 우주는 미리 정해진 대로 운행한다.

그렇다면 신은 시계 제작 명장이 된다. 어떤 이들은 한술 더 떠서, 신은 완벽하게 결정론적인 시계를 만들고 난 다음에는 할 일이 없다고 주장했다. 요컨대 신은 은퇴한 기술자였다. 은퇴에서부터 부재까지는 거리가 그리 멀지 않았다.

결정론은 우리 각자에 관한 중대한 귀결을 지녔다. 당신의 선택들은 자유로운 듯하지만 실은 이미 정해져 있었던 건 아닐까? 아이작 싱어 Isaac Bashevis Singer는 이렇게 말한다. "당신은 자유의지를 믿어야 한다. 다른 선택지는 없다." 우리는 역설에 직면했다. 우리가 자유의지를 지녔다는 직관은 뉴턴물리학의 결정론과 충돌한다.

뉴턴 이전에 자유의지와 물리학은 어떤 관계였을까? 아무 문제도 없는 관계였다. 아리스토텔레스 물리학에서는 심지어 돌도 개별적인 취향에 따라서 나름의 특수한 방식으로 경사면을 굴러 내려갔다. 역설은 뉴턴물리학의 결정론에서 비롯된다.

그러나 그 역설은 온화해서 당장 심각한 문제를 일으키지는 않는다. 우리가 의식적인 자유의지로 물리적 세계에 영향을 끼치는 것은 맞지만, 자유의지가 물리적 세계에 미치는, 외부에서 관찰 가능한 효과는 사물을 물리적으로 움직이는 근육을 통해 간접적으로 발생한다. 의식 그 자체는 우리의 신체 내부에 갇혀 있다고 할 수 있다.

이처럼 고전물리학은 의식과 자유의지를 물리학자의 관심 영역에서 암묵적으로 격리하는 것을 허용한다. 정신이 존재하고, 또 물질이 존재한다. 물리학은 물질을 다룬다. 이처럼 양분된 우주에서, 양자이론 이전의 물리학자들은 역설을 논리적으로 피할 수 있었다. 그들이 결정론 대 자유의지 역설을 피할 수 있었던 것은, 그 역설이 어떤 실험에서도 불거지지 않고 오로지 결정론을 통해서만 불거지기 때문이었다. 따라서 결정론이 관찰자를 포함하지 못하도록 그 범위를 제한함으로써 물리학자들은 자유의지와 의식의 나머지 측면들을 심리학, 철학, 신학에 기꺼이 떠넘길 수 있었다.

양자역학이 태동하던 시기에 막스 플랑크Max Planck가 전자들의 무작위 행동을 발견했을 때, 결정론은 위기에 봉착했다. 뒤이어 닥친 더 근본적인 위기는 양자 실험에 침입하는 관찰자로 인한 것이었다. 이제 물리학의 범위를 좁힘으로써 자유의지 문제를 간단히 배제하는 것은 불가능하다. 왜냐하면 자유의지 문제가 물리학 실험에서 불거지기 때문이다. 양자역학이 등장하면서, 의식적인 자유의지의 역설은 더는 온화하지 않게 되었다.

물리적 실재

뉴턴 이전의 설명들은 신비적이고 대개는 무용했다. 천사들이 행성을 밀고 다니고, 돌이 천성적인 욕구 때문에 우주의 중심을 향해 떨어지고, 씨앗이 성숙한 식물을 닮아가려는 열망으로 싹을 틔운다면, 다른 신비로운 힘들의 작용도 인정하지 않을 이유가 없을 것이다. 예컨대 달의 모양이나 주술사의 주문도 힘을 발휘하지 않을까? 독감을 뜻하는 영어 '인플루엔자influenza'는 원래 독감을 초자연적인 영향influence으로 설명했기 때문에 붙은 명칭이다.

반면에 뉴턴식 세계관에서 자연은 기계였다. 자연의 작동은, 비록 우리가 완전히 이해하지는 못했다 하더라도, 시계의 작동보다 더 신비로울 이유가 없었다. 이런 식으로 물리적으로 실재하는 세계를 인정하는 것은 우리의 상식이 되었다. 우리는 일상에서 자동차가 '출발하기 싫어한다'는 말을 하기는 하지만, 실제로는 자동차 정비사가 물리적인 설명을 해주리라고 기대한다.

우리 저자들이 '실재'를 거론하는 것은 양자역학이 고전적인 실재관에 도전하기 때문이다. 본격적인 논의에 앞서 말 때문에 오해가 생기는 것을 예방하자. 우리가 논하려는 것은 주관적 실재가 아니다. 주관적 실재는 사람마다 다를 수 있다. 예를 들어 우리는 '네가 너 자신의 실재를 창조한다'라고 말할 수 있다. 이때 실재는 너의 심리적 실재를 의미한다. 우리가 지금 논하려는 것은 객관적 실재, 우리 모두가 동의할 수 있는 실재다. 예컨대 돌멩이의 위치는 객관적 실재다.

수천 년 동안 철학자들은 실재에 대해서 아주 다양한 입장을 취해왔다. '실재론'이라고 불리는 평범한 철학적 입장에 따르면, 물리적 세계는 관찰에 대해 독립적으로 존재한다. 더 과감한 입장은 물리적 대상을 제외한 모든 것의 존재를 부정한다. 이같은 '물질주의'에 따르면, 예컨대 의식은, 적어도 원리적으로는, 궁극적으로 뇌의 전기화학적 속성들을 통해 이해되어야 한다. 이런 물질주의에 대한 암묵적 수긍, 심지어 명시적 옹호는 오늘날에도 드물지 않다.

뉴턴식 실재론이나 물질주의와 대비되는 철학적 입장은, 우리가 지각하는 세계가 참된 세계가 아니라고 주장하는 '관념론'이다. 그럼에도 우리는 정신을 통해 참된 세계를 파악할 수 있다고 관념론은 말한다.

극단적인 관념론인 '유아론solipsism'의 핵심은, 내가 경험하는 모든 것은 나 자신의 감각이라는 명제다. 예컨대 내가 이 연필에 대해서 알 수 있는 것은, 연필에서 반사된 빛이 내 망막에 닿아 생긴 감각과 내 손가락에 느껴지는 연필의 압력뿐이다. 나는 내가 경험하는 감각 이상의 '실재성'을 이 연필이 지녔다는 것을 증명할 수 없다. 다른 대상에 대해서도 마찬가지다. (이 단락의 중심이 '나'라는 점을 눈여겨보라. 유아론에 따르면, 당신들 모두는 나의 정신적 세계 안에 있는 감각들일 뿐이다.)

"숲에서 나무가 쓰러지는데, 아무도 그 소리를 듣지 않는다면, 그 소리는 존재하는 것일까?" 실재론자는 이렇게 대답한다. "존재한다. 우리가 소리로 경험하는 것은 공기 압력의 요동이다. 그 요동을 소리로 경험하는 사람이 없더라도, 그 요동은 물리적 현상으로서 실재한다." 유아론자는 이렇게 대답한다. "존재하지 않는다. 내가 경험하지 않는다면, 심지어 나무도 없다. 오로지 나의 의식적인 감각들만 존재한다." 철학자 우디 앨런Woody Allen의 말을 들어보자. "모든 것이 환상이고 아무엇도 존재하지 않는다면 어떨까? 만약에 그렇다면, 나는 내 카펫을 너무 비싸게 산 것이 틀림없다."

나중에 보겠지만, 양자 실험에 침입하는 의식적인 관찰자는 뉴턴식 세계관을 극적으로 뒤흔들어 실재론, 물질주의, 관념론을—심지어 어리석은 유아론까지—토론장으로 불러낸다.

분리 가능성

아리스토텔레스식 편견에 사로잡힌 르네상스 과학에는 신비로운 연결이 숱하게 있었다. 돌멩이는 우주의 중심에 도달하기를 열망했다. 도토리는 옆에 있는 참나무를 닮아가려고 애썼다. 연금술사는 자신의 순결성이 유리그릇 안에서 일어나는 화학반응에 영향을 미친다고 믿었다. 반면에 뉴턴식 세계관에서 한 물체, 예컨대 한 행성이나 사람은 오로지 물리적으로 실재하는 힘들을 통해서만 나머지 세계와 상호 작용한다. 나머지 모든 면에서 한 물체는 나머지 우주로부터 분리 가능하다. 물리적인 힘들을 논외로 하면, 한 대상과 나머지 우주 사이에는 아무런 '연결'도 없다.

물리적인 힘을 통한 연결은 미묘할 수 있다. 예컨대 어떤 사람이 걸어가다가 친구를 보고 다가가기 위해 방향을 조정하는 경우를 생각해보자. 이 경우에 방향 조정은, 친구에서 반사된 빛에 의해 운반되어 그 사람의 망막에 있는 로돕신 분자에 작용한 힘에 의해 유발된다. 반면에 주술사가 당신의 인형에 바늘을 꽂으니 아무런 힘의 연결이 없는데도 당신이 통증을 느낀다면, 이것은 분리 가능성 원리의 반례일 것이다.

우리의 고전적 직관을 거스르는 양자역학은 분리 가능성 원리에 반하는 즉각적 영향 미침을 허용한다. 아인슈타인은 이를 '도깨비 같은 작용'이라며 조롱했다. 그러나 실제 실험들은 즉각적 영향 미침이 정말로 존재한다는 것을 보여준다.

환원

세계를 이해할 수 있다는 생각 속에는 흔히 암묵적으로 환원주의 가설이 들어 있다. 환원주의 가설이란, 복잡한 시스템을 적어도 원리적으로는 더 간단한 부분들을 통해 이해할 수 있다는, 혹은 그런 부분들로 '환원할' 수 있다는 것이다. 예컨대 자동차 엔진의 작동은 연소하는 휘발유가 피스톤에 가하는 압력을 통해 설명할 수 있다.

심리 현상을 생물학적 토대를 통해 설명하는 것은 심리학의 한 측면을 생물학으로 환원하는 것이다. (스크루지영감은 자신의 꿈을 소화 문제로 환원하면서 말리의 유령에게 이렇게 말한다. "너한테선 무덤 냄새보다 고깃국물 냄새가 더 많이 나.")

화학자는 화학반응을 반응 물질 원자들의 물리적 속성을 통해 설명할 수 있을 것이다. 실제로 오늘날 간단한 반응들은 이런 식으로 설명할 수 있다. 이런 설명은 화학적 현상을 물리학으로 환원한다.

우리는 환원의 피라미드를, 물리학부터 심리학까지 겹겹이 쌓인 위

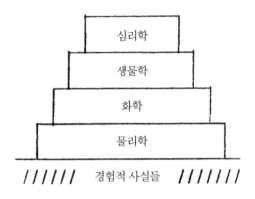

그림3.4 과학적 설명의 위계

계를 생각해볼 수 있다. 맨 아래의 물리학을 확고하게 떠받치는 것은 경험적 사실들이다. 과학의 설명은 일반적으로 환원주의적이다. 즉, 더 기초적인 원리를 향한다. 하지만 그 방향으로 나아가긴 하지만 대개 작은 보폭으로만 나아간다. 우리는 항상 각 층에 고유한 일반 원리들을 필요로 한다.

환원주의를 위반한 고전적인 사례로 한때 생명 과정들을 설명하기 위해 제안되었던 '생명력vital force'이 있다. 생명력을 제안한 이들에 따르면, 생명은 화학이나 물리학에서 기원하지 않고 생물학 층에서 창발한다. 그러나 이런 생기론 사상은 당연히 아무 결실도 맺지 못했다. 오늘날 생물학에는 생기론이 들어설 자리가 없다.

오늘날 환원주의는 의식 연구에서 뜨거운 논쟁을 일으키고 있다. 어떤 이들은 의식에 대응하는 신경계의 전기화학적 현상을 파악하면 설명이 완결될 것이라고 주장한다. 다른 이들은 의식적 경험이라는 '내면의 빛'을 환원주의적으로 파악할 수는 없다고, 의식은 원초적이라고, 새로운 '심리물리적 원리들'이 필요할 것이라고 주장한다. 양자역학은 이런 비환원주의 입장을 뒷받침하는 증거로 내세워진다.

충분한 설명

뉴턴은 중력을 설명하라는 요구를 받았다. 중력이 아무런 매개 없이 빈 공간을 가로질러 전달된다는 것은 납득하기 어려운 주장이었기 때문이다.

뉴턴은 간결하게 대꾸했다. "나는 가설을 지어내지 않는다." 이 말에는 이론이 할 일은 옳은 예측들을 일관되게 내놓는 것뿐이라는 뜻이 담겨 있었다. '나는 가설을 지어내지 않는다'로 대변되는 태도는 양자역학과 함께 재등장한다. 그러나 단순명료한 물리적 실재에 대한 양자 이론의 부정은 무를 통해 전달되는 힘보다 더 납득하기 어렵다.

유추를 통해 물리학 너머로

뉴턴 이후 몇십 년 동안 기술자들이 개발한 기계들은 산업혁명에 불을 댕겼다. 화학자들은 수백 년 동안 아무 결실도 맺지 못한 신비주의적 연금술을 뛰어넘었다. 민간 전승이 지식으로 대체되면서 농업은 과학화했다. 물론 초기의 기술자들은 물리학을 거의 활용하지 않았지만, 그들이 이룬 급속한 발전은 명확한 법칙들이 물리적 세계를 지배한다는 뉴턴식 세계관을 필요로 했다.

뉴턴물리학은 모든 지적 활동의 패러다임이 되었다. 그 물리학을 모범으로 삼은 과감한 유추 작업이 널리 이루어졌다. '사회학'이라는 용어를 고안한 오귀스트 콩트Auguste Comt는 사회학을 '사회적 물리학'이라고 칭했다. 그의 사회학에서 사람들은 여러 힘에 의해 움직이는 '사회적 원자들'이었다. 사회에 대한 연구가 과학으로 여겨진 것은 그때가 처음이었다.

뉴턴물리학의 유추를 강하게 밀어붙인 애덤 스미스Adam Smith는, 사람들이 각자의 이익을 추구하도록 놔두면 정치경제의 근본 법칙인 '보이지 않는 손'이 사회를 조절하여 공익이 이루어지게 할 것이라는 논변으로 자유방임 자본주의를 옹호했다.

유추는 융통성이 풍부하다. 카를 마르크스Karl Marx는 애덤 스미스가 아니라 자신이 옳은 법칙을 발견했다고 느꼈다. 그는 '경제의 운동 법칙을 발가벗겼다'고 주장했다. 마르크스는 그 법칙에 기대어 미래에 공산주의가 실현되리라고 예언했다. 기계적 시스템의 유추를 위해 그가 알아야 할 것은 초기 조건뿐이었다. 그 초기 조건은 당대의 자본주의라고 그는 생각했다. 그리하여 그는 가장 중요한 저서로 자본주의 연구서인 『자본』을 썼다.

유추는 심리학에서도 이루어졌다. 지그문트 프로이트Sigmund Freud는 이렇게 썼다. "이 기획의 의도는 자연과학으로서의 심리학을 마련하는 것이다. 그 심리학의 목표는 심리 과정들을 특정 물질 입자들의 정량적 상태들로 표현하는 것이다." 충분히 뉴턴식이지 않은가? 더 나중의 사례로 스키너의 선언을 들어보자. "인간이 자유롭지 않다는 가정은 인간 행동 연구에 과학적 방법을 적용하는 데 필수적이다." 그는 논쟁을 무릅쓰면서 물질주의와 뉴턴식 결정론을 채택하고 노골적으로 자유의지를 부정한다.

사회과학에서 이런 접근법들의 인기는 이제 식었다. 오늘날 그런 복잡한 분야의 연구자들은 단순한 물리적 상황에 잘 통하는 방법의 한계를 과거보다 더 잘 안다. 그러나 넓은 의미의 뉴턴식 관점, 일반 원리를 찾아내고 경험적으로 검증하는 연구 방식은 보편적으로 채택된다.

뉴턴식 관점은 우리가 물려받은 지적 유산이다. 우리는 그 관점을 벗어나기 어렵다. 그 관점은 우리의 일상적 상식의 바탕이다. 더 나아가 과학적 상식의 바탕이기도 하다. 그 상식을 명시적으로 드러내는 작업은 양자역학이 고전적 세계관에 가한 충격을 제대로 가늠하는 데 도움이 될 것이다.

4

뉴턴 이후의 고전물리학 전체

이제 물리학에서 더 발견될 것은 없다.
남은 과제는 점점 더 정확한 측정뿐이다.
_켈빈경 (1894년에 한 말)

위에 인용한 말을 한 뒤 6년이 지난 1900년에 켈빈경Lord Kelvin은 이렇게 얼버무렸다. "물리학은 사실상 완결되었다. 단지 어두운 구름 두 점이 수평선에 걸려 있을 뿐이다." 그는 구름들을 옳게 지적했다. 한쪽 구름 속에는 상대성이론이, 다른 쪽 구름 속에는 양자역학이 숨어 있었다. 그 구름 속을 들여다보기에 앞서, 오늘날 우리가 '고전' 물리학이라고 부르는 19세기 물리학을 조금 더 살펴보자. 우리는 '간섭'을 설명할 것이다. 간섭 현상은 파동이 고유하게 지닌 특징이다. 우리는 전기장 개념을 설명할 것이다. 왜냐하면 빛은 빠르게 변하는 전기장이고, 양자 불가사의는 빛에서 처음 발생했기 때문이다. 우리는 에너지와 에너지 '보존', 즉 에너지의 총량이 변함없이 유지된다는 원리를 이야기할 것이다. 그리고 마지막으로 아인슈타인의 상대성이론을 설명할 것이다. 믿기 힘들지만 잘 입증된 상대성이론의 예측들을 받아들이는 연습은 양자이론의 믿기 불가능한 함의들을 받아들이는 데 좋은 약이 될 것이다. 이 장에는 양자 불가사의를 이해하는 데 필요한 것보다 더 많은 지식이 들어 있다. 그러나 그 나머지도 유용한 배경 지식이다.

빛 이야기

뉴턴은 빛이 입자들의 흐름이라고 판단했다. 이 판단을 뒷받침할 훌륭한 논변도 가지고 있었다. 물체들이 뉴턴의 보편 운동 방정식을 따르는 것과 마찬가지로, 빛은 자신에게 힘을 가할 무언가와 마주치지 않는다면 직선으로 이동한다. 뉴턴의 말을 직접 들어보자. "광선은 반짝이는 실체에서 방출된 아주 작은 물체들이 아닐까? 그런 물체들은 균일한 매질 속에서 그림자 속으로 휘어져 들어가지 않고 곧은 선을 따라 이동할 텐데, 광선의 본성이 그러하니까 말이다."

그러나 실제로 뉴턴은 갈등했다. 그는 오늘날 우리가 '간섭'이라고 부르는 빛의 속성을 탐구했다. 간섭은 넓은 범위에 퍼져 있기 마련인 파동만 특징적으로 나타내는 현상이다. 그럼에도 뉴턴은 빛이 입자들로 이루어졌다는 입장을 고수했다. 빛이 파동이라면 퍼져나가기 위해 매질이 필요할 텐데, 그런 매질이 있다면 행성들의 운동이 방해를 받을 것이므로 그의 보편 운동 방정식을 거스르는 결과가 나올 것이라고 뉴턴은 추론했다. 그는 이렇게 썼다.

행성들과 혜성들이 하늘에서 온갖 방향으로 영속적이면서도 규칙적으로 운동한다는 사실은, 하늘에 유체 매질이 들어차 있다는 생각을 강력하게 반박한다. 물론 유체 매질이 극도로 희박하게 들어차 있다면 이야기가 다를 수도 있겠지만 말이다. …… 행성과 혜성의 운동은 그런 매질이 없을 때 더 잘 설명된다. …… 이처럼 그것의 존재를 입증하는 증거가 없으므로 그것을 배척해야 한다. 그리고 그것이 배척되면, 빛이 그런 매질을 통해 퍼져나가는 압력 혹은 운동이라는 가설도 함께 배척된다.

빛이 파동이라는 이론을 내놓은 과학자들도 있었지만, 뉴턴의 압도적인 권위에 힘입어 그의 '미립자 이론', 곧 빛이 작은 물체들의 흐름이라는 이론은 100년 넘게 지배력을 유지했다. 심지어 뉴턴 추종자들은, 1800년경에 토머스 영Thomas Young이 다른 진실을 보여줄 때까지, 뉴턴 자신보다 더 굳세게 미립자 이론을 믿었다.

영은 신동이었다. 두 살 때 유창하게 글을 읽었다고 한다. 그는 의학을 공부하고 의사로서 생계를 꾸렸지만 탁월한 이집트 상형문자 번역가였다. 그러나 그의 주된 관심 분야는 물리학이었다. 19세기 초에 영은 빛이 파동임을 설득력 있게 보여주었다.

영은 검댕을 묻혀 불투명하게 만든 유리 위에 평행선 두 개를 아주 좁은 간격으로 그었다. 그렇게 만든 이중 슬릿을 통과한 빛은 영사막에 이르러 우리가 '간섭무늬'라고 부르는, 밝은 띠와 어두운 띠가 교차하는 줄무늬를 형성했다. 곧 보겠지만, 그런 무늬는 빛이 널리 퍼져 있는 파동임을 알려준다.

'파동'을 상상하는 한 방법은, 마루와 골, 즉 봉우리와 골짜기가 연거푸 지나가는 것을 상상하는 것이다. 예컨대 어항의 수면에 잔물결을 일으키고 옆에서 보면, 유리벽 너머로 수면의 마루들과 골들이 보인다. 파동을 상상하는 또 하나의 방법은 마루들을 연결한 선을 새의 관점에서 상상하는 것이다. 바다의 파도를 비행기에서 내려다보면 그런 선들이 보인다. 그림4.1에서처럼 우리는 파동을 표현할 때 이 두 방법을 모두 사용할 것이다.

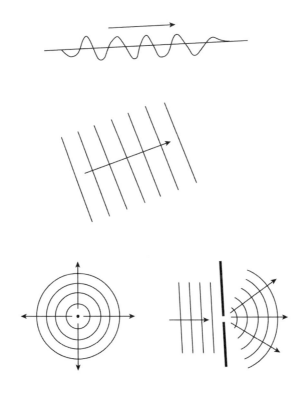

그림4.1: 파동을 표현하는 두 방법

작은 원천(파원)에서 나온 파동, 이를테면 연못에 던진 돌멩이에서 나온 파동은 모든 방향으로 퍼져나간다. 이와 유사하게, 작은 물체에서 나온 빛도 모든 방향으로 퍼진다. 똑같은 원리로, 좁은 슬릿을 통과한 빛도 모든 방향으로 퍼져서 영사막의 넓은 구역을 대략 균일하게 밝힐 것이다(그림4.1의 마지막 그림 참조).

좁은 간격으로 나란히 뚫린 두 슬릿을 통과한 빛은 한 슬릿을 통과한 빛보다 두 배 밝게 영사막을 밝히리라고 예상할 수도 있을 것이다. 만일 빛이 작은 입자들(뉴턴의 미립자들)의 흐름이라면, 확실히 그러리라고 예상된다. 그러나 빛을 그런 이중 슬릿으로 통과시킨 토머스 영은 영사막에서 밝은 띠와 어두운 띠의 줄무늬를 관찰했다. 게다가 이 사실이 결정적으로 중요했는데, 밝은 띠와 어두운 띠 사이의 거리는 두 슬릿의 간격에 따라 달라졌다. 빛이 각각 독립적으로 한 슬릿을 통과하는 입자들의 흐름이라면, 이런 행동을 설명할 길이 없었다.

간섭은 양자이론과 양자 불가사의의 핵심이므로, 우리는 이어질 몇 단락에서 간섭을 자세히 설명할 것이다. 물리학에서 간섭은 문제의 대상이 파동임을 보여주는 결정적인 증거로 받아들여진다. 이 사실을 아는 것만으로 만족할 독자는 다음 몇 단락을 건너뛰어도 좋다. 「전자기력」이라는 제목이 붙은 절로 곧장 넘어가도 양자 불가사의를 이해하는데 지장이 없을 것이다.

어떻게 간섭이 일어나는지 알아보자. 영사막의 중앙(그림4.2에서 점 A)에서는, 위 슬릿을 통과한 빛 파동과 아래 슬릿을 통과한 빛 파동이 똑같은 거리를 이동한 다음에 겹친다. 따라서 한 슬릿을 통과한 파동의 마루와 다른 슬릿을 통과한 파동의 마루가 겹치게 된다. 또 골은 골과 겹치게 된다. 그러므로 동일한 파동이 두 슬릿을 통과하여 A에 도달하면, A는 슬릿이 하나만 열려 있을 때보다 더 밝아진다.

반면에 영사막의 중앙보다 높은 지점(이를테면 그림4.2에서 점 B)에서는, 역시 아래 슬릿을 통과한 파동과 위 슬릿을 통과한 파동이 겹치기는 하는데, 아래 슬릿을 통과한 파동이 약간 더 먼 거리를 이동한 다음에 겹친다. 따라서 점 B에서는 아래 슬릿을 통과한 마루가 위 슬릿을 통과한 마루보다 약간 더 늦게 도착한다. 더 나아가 B의 위치가 절묘할 경우에는, 아래 슬릿을 통과한 마루가 위 슬릿을 통과한 골과 겹치면서 상쇄된다. 이 경우에 B에서는 두 파동이 서로를 없애 어두운 구역이 생겨난다. 빛과 빛이 합쳐져 어둠이 생겨나는 것이다.

영사막의 중앙에서 위로 더 멀리 떨어진 지점(그림4.2에서 점 C)에서는 또 하나의 밝은 띠가 형성된다. 왜냐하면 그 지점에서는 다시 한 번 한 슬릿을 통과한 마루와 다른 슬릿을 통과한 마루가 겹치기 때문이다. 결과적으로 영사막의 위쪽 절반에서는 밝은 띠와 어두운 띠가 교대로

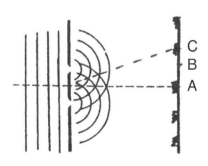

그림4.2 이중 슬릿 실험에서 일어나는 간섭

나타날 것이다. 왜냐하면 두 슬릿을 통과한 파동들이 교대로 서로를 보강하거나 상쇄하여 간섭무늬를 형성하기 때문이다. 사실 '간섭'이라는 명칭은 오해를 일으킨다. 두 슬릿을 통과한 파동들은 서로 '간섭하지' 않는다. 그 파동들은 은행 계좌의 입금액과 출금액처럼 덧셈되거나 뺄셈될 뿐이다.

지금 우리는 두 슬릿을 통과하는 파동들의 진동수가 동일하다고, 다시 말해 마루와 마루 사이의 거리, 곧 파장이 동일하다고 전제하고 있다. 바꿔 말해서 우리는 단일한 색깔의 빛(단색광)이 슬릿들을 통과한다고 가정하고 있다. 만일 슬릿들을 통과하는 빛이 단색광이 아니라면, 다양한 색깔의 빛들이 다양한 위치에서 밝은 띠들을 형성하여 전체적으로 경계선들이 번진 간섭무늬가 만들어질 것이다.

기하학에 관심이 있는 독자를 위해 보충하자면, 두 슬릿 사이 간격이 커지면 간섭무늬의 밝은 띠들 사이 간격은 작아진다. 세부 사항은 우리의 논의에 필수적이지 않다. 중요하게 기억해야 할 것은 무늬의 간격이 슬릿의 간격에 의해 결정된다는 점이다. 영은 영사막의 각 지점에 도달하는 빛의 양이 슬릿 간격에 따라 달라진다는 것은, 영사막의 각 지점에 위 슬릿을 통과한 빛과 아래 슬릿을 통과한 빛이 모두 도달한다는 것을 의미한다고 논증했다.

빛이 입자들의 흐름이라면, 간섭무늬는 발생하지 않을 것이다. 서로 독립적인 총알들이 위 슬릿이나 아래 슬릿을 통과한다면, 총알들이 상쇄되어 슬릿 간격에 따라 달라지는 무늬가 생겨날 리 없을 것이다.

이 논증은 완벽할까? 아마 그렇지 않을 것이다. 아무튼 토머스 영이 이 논증을 제시했을 때, 뜨거운 논쟁이 벌어졌다. 영의 영국인 동료들은 뉴턴의 빛 입자 이론에 조예가 깊었다. 부분적으로 단지 그 이유 때문에, 빛 파동은 영국에서 배척되고 프랑스에서 호응을 얻었다. 그러나 머지않아 추가 실험들이 반론을 압도했고, 빛이 파동이라는 사실이 받아들여졌다.

지금까지 우리는 빛 파동을 가지고 간섭을 설명했다. 그러나 우리의 설명은 모든 파동에 적용된다. 거듭 강조하지만 핵심은 이것이다. 간섭은 문제의 대상이 널리 퍼져 있는 파동이라는 것을 보여준다. 각각 한 위치에 응축되어 있으며 서로 독립적인 물체들의 흐름으로는 간섭을 설명할 수 없다.

전자기력

유리와 비단을 맞비비고 나면, 비단이 유리에 끌려간다. 그러나 비단 두 조각을 유리에 비빈 다음에 서로 가까이 대면, 두 비단은 서로를 밀어낸다. '전하'에서 비롯되며 서로 다른 물질들을 맞비비면 나타나는 이런 힘들은 오래 전부터 알려져 있었다. 벤자민 프랭클린Benjamin Franklin의 빛나는 아이디어는 그런 힘들을 이해하는 데 결정적으로 기여했다. 그는 전하를 띠고 서로를 끌어당기는 물체들이 접촉하면 그것들 사이의 인력이 약해지는 것을 주목했다. 반면에 서로 밀어내는 물체들이 접촉할 때는, 그런 척력 약화가 일어나지 않았다. 프랭클린은 서로 끌어당기는 물체들은 접촉할 경우 서로의 전하를 없앤다는 것을 깨달았다.

이런 상쇄는 양수와 음수가 지닌 속성이다. 그러므로 프랭클린은 양과 음을 나타내는 대수학 부호 +, −를 대전된 물체에 부여했다. 반대 부호의 전하를 띤 물체들은 서로 끌어당기고, 같은 부호의 전하를 띤 물체들은 서로 밀어낸다(프랭클린의 전기 연구는 미국의 탄생에 크게 기여했다. 프랑스 주재 미국 대사였던 프랭클린이 재치와 매력과 정치적 능력뿐 아니라 과학자로서의 지위 덕분에 끌어낼 수 있었던 프랑스의 협조는 미국 독립에 결정적으로 중요했다).

오늘날 우리는 원자가 양전하를 띤 원자핵을 지녔고, 원자핵은 양전하를 띤 양성자들(그리고 전하를 띠지 않은 중성자들)로 이루어졌음을 안다. 양성자의 양전하와 크기가 같은 음전하를 각각 띤 전자들은 원자핵을 둘러싸고 있다. 원자에 들어 있는 전자의 개수는 양성자의 개수와 같

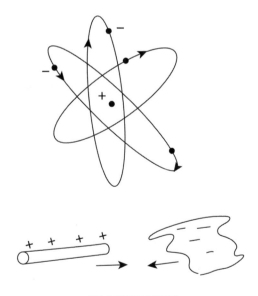

그림4.3 양전하와 음전하

다. 따라서 원자 전체는 전기적으로 중성이다. 두 물체를 맞비비면, 전자들이 한 물체에서 다른 물체로 옮겨가서 두 물체가 전하를 띠게 되는 것이다.

예컨대 유리막대를 비단으로 문지르면, 유리막대는 양전하를 띠게 된다. 왜냐하면 유리 속의 전자들은 비단 속의 전자들보다 덜 단단하게 속박되어 있기 때문이다. 따라서 일부 전자들이 유리에서 비단으로 건너간다. 그리하여 양성자보다 전자를 더 많이 지니게 된 비단은 전체적으로 음전하를 띠고, 양전하를 띤 유리를 끌어당긴다. 똑같이 음전하를 띤 비단 두 조각은 서로 밀어낸다.

전하를 띤 물체, 즉 대전체(또는 '전하')가 다른 대전체에 가하는 전기력의 세기를 알려주는 간단한 공식이 있다. 쿨롱의 법칙으로 불리는 그 공식을 이용하면, 임의의 전하 배열 내부에서 작용하는 전기력들을 계산할 수 있다. 전기력에 대해서 할 이야기는 여기까지가 전부였다. 적어도 19세기 초에 대부분의 물리학자들은 그렇게 생각했다.

그러나 마이클 패러데이Michael Faraday는 전기력에서 수수께끼를 발견했다. 과거로 조금 거슬러 올라가보자. 1805년, 대장장이의 아들인 14세의 패러데이는 제본공의 도제로 일하고 있었다. 호기심 많은 그는 대중을 상대로 한 험프리 데이비경의 과학 강의에 매료되었다. 패러데이는 그 강의 내용을 꼼꼼히 필기하고 책으로 묶어서 험프리경에게 선물하고 그의 연구소에 취직시켜줄 것을 청했다. 비록 허드렛일을 하는 조수로 고용되었지만, 얼마 지나지 않아 패러데이는 독자적인 실험을 해도 좋다는 허락을 받았다.

어떻게 한 물체가 빈 공간을 건너 다른 물체에 힘을 발휘할 수 있는

그림4.4 마이클 패러데이. Stockton Press 제공

것일까? 패러데이는 궁금했다. 수학적인 쿨롱의 법칙으로 관찰 결과를 옳게 예측할 수 있었지만, 충분한 설명이 아직 이루어지지 않았다고 그는 생각했다(그는 '나는 가설을 지어내지 않는다'라는 원리를 옹호하지 않았다).

패러데이는 전하가 자기 주위의 공간에 전기 '장'을 창출하고, 이 물리적인 장이 다른 전하들에 힘을 미친다고 가정했다. 그는 전기장을 양전하에서 나와 음전하로 들어가는 연속적인 선들로 표현했다. 그 선들이 밀집한 구역은 전기장의 세기가 큰 곳이었다.

수학적인 쿨롱의 법칙이 이야기의 전부라고 주장하는 대부분의 과학자들은 패러데이의 장 개념을 군더더기로 여겼다. 패러데이가 수학을 몰라서 그림에 의지하는 것이라고 그들은 꼬집었다. '하류층' 출신의 그 젊은이는 추상적 사고를 하기가 필시 어려우리라 여겨졌다. 장개념은 '패러데이의 정신적 목발'로 조롱당했다.

실제로 패러데이는 전하에서 비롯된 장이 퍼져나가는 데 시간이 걸린다고 생각했다. 예를 들어 만일 서로 가까이 놓여 있으면서 크기가같은 양전하와 음전하를 접촉을 통해 상쇄시키면, 인근의 전기장은 사라질 것이다. 그러나 전기장이 모든 곳에서 즉시 사라진다는 것은 패러데이가 보기에 있을 법한 일이 아니었다.

전기장을 창출한 전하들이 상쇄되어 더는 존재하지 않더라도, 먼 곳의 전기장은 한동안 존속할 것이라고 패러데이는 생각했다. 만일 이 생각이 옳다면, 전기장은 당당한 물리적 실재일 것이다.

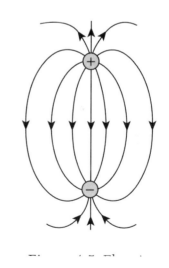

그림 4.5 두 전하 주위의 전기장

더 나아가, 만일 크기가 같고 부호가 반대인 두 전하를 합치고 떼어놓기를 반복하면, 이 진동하는 전하 쌍이 창출하는 가변적인 전기장이 멀리 퍼져나갈 것이라고 패러데이는 추론했다. 설령 두 전하가 진동을 멈추고 상쇄된다 하더라도, 진동하는 전기장은 계속 퍼져나갈 것이다.

패러데이의 직관은 옳았다. 몇 년 후, 패러데이의 장 개념을 채택한 제임스 클럭 맥스웰James Clerk Maxwell은 모든 전기 및 자기 현상을 아우르는 장에 관한 방정식 네 개를 고안했다. 우리는 그 방정식들을 '맥스웰 방정식'이라고 부른다. 맥스웰 방정식은 전기장과 자기장의 파동, 곧 '전자기파'의 존재를 예측했다. 맥스웰은 그 파동의 속도가 측정된 빛의 속도와 정확히 일치한다고 밝혔다. 따라서 빛은 전자기파라고 그는 주장했다. 이 주장은 곧 입증되었지만, 안타깝게도 맥스웰은 이미 죽은 뒤였다.

패러데이가 예측한 대로, 크기가 같고 부호가 반대인 전하들이 왕복운동을 하면(실은 전하가 임의의 가속도 운동을 하면) 전자기파(전자기 복사라고도 함)가 산출된다. 이때 전자기파의 진동수는 전하들의 운동의 진동수와 같다. 진동수가 높은 운동은 보라색 빛과 자외선을 산출하는 반면,

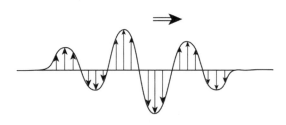

그림4.6 진동하는 전기장

진동수가 낮은 운동은 빨간색 빛과 적외선을 산출한다. 진동수가 더 높은 운동은 X선을, 훨씬 더 낮은 운동은 전파를 산출한다.

오늘날 물리학의 근본 이론들은 예외 없이 장 개념을 통해 정식화되어 있다. 패러데이의 '정신적 목발'은 지금 물리학 전체를 지탱하는 기둥이다.

이제부터 우리는 '전기력'을 '전자기력'의 줄임말로 쓸 것이다. 우리가 언급할 필요가 있는 힘은 전기력뿐이다. 우리가 일상에서 경험할 수 있는 힘은 전기력과 중력뿐이다(모든 물체들은 서로에게 중력을 가하지만, 중력은 두 물체 중에서 적어도 하나가 이를테면 행성만큼 거대할 때만 유의미하다). 원자들 사이의 힘은 전기력이다.

우리가 누군가를 만질 때, 우리 손에 느껴지는 압력은 전기력이다. 우리 손을 이루는 원자들 속 전자들은 타인을 이루는 원자들 속 전자들을 밀쳐낸다. 누군가에게 전화를 걸 때, 전선이나 광섬유나 허공을 통해 메시지를 전달하는 장본인은 전기력이다. 고체를 이루는 원자들은 전기력에 의해 뭉쳐 있는 것이다. 전기력은 화학 전체가 존재하는 원인이다. 따라서 전기력은 생물학 전체의 바탕이기도 하다. 우리는 전기력으로 보고, 듣고, 냄새 맡고, 맛보고, 감촉을 느낀다. 우리 뇌 속에서 일어나는 신경학적 과정들은 전기화학적 과정, 따라서 궁극적으로는 전기적 과정이다.

우리의 생각과 의식도 결국은 뇌 속에서 일어나는 전기화학을 통해 온전하게 설명할 수 있을까? 나 자신이 의식을 가졌다는 느낌은 '단지' 전기력의 표출일 뿐일까? 그렇다고 믿는 이들도 있다. 그러나 다른 이들은 의식은 전기화학 이상의 무엇이라고 주장한다. 우리가 나중에 논할 이 문제는 양자역학과 관련이 있다.

자연에는 중력과 전자기력 외에 다른 힘들도 있다. 그러나 두 가지 힘만 더 있는 것으로 보인다. 그것들은 이른바 '강력'과 '약력'이다. 이 두 가지 힘은 원자핵을 이루는 입자들(그리고 고에너지 입자들이 충돌할 때 창출되어 잠깐 동안만 존속하는 대상들)의 상호작용과 관련이 있다. 원자핵 규모를 벗어나면, 이 힘들은 사실상 아무 효과도 일으키지 못한다. 강력과 약력은 이 책에서 중요하게 다뤄지지 않을 것이다.

에너지

에너지는 물리학, 화학, 생물학, 지질학들에서, 그리고 공학과 경제학에서도 숱하게 등장하는 개념이다. 석유에 저장된 화학에너지를 둘러싸고 여러 차례 전쟁이 벌어졌다. 에너지의 핵심 특징은 에너지의 형태는 가변적이어도 총량은 일정하게 유지된다는 점이다. 이 사실을 일컬어 '에너지 보존'이라고 한다. 그런데 도대체 에너지란 무엇일까? 에너지를 정의하는 최선의 방법은 에너지의 다양한 형태들을 열거하는 것이다.

우선 운동에너지가 있다. 움직이는 물체의 질량이 크고 속도가 빠를수록, 물체의 '운동에너지'는 더 크다. 운동에너지는 물체의 운동에서 비롯되는 에너지다.

돌이 낙하한 거리가 멀면 멀수록, 돌의 속도는 더 빨라지고 운동에너지는 더 커진다. 특정 높이에 멈춰 있는 돌은 특정 속도와 운동에너지를 얻을 잠재력을 지녔다. 다시 말해 그 돌은 중력 '위치에너지'를 지녔다. 이 에너지는 높이가 높고 돌의 질량이 클수록 더 크다. 돌의 운동에너지와 위치에너지의 합, 곧 총에너지는 돌이 낙하하는 내내 일정하게 유지된다. 이것은 에너지 보존의 한 예다.

당연한 말이지만, 돌이 바닥에 도달한 다음에는, 돌의 운동에너지와 위치에너지가 모두 0이다. 돌이 바닥에 닿는 순간, 돌의 에너지는 보존되지 않는다. 그러나 총에너지는 보존된다. 충돌 순간, 돌의 에너지는 바닥과 돌을 이루는 원자들의 무작위 운동에 보태진다. 따라서 그 원자들의 운동은 더욱 활발해진다. 원자들의 무작위 운동은 거시적으로 보면 다름 아니라 열(열에너지)이다. 돌이 떨어진 지점은 온도가 높아진다. 동요하는 원자들에게 전해진 에너지는 돌이 바닥과 충돌하면서 잃은 에너지와 크기가 같다.

돌이 멈출 때, 이처럼 총에너지는 보존되지만, 가용한 에너지는 감소한다. 낙하하는 돌이나 물은 이를테면 바퀴를 돌릴 수 있다. 그러나 원자들의 무작위 운동에 보태진 에너지는 열에너지로 써먹을 수 있을 뿐, 달리 써먹을 수 없다. 임의의 물리적 과정에서 일부 에너지는 써먹을 수 없게 된다. 환경을 위해 '에너지를 아껴야 한다'는 말의 정확한 의미는 가용한 에너지를 아껴야 한다는 것이다.

운동에너지는 한 가지뿐이지만, 위치에너지는 여러 가지다. 특정 높이에 멈춰 있는 돌의 위치에너지는 중력 위치에너지다. 압축한 스프링이나 잡아 늘인 고무줄은 탄성 위치에너지를 지녔다. 스프링의 탄성 위치에너지는 예컨대 돌을 쏘아 올리는 과정에서 운동에너지로 변환될 수 있다.

양전하를 띤 물체와 음전하를 띤 물체를 적당한 간격으로 떼어놓으면, 두 물체는 전기 위치에너지를 가진다. 그 물체들을 자유롭게 놔두면, 그것들은 서로 접근할 것이고, 이 과정에서 그것들의 속도와 운동에너지는 점점 증가할 것이다. 태양 주위를 도는 행성이나 원자핵 주위를 도는 전자는 운동에너지와 위치에너지를 둘 다 가진다.

산소 분자들과 수소 분자들이 보유한 화학에너지는 그 분자들이 결합하여 생성된 물 분자들이 보유한 화학에너지보다 더 많다. 수소-산소 혼합물에 불을 붙이면, 그 여분의 에너지가 생성된 물 분자들의 운동에너지의 형태로 나타날 것이다. 따라서 반응 결과로 뜨거운 수증기가 만들어질 것이다. 요컨대 수소-산소 혼합물에 저장되었던 여분의 화학에너지가 열에너지로 바뀐다.

핵에너지는 화학에너지와 유사하다. 하지만 원자핵을 이루는 양성자들과 중성자들 사이에서는 전기력 외에 핵력들도 작용한다는 점이 다르다. 우라늄 원자핵은 그것의 분열 산물들보다 더 많은 위치에너지를 지녔다. 그 여분의 위치에너지는 분열 산물들의 운동에너지로 바뀐다. 그 운동에너지는 열에너지다. 이 열에너지로 수증기를 생산하여 터빈을 돌리고 발전기를 작동시켜서 전력을 생산할 수 있다. 원자폭탄이 폭발할 때는 우라늄이 보유한 어마어마한 위치에너지가 일시에 방출된다.

뜨겁게 달궈진 물체는 빛을 낸다. 즉, 에너지를 전자기 복사의 형태로 방출한다. 그리고 추가로 에너지가 공급되지 않으면, 물체는 식는다. 개별 원자도 빛을 방출할 수 있는데, 그럴 때 원자는 더 낮은 에너지 상태로 옮겨간다.

　에너지의 형태는 얼마나 많을까? 대답은 개수를 어떻게 따지느냐에 달려 있다. 이를테면 화학에너지는 대개 별개의 에너지 형태로 취급하는 것이 편리하지만 궁극적으로 전기에너지다. 우리가 아직 모르는 에너지 형태들도 있을 수 있다. 통상적인 믿음과 달리 우주 팽창이 느려지고 있지 않다는 것이 여러 해 전에 발견되었다. 우주 팽창은 가속하는 중이다. 이 가속을 일으키는 에너지를 일컬어 '암흑에너지'라고 하는데, 이 에너지에 대해서는 우리가 아는 것보다 모르는 것이 더 많다.

　그럼 '정신 에너지psychic energy'는 무엇일까? '에너지'라는 단어를 물리학이 독점할 수는 없다. 이 단어는 19세기에 물리학에 도입되기 훨씬 전에도 쓰였다. 만일 '정신 에너지'를 물리학에서 다루는 에너지로 변환할 수 있다면, 정신 에너지는 지금 우리가 논하는 에너지 형태의 하나일 것이다. 그러나 그런 변환이 가능함을 보여주는, 일반적으로 받아들여지는 증거는 당연히 없다.

상대성이론

앨리스는 웃었다.

"해볼 필요도 없어요." 그녀가 말했다. "불가능한 것을 믿을 수는 없잖아요."

"아마 네가 연습을 많이 하지 않았기 때문일 거야." 여왕이 말했다. "나는 네 나이 때 매일 30분씩 연습했단다. 정말이야, 어떨 땐 나는 아침을 먹기도 전에 불가능한 것을 여섯 가지나 믿었는걸.

-루이스 캐럴, 「거울 나라의 앨리스」

빛이 파동이라는 생각이 받아들여지자, 빛이 퍼져나가려면 무언가가 출렁거려야 한다는 생각이 제기되었다. 그 무언가는 빛 파동을 전달하는 매질이고, 전기장과 자기장은 그 매질의 뒤틀림일 것이라고 사람들은 생각했다. 그런데 물체들은 그 매질을 저항없이 통과하므로, 그 매질은 지극히 가벼울 것이었고 따라서 '에테르ether'(에테르의 형용사형 'ethereal'은 지극히 가볍다는 뜻—옮긴이)로 명명되었다. 별들에서 나온 빛이 우리에게 도달하므로, 에테르는 온 우주에 퍼져 있다고 추정되었다. 이런 에테르를 기준으로 삼아 측정한 속도는 절대속도일 것이었다. 우주 안에 마치 '말뚝'처럼 고정되어 있는 에테르가 없다면, 절대속도는 무의미한 개념일 터였지만 말이다.

1890년대에 앨버트 마이컬슨Albert Michelson과 에드워드 몰리Edward Morley는 지구가 에테르를 헤치고 얼마나 빠르게 운동하는지 측정하는 작업에 착수했다. 파도와 같은 방향으로 움직이는 배에서 보면, 반대 방향으로 움직이는 배에서 볼 때보다 파도가 더 느리게 지나간다. 두 배에서 측정한 파도 속도의 차이를 기초로 삼으면, 배가 얼마나 빠르게 움직이는지 계산해낼 수 있다. 마이컬슨과 몰리는 파도 대신에 빛 파동을 대상으로 삼아 이와 본질적으로 같은 측정과 계산을 했다.

결과는 놀랍게도 지구가 전혀 움직이지 않는다는 것이었다. 적어도 그들이 측정한 빛의 속도는 지구의 운동 방향과 상관없이 동일했다. 이 결과를 전자기 이론에 기초하여 이해하려는 정교한 시도들은 실패로 돌아갔다.

알베르트 아인슈타인은 다른 길을 선택했다. 말하자면 고르디아스의 매듭을 단칼에 베어버렸다. 과감하게도 그는 관찰된 사실을 전제로 삼았다. 즉, 관찰자가 어느 방향으로 얼마나 빠르게 운동하든지 빛의 속도는 동일하다고 전제했다. 기이한 관찰 결과를 자연의 새로운 속성으로 삼은 셈이었다. 아인슈타인에 따르면, 상이한 속도로 움직이는 두 관찰자라도 지나가는 광선의 속도를 측정하면 동일한 결과를 얻을 것이었다. 요컨대 (진공에서) 빛의 속도는 'c'로 표기되는 보편 상수였다.

광속이 어느 관찰자가 보나 동일하다면, 절대속도를 측정할 길은 없을 것이었다. 일정한 속도로 움직이는 임의의 관찰자는 자신이 멈춰 있다고 간주할 수 있을 것이다. 따라서 절대속도는 존재하지 않는다. 오로지 상대속도만 유의미하다. 이런 연유로 우리는 아인슈타인의 이론을 '상대성이론'이라고 부른다.

아인슈타인은 간단한 대수학을 써서 자신의 전제로부터 검증 가능한 예측들을 도출했다. 이 책에서 가장 중요한 예측은 어떤 물체, 신호, 정보도 빛보다 빠르게 이동할 수 없다는 것이다. 질량이 에너지의 한 형태이며 다른 형태들로 변환될 수 있다는 예측도 있다. 이 예측은

$E=mc^2$이라는 공식으로 요약된다. 이 두 예측은 옳은 것으로 입증되었다. 때로 그 입증은 극적으로 이루어졌다.

상대성이론의 예측 가운데 가장 믿기 어려운 것은 시간의 흐름이 상대적이라는 것이다. 빠르게 움직이는 물체에서는 멈춰 있는 물체에서보다 시간이 더 느리게 흐른다.

20세 여성이 초고속 우주선을 타고 먼 별로 여행을 다녀온다고 해보자. 그녀의 쌍둥이 남동생은 지구에 머문다. 30년 뒤 그녀가 지구로 귀환해서 보니, 남동생은 30살을 더 먹어 50세의 중년 남성이 되어 있다. 반면에 그녀는 광속의 95퍼센트로 이동했으므로, 그녀에게는 시간이 느리게 흘러갔고, 그래서 그녀는 10살만 더 먹었다. 결과적으로 그녀는 지금 남동생보다 훨씬 젊은 30세다. 여행에서 돌아온 쌍둥이는 집에 머문 쌍둥이보다 모든 물리학적, 생물학적 의미에서 20년 더 젊다.

이 같은 '쌍둥이 역설'은 일찍이 아인슈타인의 이론에 대한 반론으로 제기되었다. 여행을 떠난 여성은 자신이 멈춰 있고 남동생이 여행을 떠났다고 간주할 수 있지 않을까? 만일 그렇게 간주해도 된다면, 오히려 남동생이 그녀보다 더 젊어져야 할 것이다. 따라서 아인슈타인의 이론은 일관성이 없다고 비판자들은 주장했다. 그러나 이 주장은 틀렸다. 여행하는 쌍둥이가 처한 상황과 멈춰 있는 쌍둥이가 처한 상황은 대칭적이지 않다. 오직 일정한 속도로(일정한 방향과 속력으로) 운동하는 관찰자들만이 자신이 멈춰 있다고 간주할 수 있다. 여행자는 먼 별에서 집으로 돌아오기 위해 운동 방향을 바꿔야 한다. 즉, 가속해야 한다. (여행자는 가속할 때 자신에게 가해지는 힘을 느낌으로써 자신이 멈춰 있지 않음을 알 수 있다.)

사람을 거의 광속으로 실어 나를 수 있는 우주선을 제작하는 것은 기술적으로 실현 불가능하지만, 상대성이론은 폭넓은 검증을 통과했다. 대부분의 검증은 아원자입자를 대상으로 삼아 이루어졌다. 지상에 멈춰 있던 시계와 비행기에 실려 날아다닌 시계를 비교하는 검증도 이루어졌는데, 날아다닌 시계가 멈춰 있던 시계보다 더 늦은 시각을 가리키는 것이 확인되었다. 두 시계가 가리키는 시각의 차이는 이론이 예측하는 값과 정확히 일치했다. 오늘날 상대성이론은 매우 확고하게 타당성을 인정받고 있기 때문에, 상대성이론에 대한 도전은 웬만해서는 정당화되지 않는다. 여러분이 '상대성이론'에 대한 검증을 운운하는 글을 어딘가에서 읽는다면, 그 글은 아인슈타인의 중력 이론인 일반상대성이론에 대한 검증을 다룬 글일 가능성이 높다. 우리가 지금 여기에서 이야기하는 상대성이론의 정식 명칭은 특수상대성이론이다.

아인슈타인의 상대성이론이 말해 주는 기이한 사실들은 믿기 어렵다. 예를 들어 아들이 어머니보다 더 늙는 것이 원리적으로 가능하다는 사실이 그러하다. 그러나 오늘날 실험에 의해 확고하게 입증된 그 사실, 즉 움직이는 시스템은 덜 늙는다는 사실을 받아들이는 것은 양자역학이 말해 주는 훨씬 더 기이한 사실들을 받아들이는 데 도움이 되는 좋은 연습이다.

이제 우리는 그 기이한 사실들을 이야기할 준비를 갖췄다.

간주곡 –만나서 반가워요, 양자역학

우주는 거대한 기계라기보다 거대한 생각에 더 가깝게 보이기 시작한
다.

_제임스 진스경

19세기 말, 자연의 기본 법칙들에 대한 탐구는 목표 달성을 코앞에
둔 듯했다. 물리학자들은 임무가 완성되었다고 느꼈다. 물리학이 보여
주는 정돈된 광경은 당시 빅토리아 시대의 분위기와 잘 어울렸다.

천상과 지상의 물체들은 모두 뉴턴의 법칙들에 따라 행동했다. 원자
들도 그러하리라고 사람들은 추정했다. 원자의 본성은 불분명했다. 그
러나 우주를 기술하는 작업에서 남은 부분은 거대한 기계의 세부를 채
워나가는 일뿐이라고 대부분의 과학자들은 생각했다.

뉴턴물리학의 결정론은 '자유의지'를 부정할까? 물리학자들은 이런
질문을 철학자들에게 떠넘겼다. 물리학자들이 자기네 영역으로 여기
는 물리학의 경계는 간단명료한 듯했다. 자연법칙 배후의 심오한 의미
를 탐구할 이유는 거의 없었다. 그러나 이런 직관적으로 합당한 세계
관으로는 실험실에서 관찰된 몇 가지 수수께끼를 설명할 수 없었다.
처음에 그 수수께끼들은 곧 해결될 세부 문제들인 듯했다. 그러나 머

지않아 친숙한 고전적 세계관 자체가 위태로워졌다. 고전적 세계관을 둘러싼 논쟁은 한 세기가 지난 지금도 여전히 진행 중이다.

양자물리학은 태양중심설이 더 이전의 지구중심설을 대체하는 식으로 고전물리학을 대체하지 않는다. 오히려 양자물리학은 고전물리학을 특수한 사례로 포섭한다. 일반적으로 고전물리학은 원자보다 훨씬 큰 물체들의 행동에 관한 매우 훌륭한 근사 이론이다. 그러나 임의의 자연 현상을, 물리적 현상이건, 화학적, 생물학적, 또는 우주론적 현상이건 간에, 깊이 파헤치면, 양자역학과 마주치게 된다. 끈이론부터 빅뱅이론까지, 물리학의 근본 이론들은 한결같이 양자이론을 출발점으로 삼는다.

양자이론은 80년 동안 검증을 거쳤다. 그 이론의 예측 가운데 틀렸다고 판명된 것은 하나도 없다. 양자이론은 과학을 통틀어 실전에서 가장 잘 검증된 이론이다. 타 이론의 추종을 불허할 정도다. 그럼에도 양자이론의 함의들을 진지하게 받아들이면, 불가사의한 수수께끼에 직면하게 된다. 양자이론은 물리적 세계의 실재성이 묘하게도 우리의 관찰에 의존한다고 말해 준다. 이것은 믿기 어려운 일이다.

믿기 어렵다면, 문제가 있는 것이다. 당신이 어떤 말을 들었는데 그 말을 믿을 수 없다면, 당신은 아마 이렇게 반응할 것이다. "난 이해가 안 돼." 그러나 양자이론과 관련해서는, 실제로 당신은 당신 생각보다 더 많은 것을 이해하고 있을 수도 있다. 우리는 불가사의한 수수께끼에 직면한다.

양자이론의 함의를 합당하게 보이도록 재해석하는 경향도 있다. 그러나 그런 재해석이 이해를 담보하는 것은 아니다. 양자이론의 창시자 중 한 명인 닐스 보어Niels Bohr는 오히려 정반대의 기준을 제안했다. 그의 경고에 따르면, 당신이 양자역학에 충격을 받지 않았다면, 당신은 양자역학을 이해하지 못한 것이다.

우리의 서술 방식은 새로울 수도 있겠지만, 우리가 제시하는 실험적 사실들과 그에 대한 양자이론의 설명들은 이론의 여지없이 확고하다. 우리는 양자이론에 대한 해석을 논하고 그에 따라 물리학과 의식의 만남을 논할 때, 그 확고한 기반을 벗어날 것이다. 양자역학의 심층적 의미를 둘러싼 논쟁은 점점 더 뜨거워지는 중이다.

물리학이 물리학을 벗어나는 듯한 사안들과 만나는 접경 지역, 물리학자들이 탁월한 역량을 자부할 수 없는 그곳에 도달하기 위해 전문적인 지식은 필요하지 않다. 일단 그곳에 도달하면, 여러분은 누구나 논쟁에 참여할 수 있다.

5

왜 물리학은 양자를 받아들일 수밖에 없었나

그것은 자포자기 행위였다.
_막스 플랑크 Max Planck

물리학 강의에서 역사를 다루는 경우는 드물지만, 양자역학 입문 강의는 예외다. 우리가 상식과 정면으로 충돌하는 이론을 받아들이는 이유를 이해하려면, 실험실에서 관찰된 냉엄한 사실들이 물리학자들을 19세기의 자아도취 바깥으로 끌어낸 역사를 알아야 한다.

본의 아닌 혁명가

19세기의 마지막 주에 막스 플랑크Max Planck는 가장 근본적인 물리학 법칙이 깨졌다는 터무니없는 주장을 내놓았다. 그것은 오늘날 우리가 '고전적'이라고 표현하는 세계관을 폐기해야 한다는 것을 함축하

그림5.1 막스 플랑크

는, 양자혁명의 첫 신호탄이었다.

훌륭한 법학교수의 아들인 막스 플랑크는 신중하고 예절 바르고 내성적이었다. 그의 옷은 늘 어두운 색이었고 셔츠는 풀을 먹여 빳빳했다. 엄격한 프로이센 전통에 물들어 성장한 그는 사회와 과학 모두에서 권위를 존중했다. 사람뿐만 아니라 물질도 엄격하게 법을 지켜야 했다. 플랑크는 전형적인 혁명가가 아니었다.

1875년, 젊은 막스 플랑크가 물리학에 관심이 있다고 밝히자, 물리학과장은 더 흥미로운 분야를 연구할 것을 제안했다. 물리학은 완결되기 직전이라고 그는 말했다. "중요한 발견은 이미 다 이루어졌다." 그럼에도 플랑크는 물리학 공부를 마치고 사강사로 몇 년을 보냈다. 사강사Privatdozent란 견습 교수 정도에 해당하는데, 사강사의 수입은 수강생들에게서 받는 소액의 강의료가 전부였다.

플랑크는 진정으로 법칙이 지배하는 물리학 분야인 열역학을 전공으로 선택했다. 열역학이란 열을, 그리고 열과 기타 에너지 형태들 사이의 상호작용을 연구하는 분야다. 그는 화려하지 않아도 건실한 연구를 했고 그 공로로 결국 교수가 되었다. 아마 아버지의 영향력도 작용했을 것이다.

당시 열역학에서 열복사는 난감한 미해결 문제였다. 뜨거운 물체가 내는 빛의 색깔들, 즉 스펙트럼을 설명할 길이 없었다. 이 문제는 켈빈이 말한 '수평선에 걸린 어두운 구름 두 점' 중 하나였다. 플랑크는 열복사 문제를 푸는 작업에 뛰어들었다.

먼저 몇 가지 사항을 짚어본 다음에 열복사 문제를 논하기로 하자. 뜨거운 쇠막대가 빛을 내는 것은 당연한 일인 듯하다. 19세기 말에 원자의 본성은 불분명했고, 심지어 원자의 존재 여부도 불확실했지만, 전자는 막 발견된 뒤였다. 전하를 띤 작은 입자인 전자가 뜨거운 물체 속에서 진동하기 때문에 전자기 복사가 방출된다고 과학자들은 추측했다. 그런데 그 복사는 어떤 물질에서 나오든 상관없이 동일하므로 자연의 근본 특징인 듯했다. 그러므로 그 복사를 이해하는 것은 중요한 과제였다.

쇠토막이 점점 더 뜨거워지면, 그 속의 전자들이 점점 더 격하게, 아마도 더 빠르게 흔들릴 테고, 따라서 더 높은 진동수의 빛이 방출될 것이라는 추론은 합당해 보였다. 요컨대 쇠가 뜨거울수록, 쇠가 내는 빛은 더 밝아지고 진동수가 높아질 것 같았다. 쇠가 점점 더 달궈지면, 빛의 색깔은 보이지 않는 자외선에서 보이는 빨간색을 거쳐 오렌지색으로 바뀌고, 결국 쇠는 가시광선 범위의 모든 빛을 방출하여 하얗게 빛난다.

우리 눈은 보라색보다 진동수가 더 높은 빛을 보지 못하므로, 주로 자외선을 방출하는 초고온 물체는 푸르스름하게 보인다. 지상의 물질들은 열을 받으면 파란색으로 빛나기 전에 증발하지만, 하늘에서는 파랗게 빛나는 뜨거운 별들을 볼 수 있다. 차가운 물체들도 '빛'을 낸다. 물론 진동수가 낮은 빛을 약하게 내지만 말이다. 손바닥을 뺨 가까이 대고 당신의 손이 방출하는 적외선의 온기를 느껴보라. 하늘에서 우리에게 도달하는 보이지 않는 마이크로파(우주배경복사)는 빅뱅 직후 섬광의 잔해이다.

그림5.2의 곡선은 온도가 섭씨 6000도인 태양 표면에서 나오는 복사의 진동수(색깔)별 세기를 보여준다. 물체가 더 뜨거워지면, 모든 진동수에서 빛이 더 많이 나오고, 가장 센 빛이 나오는 진동수가 더 높아진다. 그러나 아주 높은 진동수 영역에서는 빛의 세기가 항상 0으로 떨어진다.

점선은 문제가 무엇인지 보여준다. 그것은 1900년에 옳다고 여겨진 물리학 법칙들에 따라 계산한 이론적인 세기 분포이다. 보다시피 적외

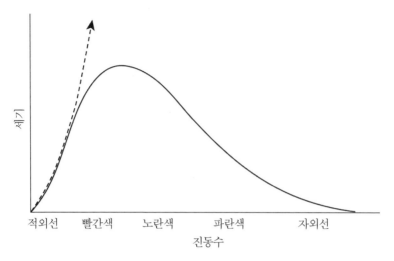

세기

적외선 　빨간색 　　노란색 　　파란색 　　자외선

진동수

그림5.2 섭씨 6000도에서 실제 열복사(실선)와 고전물리학의 예측(점선)

선 범위에서는 이론과 실험적 관찰이 일치한다. 그러나 더 높은 진동수 범위에서는 고전물리학 계산에서 나오는 답이 틀린 정도를 넘어 터무니없다. 고전물리학은 자외선보다 더 높은 진동수 구역에서도 빛의 세기가 계속 증가한다고 예측한다.

　이 예측이 옳다면, 모든 물체는 보유한 에너지를 자외선보다 진동수가 높은 빛의 형태로 일시에 방출하고 즉각 식어버릴 것이다. 이 황당한 결론은 '자외선 파탄'으로 명명되었다. 그러나 아무 문제가 없는 듯한 추론에서 이런 터무니없는 결론이 나오는 이유를 아무도 몰랐다.

　플랑크는 실험 데이터에 맞는 공식을 고전물리학에서 도출하기 위해 여러 해 동안 애썼다. 그러다가 절망한 그는 반대 방향에서 문제를 공략하기로 마음먹었다. 그는 우선 데이터에 맞는 공식을 어림짐작하고 그 공식을 길잡이 삼아 적당한 이론을 구성하기로 했다. 어느 날 그는 다른 사람들에게서 얻은 데이터를 검토하며 저녁 시간을 보내다가 데이터와 완벽하게 일치하는 간단한 공식을 발견했다.

그 공식에 물체의 온도를 집어넣으면, 모든 각각의 진동수에서 복사의 세기가 옳게 산출되었다. 그의 공식이 데이터와 일치하게 만들려면 '보정을 위한 인자fudge factor'를 도입할 필요가 있었다. 플랑크는 그 인자를 'h'로 표기했다. 오늘날 우리는 그 인자를 '플랑크상수'라고 부르며 광속과 마찬가지로 자연의 근본 속성으로 인정한다.

어림짐작으로 발견한 공식을 길잡이 삼아 플랑크는 물리학의 기본 원리들을 통해 열복사를 설명하려 애썼다. 당시의 간단명료한 생각에 따르면, 뜨거운 금속에 들어 있는 전자는 주변에서 요동하는 원자와의

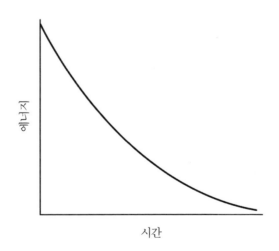

그림5.3 고전물리학에 따른 대전 입자의 에너지 감소

충돌로 인해 진동하기 시작할 것이었다. 이어서 전자는 빛을 방출하면서 차츰 에너지를 잃을 것이었다. 그림5.3은 이 생각에 따른 전자의 에너지 감소를 나타낸다. 이와 유사하게, 끈에 매달린 추나 그네에 탄 아이를 떠민 다음에 방치하면, 추나 아이는 공기 저항과 마찰 때문에 끊임없이 연속적으로 에너지를 잃는다.

그러나 전자의 에너지 방출을 당대 물리학에 따라 기술하면 어김없이 자외선 파탄이라는 황당한 예측이 나왔다. 오래 고심한 끝에 플랑크는 보편적으로 받아들여지는 물리학 원리들에 반하는 전제를 과감하게 채택했다. 처음에 그는 그 전제를 진지하게 생각하지 않았다. 훗날 그는 그 전제 채택을 '자포자기 행위'로 표현했다.

막스 플랑크는 전자가 에너지를 일정한 뭉치 단위로만, 즉 '양자' 단위로만 방출할 수 있다고 전제했다. 양자 하나의 에너지는 플랑크의

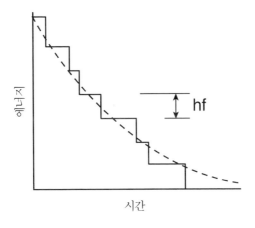

그림5.4 플랑크에 따른 대전 입자의 에너지 감소

공식에 등장하는 h에 전자의 진동수를 곱한 값과 같다고 상정되었다.

이런 식으로 행동하는 전자는 한동안 에너지를 방출하지 않으면서 진동할 것이었다. 그러다가 무작위하게, 원인 없이, 외적인 힘의 작용 없이, 갑자기 에너지 양자 하나를 빛 펄스 형태로 방출할 것이었다(또한 전자가 뜨거운 원자들로부터 에너지를 얻을 때에도 그런 '양자뜀quantum jump'이 일어날 것이었다). 그림5.4는 그렇게 갑작스러운 도약들을 통해 일어나는 에너지 감소를 보여준다. 점선은 그림5.3의 곡선을 그대로 옮긴 것으로, 고전물리학이 예측하는 점진적 에너지 감소를 나타낸다.

플랑크는 전자가 전자기 법칙과 뉴턴의 보편 운동 방정식을 위반하는 것을 허용한 셈이었다. 그는 어림짐작으로 발견한, 열복사를 옳게 기술하는 공식을 도출하기 위해서 이런 과감한 전제를 바탕에 깔 수밖에 없었다.

만일 양자뜀 행동이 정말로 자연법칙의 하나라면, 모든 것에서 그 행동이 나타나야 할 것이다. 그런데 어째서 우리는 주변에서 연속적으로 행동하는 사물들을 보는 것일까? 왜 우리는 그네를 타는 아이들의 양자뜀을 보지 못할까? 한마디로, 수 때문이다. h는 극도로 작은 수이다.

h가 아주 작은 수라는 점에 더해서 그네를 타는 아이의 진동수가 전자의 진동수보다 훨씬 더 작기 때문에, 이 경우에 에너지 양자 계단의 높이(h 곱하기 진동수)는 진동하는 전자의 경우에서보다 훨씬 더 작다. 게다가 그네 타는 아이의 총에너지는 전자의 그것보다 훨씬 더 크다. 그러므로 아이의 운동에 관여하는 양자의 개수는 전자의 운동에 관여하는 양자의 개수보다 비교가 안 될 정도로 훨씬 더 많다. 따라서 양자

하나만큼의 에너지 변화인 양자뜀은 그네 타는 아이의 경우에는 너무 작아서 눈에 띄지 않는다.

다시 플랑크의 시대로 돌아가서 그가 제안한 열복사 문제의 해법과 그에 대한 반응을 살펴보자. 그의 공식은 실험 데이터와 잘 맞아떨어졌다. 그러나 그의 설명은 그것을 통해 해결하려는 문제보다 더 고약한 듯했다. 플랑크의 이론은 어리석어 보였다. 그러나 비웃는 사람은 없었다. 적어도 공개적으로는 그랬다. 플랑크 교수님은 비웃기에는 너무나 중요한 인물이었다. 플랑크의 양자뜀 가설은 그냥 무시되었다.
물리학자들은 역학과 전자기학의 근본 법칙들에 도전할 생각이 없었다. 고전 법칙들이 뜨거운 물체가 내는 빛에 대해서 터무니없는 예측을 내놓는다 하더라도, 다른 모든 곳에서는 그 기초 원리들이 통하는 듯했다. 게다가 그 원리들은 납득할 만했다. 플랑크의 동료들은 결국엔 어떤 합당한 해법이 발견되리라 예상했다. 플랑크 자신도 그들에게 동의하면서 합당한 해법을 찾아보겠다고 약속했다. 양자 혁명은 그렇게 사과와 해명으로 시작되었고, 혁명의 시작을 눈치챈 사람은 없다시피 했다.
나중에 플랑크는 양자역학이 사회에 미칠 부정적 영향을 걱정하기까지 했다. 물질의 근본 요소들을 반듯한 행동 규칙에서 해방시키는 이론은 사람들을 의무와 책임으로부터 해방시키는 결과를 불러올지도 몰랐다. 본의 아닌 혁명가 플랑크는 자신이 촉발한 혁명을 취소하고 싶었을 것이다.

삼등 기술관 아인슈타인

어린 알베르트 아인슈타인이 좀처럼 말을 배우지 못하자, 부모는 발달장애를 염려했다. 그러나 훗날 그는 강한 열정과 독립심으로 자신의 관심 분야를 파고드는 학생이 되었다. 그러나 김나지움(독일의 인문계 중등학교)의 판에 박힌 수업을 싫어했기 때문에 그의 성적은 그리 좋지 않았다. 알베르트의 장래 직업을 추천해달라는 요청을 받은 교장은 자신 있게 말했다. "뭐든지 상관없어요. 이 학생은 어느 직업에서든 절대로 성공하지 못할 테니까."

가업인 전기화학 사업이 실패로 돌아가자 아인슈타인의 부모는 독일을 떠나 이탈리아로 이주했다. 이탈리아에서 벌인 새 사업은 조금 나았다. 어린 아인슈타인은 곧 독립 생활에 적응했다. 그는 취리히 공과대학 입학시험에 한 번 떨어진 후 이듬해 재수하여 합격했다. 대학을 졸업할 때는 사강사 자리를 얻으려 했으나 실패했다. 김나지움 교사직에도 지원했으나 역시 떨어졌다. 아인슈타인은 한동안 성적 나쁜 고등학생들의 과외선생으로 생계를 꾸렸다. 그러다가 마침내 한 친구의 영향으로 스위스 특허청에 취직했다.

삼등 기술관인 그의 업무는 특허 신청 건을 요약하여 상관에게 제출하는 것이었다. 상관은 그 요약 보고서를 보고 특허 인가 여부를 결정했다. 아인슈타인은 그리 빡빡하지 않은 그 업무를 즐겼다. 상관이 들어올 것에 대비하여 사무실 문을 흘끗거리면서 그는 업무와 독자적인 연구를 병행했다.

처음에 아인슈타인은 박사논문 주제였던, 액체 속에서 이리저리 튕

그림5.5 알베르트 아인슈타인. 캘리포니아공과대학, 예루살렘 히브리대학 제공

겨지는 원자들에 관한 통계학을 계속 연구했다. 얼마 지나지 않아 이 연구는 물질이 원자로 되어 있음을 보여주는 가장 확실한 증거가 되었다. 당시에 원자의 존재는 여전히 논란거리였다. 아인슈타인은 원자의 운동을 기술하는 방정식과 플랑크의 열복사 법칙이 수학적으로 유사하다는 점을 주목했다. 그는 의문을 품었다. 혹시 빛과 원자는 수학적으로만 유사한 것이 아니라 물리적으로도 유사하지 않을까?

만일 그렇다면, 빛이 물질처럼 응축된 덩어리를 이루는 것일까? 플랑크의 양자뜀을 통해 방출된 빛 에너지 펄스는 플랑크의 생각과 달리 모든 방향으로 퍼지지 않을 수도 있다. 그럼 빛 에너지가 작은 구역에 국한될 수도 있을까? 혹시 물질의 원자가 있듯이, 빛의 원자도 있을까?

아인슈타인은 빛이 '광자'(더 나중에 도입된 용어다)라는 응축된 덩어리들의 흐름이라는 생각에 도달했다. 광자 각각은 플랑크의 양자 hf와 같은 에너지를 지닐 것이었다. 광자는 전자가 빛을 방출할 때 생겨나고 전자가 빛을 흡수할 때 사라질 것이었다.

이 생각이 옳다는 것을 입증하기 위해 아인슈타인은 빛이 입자의 성격을 띠었음을 뒷받침할 만한 단서를 탐색했다. 그리고 그리 어렵지 않게 단서가 나왔다. 20년쯤 전부터 알려진 '광전효과'가 그 단서였다. 광전효과란 금속에 빛을 쪼이면 일부 경우에 전자들이 튀어나오는 현상이다.

그런데 상황은 복잡했다. 모든 물질에 통하는 보편 규칙이 있는 열복사와 달리, 광전효과는 각각의 물질에서 다르게 나타났다. 게다가 광전효과 데이터는 부정확하고 재현하기도 그리 쉽지 않았다.

그러나 데이터의 질을 탓할 필요는 없다. 중요한 것은, 널리 퍼진 빛 파동이 금속에서 전자들을 떼어내는 것은 원천적으로 불가능하다는 점이다. 전자들이 아주 단단히 속박되어 있기 때문이다. 금속 내부에서는 전자들이 자유롭게 돌아다니지만, 전자들이 금속을 탈출하는 것은 쉬운 일이 아니다. 금속을 가열해서 전자들을 떼어낼 수도 있지만, 그러려면 금속의 온도를 아주 높게 올려야 한다. 금속 내부의 전자를 전기력으로 끌어낼 수도 있지만, 그러려면 엄청나게 강한 전기장이 필요하다. 반면에 희미한 빛은, 극도로 약한 전기장의 진동일 뿐인데도, 전자들을 떼어낸다. 빛이 더 희미해지면, 튀어나오는 전자의 개수가 줄어든다. 그러나 빛이 아무리 희미해도, 전자 몇 개는 항상 튀어나온다.

아인슈타인은 이보다 훨씬 더 많은 정보를 질 낮은 데이터에서 수확했다. 빛이 자외선이거나 파란색이면, 많은 에너지를 보유한 전자들이 튀어나왔다. 진동수가 더 낮은 노란색 빛을 쪼이면, 전자들의 에너지는 줄어들었다. 빨간색 빛을 쪼이면, 대체로 전자들이 튀어나오지 않았다. 빛의 진동수가 높을수록, 방출된 전자의 에너지가 더 컸다.

광전효과는 아인슈타인이 바라던 단서였다. 프랑크의 복사법칙은 빛이 펄스의 형태로, 즉 양자의 형태로 방출되고, 양자의 에너지는 빛의 진동수가 높을수록 커진다는 것을 함축했다. 만일 광자(빛 양자)가 정말로 일종의 응축된 덩어리라면, 광자 하나의 에너지가 전자 하나에 몽땅 전달될 것이었다. 전자는 광자를 온전히 흡수하여 hf만큼의 에너지를 얻을 것이었다.

따라서 빛, 특히 고에너지 광자들로 이루어진 고진동수 빛은 전자들에게 충분히 많은 에너지를 공급하여 금속에서 튀어나오게 만들 수 있을 것이었다. 광자의 에너지가 크면, 튀어나오는 전자의 에너지도 클 것이었다. 특정 진동수 아래의 빛을 쪼이는 경우에는, 광자들 각각이 전자를 금속에서 탈출시키기에 충분한 에너지를 보유하지 못했기 때문에, 전자들이 튀어나오지 않을 것이었다.

아인슈타인은 1905년에 아래와 같이 분명하게 말했다.

지금 제시된 가정에 따르면, 점광원에서 나온 빛살이 보유한 에너지는 점점 더 큰 공간에 연속적으로 분포하는 것이 아니라 유한한 개수의 에너지 양자들로 이루어진다. 그 양자들은 공간상의 점들에 국소화되어 있으며, 움직이면서 분할되지 않고 각각이 온전히 흡수되거나 방출된다.

빛이 광자들의 흐름이고 전자 하나가 광자 하나의 에너지를 몽땅 흡수한다는 가정과 에너지보존법칙에 기초하여 아인슈타인은 빛의 진동수와 튀어나온 전자의 에너지를 관련짓는 간단한 공식을 도출했다. 그

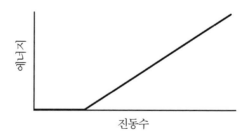

그림5.6 튀어나온 전자의 에너지와 빛의 진동수 사이의 관계

림5.6은 그 공식을 나타낸다. 전자를 금속에 묶어놓는 에너지보다 작은 에너지를 보유한 광자들은 전자를 아예 떼어내지 못한다.

아인슈타인의 광자 가설에서 두드러지게 눈에 띄는 것은 그림5.6의 직선의 기울기가 다름 아니라 플랑크상수 h라는 점이었다. 당시까지 플랑크상수는 단지 플랑크의 공식과 열복사 데이터를 일치시키기 위해 필요한 수에 지나지 않았다. 그 수가 등장하는 다른 곳은 물리학을 통틀어 하나도 없었다. 아인슈타인의 광자 가설 이전에는 빛에 의한 전자 방출과 뜨거운 물체의 복사가 관련이 있다고 생각할 이유가 전혀 없었다. 아인슈타인이 내놓은 직선의 기울기는 양자가 보편적임을 시사하는 첫 단서였다.

아인슈타인의 광전효과 논문이 발표된 지 10년 후, 미국 물리학자 로버트 밀리컨Robert Millikan은 아인슈타인의 공식이 모든 사례에서 '관찰 결과를 정확하게' 예측한다는 것을 발견했다. 그럼에도 그 공식의 기초를 이루는 아인슈타인의 광자 가설은 '전혀 유지될 수 없으며' 빛이 응축된 입자라는 아인슈타인의 주장은 '무모하다'고 밀리컨은 논평했다.

밀리컨만이 아니었다. 물리학계는 광자 가설을 '조롱에 가까운 불신과 회의'로 대했다. 그러나 아인슈타인은 다른 많은 성취들로 이론물리학자로서 상당한 명성을 얻었다. 그럼에도 그가 광자를 제안한 지 8년 후에 프로이센 과학아카데미 회원 후보로 지명되었을 때, 플랑크는 아인슈타인을 지지하는 편지를 쓰면서 그를 변호해야 한다고 느꼈다. "그가 때때로, 예컨대 빛 양자 가설에서처럼, 사변의 목표를 달성하지 못할 수도 있다는 점이 그의 입회를 반대하는 이유로 너무 크게 부각되어서는 안 되며……."

심지어 아인슈타인이 1922년에 광전효과 연구의 공로로 노벨상을 받을 때에도, 당시에 열일곱 살이었지만 여전히 받아들여지지 않고 있던 광자는 아인슈타인의 공로에 대한 찬사에서 명시적으로 언급되지 않았다. 어느 아인슈타인 평전 저자는 이렇게 썼다. "1905년부터 1923년까지, 아인슈타인은 유일하거나 거의 유일하게 빛 양자를 진지하게 받아들인 예외적인 인물이었다."(1923년에 무슨 일이 일어났는지는 이 장의 후반부에 이야기하겠다.)

아인슈타인의 광자에 대한 물리학자들의 반응은 한마디로 거부였지만, 그 거부가 근거 없는 고집이었다고 할 수는 없다. 빛이 널리 퍼진 파동이라는 것은 증명된 사실이었다. 빛은 간섭현상을 일으켰다. 개별 입자들의 흐름은 간섭현상을 일으킬 수 없었다.

4장에서 간섭에 대해 논한 내용을 돌이켜보라. 단일 슬릿을 통과한 빛은 영사막을 대체로 균일하게 밝힌다. 반면에 이중 슬릿을 통과한 빛은 밝은 띠와 어두운 띠가 반복되는 무늬를 만들어내고, 그 띠들의 간격은 슬릿들의 간격에 따라 달라진다. 어두운 띠에서는 한 슬릿을 통과한 파동의 마루들과 다른 슬릿을 통과한 파동의 골들이 겹친다. 따라서 두 파동은 서로를 없앤다. 간섭은 빛이 두 슬릿에 두루 퍼져 있는 파동임을 보여준다.

4장에서 우리는 작은 총알들의 흐름은 간섭현상을 일으킬 리 없다는 논증이 완벽하게 옳지는 않다고 넌지시 언급했다. 왜냐하면 총알들이 서로 충돌하면서 굴절하여 어두운 띠들과 밝은 띠들을 형성할 가능성이 열려 있기 때문이다. 그러나 오늘날 이 허점은 보완되었다. 우리는 광자 각각이 얼마나 많은 에너지를 운반하는지 알므로 정해진 광도의 빛살 안에 얼마나 많은 광자가 들어 있는지 알 수 있다. 따라서 우리는 빛의 광도를 충분히 낮춰서 이중 슬릿 실험 장치 안에 매순간 단 하나의 광자만 있도록 만들 수 있다. 그런데 이런 조건에서 실험을 해도 간섭무늬가 만들어진다. 결론적으로 총알들이 서로 충돌하고 굴절하여 간섭무늬가 생겨난다는 것은 틀린 생각이다.

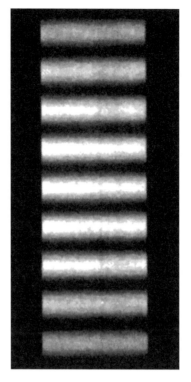

그림5.7 이중 슬릿을 통과한 빛이 만들어내는 간섭무늬

당신이 (파동을 전제해야만 설명 가능한) 간섭 실험을 선택한다면, 당신은 빛이 널리 퍼진 파동이라는 것을 보여줄 수 있다. 그러나 당신은 광전효과 실험을 선택함으로써 그 반대를, 즉 빛이 널리 퍼진 파동이 아니라 오히려 응축된 물체들의 흐름임을 보여줄 수도 있다. 아무래도 어딘가 일관성이 없는 것 같다(넥 아네 폭 이야기에서도 이와 유사한 상황이 벌어졌음을 상기하라. 방문자는 남녀가 두 오두막에 분산되어 있음을 보여줄 수도 있었고, 함께 한 오두막에 있음을 보여줄 수도 있었다).

빛의 역설적인 성격은 아인슈타인을 당황시켰지만, 그는 광자 가설을 고수했다. 자연에는 미스터리가 존재하고 우리는 그것을 직시해야 한다고 아인슈타인은 선언했다. 그는 문제 해결을 가장하지 않았다. 우리 저자들도 이 책에서 해결을 가장하지 않는다. 100년이 지난 지금도 미스터리는 여전히 우리 곁에 있다. 이 책의 후반부는 우리가 상반된 두 결과 중 하나를 선택할 수 있다는 것에 담긴 의미들을 집중적으로 다룰 것이다. 미스터리는 물리학을 넘어 관찰의 본성으로까지 확장된다. 바로 이것이 양자 불가사의, 양자의 오묘함이다. 오늘날 저명한 양자물리학 전문가들은 상식을 훨씬 벗어난 사변들을 진지하게 내놓고 있다.

1905년, 단 한 해만에 아인슈타인은 빛의 양자 성격을 발견했고 물질이 원자로 이루졌음을 확실히 증명했으며 상대성이론을 구성했다. 이듬해 스위스 특허청은 아인슈타인을 이등 기술관으로 승진시켰다.

박사후 연구원 닐스 보어

닐스 보어Niels Bohr는 독립적인 사상을 옹호하는 부유한 상류층의 집안에서 성장했다. 코펜하겐대학의 저명한 생리학교수인 아버지는 두 아들을 자신의 관심사인 철학과 과학으로 이끌었다. 닐스의 동생 하랄트Harald Bohr는 뛰어난 수학자가 되었다. 닐스 보어는 유복한 유년기를 보냈다. 아인슈타인과 달리 보어는 반항아였던 적이 없다.

덴마크에서 대학교에 다닐 때 보어는 유체에 관한 기발한 실험 몇

그림5.8 닐스 보어. 미국물리학회(AIP) 제공

가지를 한 공로로 상을 받았다. 하지만 우리는 시간을 성큼 건너뛰어 그가 갓 박사학위를 받은 박사후 연구원 신분으로 영국에 간 1912년으로 넘어가겠다.

1912년이면 물질이 원자로 이루어졌음이 이미 일반적으로 받아들여진 때였다. 그러나 원자의 내부 구조는 밝혀지지 않은 상태였다. 실제로 논쟁이 벌어지고 있었다. 가장 가벼운 원자보다 수천 배 가벼우며 음의 전하를 띤 입자인 전자는 10년 전에 톰슨Joseph John Thompson에 의

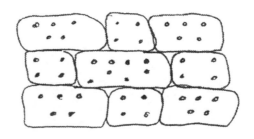

그림5.9 톰슨의 푸딩 원자 모형

해 발견되었다. 원자 전체는 전기적으로 중성이므로, 원자 안에는 전자들의 음전하와 같은 크기의 양전하가 어딘가에 있어야 했다. 또한 그 양전하가 원자 질량의 대부분을 차지할 것으로 추정되었다. 그 양전하와 전자들은 원자 내부에 어떻게 분포할까?

톰슨은 가장 간단한 가설을 채택했다. 무거운 양전하가 원자 내부를 균일하게 채우고, (수소에는 한 개가 있고 가장 무거운 축에 드는 원자에는 거의 100개나 있는) 전자들은 그 양전하 속에 마치 푸딩 속 건포도처럼 분포한다는 가설을 말이다. 이론가들은 원소 각각이 고유한 속성들을 가지려면 얼마나 다양한 전자 분포가 있어야 하는지 계산하려 애썼다.

톰슨의 원자 모형과 경쟁하는 또 하나의 원자 모형이 있었다. 영국 맨체스터대학의 어니스트 러더퍼드Ernest Rutherford는 알파입자(헬륨 원자에서 전자들을 떼어내고 남은 부분)를 금박에 대고 쏘는 실험을 통해 원자의 구조를 탐구했다. 그는 무거운 양전하가 균일하게 분포한다는 톰슨의 생각에 맞지 않는 현상을 발견했다. 알파입자 만 개 가운데 한 개 정도는 큰 각도로 굴절되었고 때로는 반대 방향으로 튕겨 나오기까지 했던

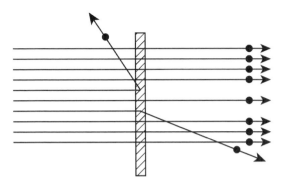

그림5.10 러더퍼드의 알파입자 발사 실험

것이다. 러더퍼드의 실험은 마치 자두를 푸딩을 향해 발사하는 것과 유사했다. 자두(알파입자)가 푸딩 속 건포도(전자)와 충돌한다 하더라도, 빠른 속도로 날아가던 자두가 원래 경로를 크게 벗어날 수는 없었다. 러더퍼드는 알파입자들이 원자 중심의 좁은 구역에 집중되어 있는 무거운 양전하, 곧 '원자핵'과 충돌하는 것이라는 결론을 내렸다.

음전하를 띤 전자들은 양전하를 띤 원자핵에 끌릴 텐데 왜 원자핵으로 끌려가 충돌해버리지 않는 것일까? 아마도 행성들이 태양으로 끌려가 충돌해버리지 않는 것과 같은 이유에서일 것이다. 행성들은 태양 주위를 돈다. 러더퍼드는 전자들이 무겁고 조밀하고 양전하를 띤 원자핵 주위를 돈다고 판단했다.

그러나 러더퍼드의 행성 모형에는 문제가 하나 있었다. 바로 불안정성 문제였다. 전자는 전하를 띠고 있으므로 궤도 운동을 하는 중에 복사를 해야 한다. 계산에 따르면, 궤도 운동을 하는 전자는 100만 분의 1초도 안 되는 시간 동안에 자신의 에너지를 빛의 형태로 방출함과 동시에 나선을 그리면서 핵에 접근하여 충돌해야 한다.

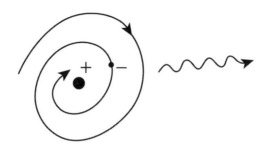

그림5.11 러더퍼드 원자 모형의 불안정성

대부분의 물리학자는 행성 모형의 불안정성이, 러더퍼드의 실험에서 드물게 알파입자가 큰 각도로 굴절하는 현상을 푸딩 모형으로 설명할 수 없다는 문제보다 더 심각한 문제라고 여겼다. 그러나 자신감이 넘치는 러더퍼드는 자신의 행성 모형이 기본적으로 옳다고 확신했다.

젊은 박사후 연구원 보어가 맨체스터에 오자 러더퍼드는 그에게 원자의 행성 모형이 안정적일 수 있음을 설명하는 과제를 맡겼다. 보어는 맨체스터에 겨우 6개월 머물렀다. 돈이 없었기 때문이라고들 하지만, 실은 덴마크로 돌아가 아름다운 마르그레테와 결혼하고 싶어서 체류 기간을 단축했을 가능성이 높다. 코펜하겐에서 가르치던 1913년, 보어는 여전히 원자 행성 모형의 안정성 문제를 연구하고 있었다.

어떻게 보어가 성공적인 아이디어에 도달했는지는 불분명하다. 그러나 다른 물리학자들이 어떻게 에너지 양자와 플랑크상수 h가 고전물리학 법칙들에서 도출되는지 이해하려 애쓰는 동안, 보어는 h를 흔쾌히 받아들이는(이른바 'h 오케이!') 태도를 취했다. 그는 양자화를 근본적인 원리로 그냥 받아들였다. 따지고 보면 그 원리는 플랑크에게 유효했고 아인슈타인에게도 유효했으니까 말이다.

보어는 '각운동량', 즉 물체의 회전 운동량이 양자 단위로만 존재할 수 있다는 의미의 아주 간단한 공식을 구성했다. 만일 그 공식이 옳다면, 오직 특정 전자궤도들만 허용되었다. 그리고 가장 중요한 것은, 보어의 공식에 따르면 가능한 최소 궤도가 존재한다는 점이었다. 바꿔 말해서 보어의 공식은 전자가 원자핵과 충돌하는 것을 '금지했다.' 만일 보어의 임시방편적 공식이 옳다면, 행성 모형은 안정적일 것이었다.

그러나 추가 증거가 없다면, 보어의 양자 아이디어는 즉석에서 배척될 것이 뻔했다. 그러나 보어는 자신의 공식을 이용하여 양성자, 즉 수소 원자핵 주위를 도는 전자 한 개에 허용되는 에너지들을 모두 계산해냈다. 이어서 그 에너지들을 기반으로 삼아서, 전기적으로 들뜬 수소원자들이 '방전할' 때(이를테면 네온 대신에 수소로 내부를 채운 네온사인이 빛을 낼 때) 방출할 수 있는 빛의 진동수들(따라서 색깔들)을 계산해냈다.

보어는 처음에 몰랐지만, 그 진동수들은 여러 해 전부터 세밀하게 연구되어 있었다. 그런데 왜 특정 진동수들만 방출되는지에 대해서는 설명의 실마리조차 없는 상태였다. 진동수들의 스펙트럼은 원소 각각이 고유하게 지닌 특징이었다. 하지만 그 화려한 색깔들의 조합에 어떤 원리가 숨어 있다고, 그래서 그 조합이 나비 날개의 무늬보다 훨씬 더 중요하다고 확신할 수는 없는 상황이었다. 그러나 이제 보어의 양자 규칙은 수소의 진동수들을 놀랍도록 정확하게, 1만 분의 1 단위까지 정확하게 예측해냈다. 이로써 보어의 이론은 원자들이 빛을 에너지 양자 단위로 방출하게 만들었지만, 사실상 모든 물리학자들과 마찬가지로 보어는 이 시기에 여전히 아인슈타인의 광자를 배척했다.

　일부 물리학자들은 보어의 이론을 '숫자놀음'이라며 거부했다. 그러나 아인슈타인은 그 이론을 '가장 위대한 발견의 하나'로 칭했다. 그리고 머지않아 다른 이들도 동의하게 되었다. 보어의 기본 아이디어는 물리학과 화학에 두루 신속하게 적용되었다. 왜 그런지 아무도 몰랐지만, 아무튼 그 아이디어는 유효했다. 그리고 보어에게는 이 사실이 중요했다. 양자에 대한 보어의 실용주의적인 'h 오케이!' 태도는 그에게 신속한 성공을 가져다주었다.

　보어가 양자 아이디어로 일찌감치 성공을 거둔 것과 대조적으로 아인슈타인은 광자에 대한 거의 보편적인 거부 속에서 오랫동안 '외톨이'로 머물렀다. 나중의 장들에서 우리는 이 두 인물의 이 같은 초기 경험이 그들이 평생 동안 이어간 양자역학에 관한 우호적인 논쟁에 어떻게 반영되었는지를 눈여겨보게 될 것이다.

루이 드 브로이 왕자

　루이 드 브로이Louis de Broglie는 왕자였다. 그의 귀족 가문은 그가 프랑스 외교관이 되기를 바랐지만, 젊은 루이 왕자는 소르본대학에서 역사를 공부했다. 그러나 학사학위를 받은 뒤에 그는 이론물리학으로 전공을 바꿨다. 하지만 그가 물리학에 전념할 겨를도 없이 제1차 세계대전이 터졌고, 드 브로이는 프랑스군에 입대하여 에펠탑 전신소에서 복무했다.

그림5.12 루이 드 브로이. 미국물리학회 제공

　전쟁이 끝나자 드 브로이는, 그 자신의 표현을 인용하면, '양자라는 기이한 개념'에 끌려서 물리학 박사학위를 위한 연구에 착수했다. 그는 3년 동안 미국 물리학자 아서 콤프턴Arthur Holly Compton의 최근 연구

논문들을 읽었다. 그리고 기발한 아이디어를 얻었다. 그 아이디어는 짧은 박사논문으로 이어졌고, 결국 노벨상으로 이어졌다.

아인슈타인이 광자 개념을 제안한 후 거의 20년이 지난 1923년, 콤프턴은 빛이 전자와 충돌하면 빛의 진동수가 바뀐다는 것을 발견하고 놀랐다. 그것은 파동의 행동이 아니었다. 파동이 멈춘 물체와 부딪혀 반사할 때는, 마루 하나가 입사할 때마다 마루 하나가 반사하므로 파동의 진동수가 바뀔 리가 없었다. 다른 한편, 빛이 입자들의 흐름이고 입자들 각각이 아인슈타인 광자라고 가정하면, 콤프턴은 자신의 데이터를 완벽하게 설명할 수 있었다.

이같은 '콤프턴 효과'는 중대한 변화를 불러왔다. 이제 물리학자들은 광자를 받아들이게 되었다. 빛이 몇몇 실험에서는 널리 퍼진 파동의 속성을 나타내고 다른 실험에서는 응축된 입자의 속성을 나타낸다는 것이 명백한 사실로 확립되었다. 어떤 실험에서 어떤 속성이 나타나는지를 알기만 한다면, 광자 개념을 받아들이는 것이 콤프턴 효과에 대한 다른 설명을 찾는 것보다 덜 어려운 일로 보였다. 그러나 아인슈타인은 또 다시 '외톨이'로 남았다. 그는 여전히 미스터리가 남았다고 주장했다. 그는 이렇게 말하기도 했다. "장삼이사가 다 자신은 광자가 무언지 안다고 생각하지만, 그건 틀린 생각이다."

대학원생 드 브로이는 아인슈타인과 마찬가지로 (널리 퍼진 파동이거나 응축된 입자인) 빛의 이중성에 깊은 의미가 있다고 느꼈다. 그는 자연에 대칭성이 존재하지 않을까 생각했다. 빛이 파동이거나 입자라면, 어쩌면 물질도 입자이거나 파동일 것 같았다. 그는 물질 입자의 파장을 구

	파동	입자
빛	✔	✔
물질	?	✔

그림5.13 브 드로이의 대칭성 아이디어

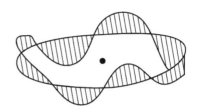

그림5.14 전자 궤도를 채운 파장들

하는 간단한 공식을 구성했다. 입자의 '드 브로이 파장'을 구하는 이 공식은 양자역학을 처음 배우는 학생 누구나 쉽게 이해할 수 있을 만큼 간단하다.

그 공식이 통과해야 할 첫 검증은 드 브로이의 파동 아이디어를 유발한 수수께끼와 관련한 것이었다. 수소원자 속 전자가 응축된 입자라면, 그 전자는 얼마나 큰 궤도가 보어의 공식이 허용하는 궤도인지를 어떻게 '알까?'

특정 음을 내기 위해 필요한 바이올린 현의 길이는, 그 길이 안에 진동의 반파장이 몇 개 들어갈 수 있느냐에 따라 결정된다. 이와 유사하게, 전자가 파동이라고 전제하면, 허용되는 궤도는 궤도 길이에 전자 파장이 몇 개 들어갈 수 있느냐에 의해 결정될 것이다. 이 아이디어를 적용한 결과, 드 브로이는 그때까지 임시방편적인 규칙으로 남아 있던 보어의 양자 규칙을 도출할 수 있었다(바이올린에서는 현을 이루는 물질이 진동한다. 그럼 전자 '파동'에서는 무엇이 진동할까? 이 문제는 예나 지금이나 미스터리다).

드 브로이가 자신의 추측을 얼마나 진지하게 생각했는지는 불분명하다. 그는 그것이 혁명적인 세계관을 향한 걸음이라고는 생각하지 않았던 것이 틀림없다. 그가 나중에 한 말을 들어보자.

새로운 학설의 근본 개념을 내놓는 사람은 흔히 처음에는 모든 귀결들을 알지 못한다. 개인적인 직관에 이끌리고 수학적 유사성의 내적인 힘에 강요되어, 그 사람은 거의 자신의 뜻을 거슬러서 자신도 최종 방향을 모르는 길에 들어선다.

드 브로이는 자신의 추측을 박사논문 지도교수인 폴 랑주뱅Paul Langevin에게 보고했다. 자기 연구로 유명한 랑주뱅은 심드렁했다. 그는 드 브로이가 보어의 공식을 도출한 것은 하나의 임시방편적 가정을 또 다른 임시방편적 가정으로 바꾼 것에 불과하다고 논평했다. 더구나 전자가 파동이라는 드 브로이의 가정은 어처구니없는 듯했다.

만약에 드 브로이가 평범한 대학원생이었다면, 랑주뱅은 그의 아이디어를 즉석에서 물리쳤을 것이다. 그러나 그는 루이 드 브로이 왕자였다. 귀족은 프랑스공화국에서도 귀족이었다. 그리하여 틀림없이 만약에 대비한 예방 조치로 랑주뱅은 세계에서 가장 유명한 물리학자 아인슈타인에게 드 브로이의 아이디어에 대한 논평을 청했다. 아인슈타인은 이렇게 대답했다. "이 젊은이가 오래된 하나Old One를 가린 베일의 한 자락을 젖혔다."

그러는 사이에 뉴욕의 전화회사 실험실에서 작은 사고가 일어났다. 클린턴 데이비슨Clinton Davisson은 금속 표면에서 산란하는 전자들을 가지고 실험을 하는 중이었다. 데이비슨의 관심은 주로 과학에 있었지만, 전화회사는 전화 전송을 위한 진공관 증폭기를 개발하는 중이었다. 금속에 부딪히는 전자들의 행동은 그 개발을 위해 중요했다.

일반적으로 무정형인 금속 표면에 부딪힌 전자들은 보통 모든 방향으로 튕겨나간다. 그러나 진공관으로 공기가 새어들어 니켈 표면이 산화되는 사고가 일어난 후, 데이비슨은 산소를 떼어내기 위해 니켈을 가열했다. 이로 인해 니켈은 결정화되어 사실상 슬릿들의 배열이 되었다. 그러자 전자들은 정해진 몇 개의 방향으로만 튕겨나갔다. 다시 말해 전자의 파동성을 보여주는 간섭무늬가 형성되었다. 이 발견은 물체가 파동일 수 있다는 드 브로이의 추측을 입증했다.

우리는 양자의 단서가 1900년에 나왔다는 이야기로 이 장을 시작했다. 그 단서는 대체로 무시되었다. 이제 우리는 물리학자들이 마침내 1923년에 어쩔 수 없이 파동-입자 이중성을 받아들였다는 언급으로 이 장을 마무리하려 한다. 광자, 전자, 원자, 분자, 원리적으로 임의의 대상은 응축된 입자일 수도 있고 널리 퍼진 파동일 수도 있다. 당신은 이 모순적인 두 특징 중에서 무엇을 보여줄지 선택할 수 있다.

물리학은 의식과 만났지만 아직 그 만남을 깨닫지 못하고 있었다. 그 만남에 대한 자각은 몇 년 후 에르빈 슈뢰딩거가 새로운 보편 운동 법칙을 발견한 다음에 이루어졌다. 다음 장의 주제는 그 발견이다.

6

슈뢰딩거 방정식-새로운 보편 운동 법칙

우리가 여전히 이 빌어먹을 양자뜀을 참고 받아들일 요량이라면,
나는 내가 양자이론에 관여했다는 것 자체를 유감으로 생각한다.
_에르빈 슈뢰딩거

빛뿐 아니라 전자가, 또한 짐작컨대 다른 물질이 응축된 덩어리임을
보여줄 수도 있고 널리 퍼진 파동임을 보여줄 수도 있다는 사실을
1920년대 초에 물리학자들은 이미 받아들이고 있었다. 무엇이 드러날
지는 당신이 어떤 실험을 하느냐에 달려 있었다.

1905년에 아인슈타인이 광전효과를 광자로 설명한 이래로, 물리학
자들 앞에는 논란의 여지가 없는 실험적 사실들이 놓여 있었다. 그러
나 그 사실들이 함축하는 의미는 대체로 밝혀지지 않은 채였다. 1909
년에 아인슈타인은 빛 양자가 심각한 문제라고 강조했다. 그러나 빛
양자를 진지하게 고민한 아인슈타인은 거의 유일한 '외톨이'였다.
1913년에 보어는 빛이 양자뜀에 의해 방출된다고 말했지만 응축된 광
자는 받아들이지 않았다. 1915년에 밀리컨은 아인슈타인의 광자 제안

이 '무모하다'고 했다. 그러나 1923년에 콤프턴이 전자와 충돌한 빛의 산란에서 콤프턴 효과를 발견하자, 물리학자들은 신속하게 광자를 수용했다. 그러면서도 그들은 아인슈타인의 지속적인 고민을 무시했다. 왜 그랬을까? 그들은 미래의 근본 이론이 성가신 '파동-입자 이중성' 역설을 해소해 주리라고 기대했던 것이 분명하다. 그 근본 이론은 머지않아 등장했다. 그러나 역설은 해소되지 않았다. 오히려 정반대였다.

파동-입자 이중성 역설이 심각한 문제라는 인식은 3년 뒤인 1926년 슈뢰딩거 방정식과 함께 도래했다. 에르빈 슈뢰딩거Erwin Schrödinger는 그 역설을 해소할 길을 모색하지 않았다. 그는 드 브로이의 물질파를 보어의 '빌어먹을 양자뜀'을 제거할 방편으로 보았다. 그는 물질파를 설명할 셈이었다.

부유한 빈 가정의 독자인 에르빈 슈뢰딩거는 뛰어난 학생이었다. 청소년기에 그는 연극과 미술에 관심이 많았다. 19세기 빈의 부르주아 사회의 교육에 반항한 슈뢰딩거는 빅토리아풍의 도덕을 거부했다. 그는 평생 한 여성과의 결혼생활을 유지하면서도 다른 여성들을 상대로 열렬한 연애를 추구했다.

제1차 세계대전 때 오스트리아군 장교로 이탈리아 전선에서 복무한 후, 슈뢰딩거는 빈대학에서 가르치기 시작했다. 이즈음에 그는 신비주의적인 인도 철학인 베단타철학에 귀의했다. 그는 물리학과 별도로 이같은 철학적 성향을 유지한 것으로 보인다. 양자역학에 관한 획기적인 연구를 한 직후인 1927년, 슈뢰딩거는 베를린대학의 초빙으로 플랑크의 후임자가 되었다. 1933년에 히틀러가 권력을 잡자 슈뢰딩거는 유대

그림6.1 에르빈 슈뢰딩거. 미국물리학회 제공

인이 아닌데도 독일을 떠났다.

　그는 영국과 미국에 머문 뒤에 경솔하게도 오스트리아로 돌아와 그라츠대학의 교수가 되었다. 히틀러가 오스트리아를 병합하자, 슈뢰딩거는 곤란한 처지가 되었다. 그는 독일을 떠난 경력이 있는 확실한 나치 반대자였으니까 말이다. 다행스럽게 오스트리아를 탈출하고 이탈리아를 거쳐 아일랜드에 도착한 슈뢰딩거는 나머지 직업 경력을 더블린이론물리연구소에서 보냈다.

중년에 이른 슈뢰딩거는 사유의 폭을 넓혀 물리학 바깥에서 양자역학의 의미를 탐구했다. 그는 아주 짧지만 대단히 큰 영향력을 발휘한 책 두 권을 썼다.『생명이란 무엇인가?』에서 그는 유전의 원천이 '비주기적 결정'이라는 주장을 양자역학에 근거하여 내놓았다. DNA 구조의 공동 발견자 프랜시스 크릭Francis Crick은 슈뢰딩거의 책에서 영감을 얻었다고 밝혔다. 슈뢰딩거의 또 다른 책『정신과 물질』의 첫 장에는 '의식의 물리적 기초'라는 제목이 붙어 있다.

파동 방정식

보어의 양자 규칙에 기초한 초기 양자이론의 성취들에도 불구하고 슈뢰딩거는 전자가 '허용된 궤도'에서만 움직이다가 아무 원인 없이 갑자기 다른 궤도로 건너뛴다고 말하는 물리학을 거부했다. 그는 거리낌없이 말했다.

보어, 당신은 양자뜀이라는 개념 자체가 필연적으로 부조리를 불러온다는 것을 확실히 알아야 한다. 우선 당신은 원자 속의 전자가 모종의 궤도를 따라 주기적으로 회전하면서 복사는 하지 않는다고 주장하는데, 왜 복사를 하지 않는가에 대한 설명이 없다. 맥스웰의 이론에 따르면 그 전자는 복사를 해야 한다. 더구나 그러던 전자가 이 궤도에서 다른 궤도로 건너뛰면서 복사를 한다고 당신은 주장한다. 이 전이는 점진적으로 일어나는가, 아니면 갑자기 일어나는가? …… 또 건너뛰는 전자의 운동을 어떤 법칙들이 결정하는가? 한마디로 양자뜀이라는 개념 자체가 헛소리인 것이 분명하다.

슈뢰딩거는 물체들이 파동성을 나타낼 수 있다는 드 브로이의 추측에 자신이 관심을 갖게 된 것은 아인슈타인의 '간단하지만 무한한 통찰이 담긴 논평' 덕분이라고 밝혔다. 슈뢰딩거는 드 브로이의 아이디어에 매력을 느꼈다. 파동은 한 상태에서 다른 상태로 매끄럽게 이행할 것이었다. 전자가 파동이라면, 복사하지 않으면서 궤도 운동할 필요가 없을 것이었다. 따라서 보어의 '빌어먹을 양자뜀'을 제거할 수 있을 것이었다.

뉴턴의 법칙들을 수정하여 양자 행동을 설명하려는 마음이 굴뚝같았지만, 그래도 슈뢰딩거는 전자들과 원자들이 합당하게 행동한다고 말하는 이론을 원했다. 그는 물질파를 지배하는 방정식을 찾아내기로 하였다. 그것은 새로운 물리학일 터였고, 따라서 검증되어야 할 추론일 것이었다. 슈뢰딩거는 새로운 보편 운동 방정식을 발견하기로 결심했다.

보편 방정식은 큰 물체와 작은 물체에 모두 적용되어야 할 것이었다. 뉴턴의 법칙은 던져 올린 돌의 한 순간의 위치와 운동을 기초로 삼아 미래의 위치와 운동을 예측한다. 이와 유사하게 파동 방정식은 파동의 처음 모양을 기초로 삼아 임의의 미래 시점의 파동 모양을 예측한다. 파동 방정식은 돌이 수면에 떨어진 지점에서 물결이 어떻게 퍼져나가는지, 또는 팽팽한 밧줄에서 파동이 어떻게 퍼져나가는지 기술한다.

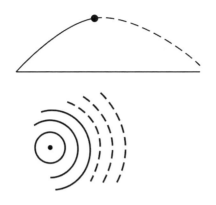

그림6.2 던져올린 돌의 궤적과 퍼져나가는 물결

그런데 한 가지 문제가 있었다. 물결에 적용되는 파동 방정식은 빛과 소리에도 적용되지만 물질파에는 적용되지 않는다. 빛 파동이나 소리 파동은 매질에 의해 결정되는 단일한 속도로 퍼져나간다. 예컨대 소리 파동은 공기 중에서 초속 330미터로 퍼져나간다. 그러나 슈뢰딩거가 추구하는 파동 방정식은 물질파가 임의의 속도로 운동하는 것을 허용해야 한다. 왜냐하면 전자, 원자, 야구공은 임의의 속도로 움직이기 때문이다.

비약적인 발전은 1925년에 슈뢰딩거가 여자 친구와 함께 산속에서 휴가를 보낼 때 이루어졌다. 그때 그의 아내는 집에 머물렀다. 슈뢰딩거는 집중력 향상을 위해 귀를 틀어막으려고 진주 두 알을 가져갔다. 그가 무슨 소음을 막으려 했는지는 불분명하다. 또한 그 여자 친구가 누구인지, 그녀가 연구에 도움이 되었는지 아니면 방해가 되었는지 우리는 모른다. 슈뢰딩거는 신중하게 암호화된 일기를 썼는데, 이 시기의 일기는 망실되었다.

휴가 이후 6개월 동안 발표한 논문 네 편에서 슈뢰딩거는 물질파를 기술하는 방정식 하나로 현대 양자역학의 토대를 마련했다. 그의 연구는 즉시 대단한 성취로 인정받았다. 아인슈타인은 그것이 '진정한 천재'의 작품이라고 말했다. 플랑크는 '획기적'이라고 했다. 슈뢰딩거 자신은 양자뜀을 제거한 것이 기뻤다. 그는 이렇게 썼다.

> 양자 전이transition를 한 진동 모드에서 다른 진동 모드로의 에너지 변화로 생각하는 것이 양자뜀으로 간주하는 것보다 얼마나 더 만족스러운지는 따로 말할 필요조차 없을 정도다. 진동 모드의 변화는 복사 과정이 지속하는 동안 시간과 공간 안에서 연속적으로 일어나는 과정으로 간주할 수 있을 것이다.

(슈뢰딩거 방정식은 실은 비상대론적인 근사식이다. 즉, 속도가 광속보다 훨씬 느릴 때만 타당하다. 더 일반적인 경우와 관련한 이런 개념적인 문제들은 아직도 해결되지 않았다. 그러나 양자 불가사의는 슈뢰딩거 방정식을 통해서 다루는 것이 더 간단하고 명확하며 또한 통상적이다. 게다가 광자가 광속으로 움직인다 하더라도, 사실상 우리가 말하는 모든 것이 광자에 대해서 타당하다.)

실제 역사는 우리의 이야기보다 더 복잡하고 신랄하다. 슈뢰딩거의 발견과 거의 동시에 보어의 젊은 박사후 연구원 베르너 하이젠베르크 Werner Heisenberg는 나름의 양자역학을 내놓았다. 그 이론은 수치 결과들을 얻는 추상적인 수학적 방법이었다. 하이젠베르크의 양자역학은 실제로 무슨 일이 일어나는가에 대한 직관적인 기술을 철저히 거부했다. 슈뢰딩거는 하이젠베르크의 접근법을 비판했다. "모든 가시화를 거부하는 그 이론, 내 눈에는 차라리 초월적 대수학의 난해한 기법으로 보이는 그 이론에 나는 혐오까지는 몰라도 실망을 느꼈다." 하이젠베르크 역시 슈뢰딩거의 파동 이론을 대수롭지 않게 보았다. 어느 동료에게 보낸 편지에서 그는 이렇게 썼다. "슈뢰딩거 이론의 물리적 부분을 깊이 생각하면 할수록 더 심한 메스꺼움을 느낀다."

한동안 물리학자들은 본질적으로 다른 그 두 이론이 동일한 물리 현상들을 설명한다고 여겼다. 그것은 철학자들이 오래 전부터 염려해온 불온한 상황이었다. 그러나 몇 달 지나지 않아 슈뢰딩거는 하이젠베르크의 이론이 자신의 이론과 논리적으로 동일하고 단지 수학적 표현만 다름을 증명했다. 오늘날에는 수학적으로 다루기가 더 쉬운 슈뢰딩거의 이론이 일반적으로 쓰인다.

파동함수

그러나 하이젠베르크는 슈뢰딩거 이론의 물리적 측면에 관해서 유효한 질문을 던진 셈이었다. 슈뢰딩거의 물질파에서 출렁거리는 것은 정확히 무엇인가? 슈뢰딩거의 물질파에 대한 수학적 표현을 '파동함수'라고 한다. 대상의 파동함수는 어떤 의미에서 대상 그 자체다. 표준 양자이론에서는 원자의 파동함수와 별도로 원자가 존재하지 않는다. 원자의 파동함수가 곧 원자다. 하지만 슈뢰딩거의 파동함수는 물리적으로 정확히 무엇일까? 슈뢰딩거는 뒤늦게 깨달았지만, 이 질문에 대한 그의 대답은 틀린 것이었다. 아무튼 우리는 이 문제를 일단 제쳐두

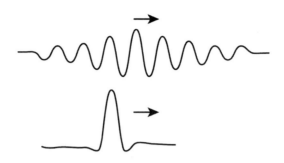

그림6.3 파동열 혹은 단일한 마루로서의 파동함수

고 슈뢰딩거 방정식이 존재 가능하다고 알려주는 파동함수 몇 개를 살펴보기로 하자. 이 파동함수들이 물리적으로 무엇인가에 대해서는 나중에 논할 것이다. 실제로 슈뢰딩거도 우리와 마찬가지 방식으로 연구를 진행했다.

　우선 직선으로 움직이는 단순하고 작은 대상의 파동함수를 생각해보자. 예컨대 원자나 전자가 그런 대상일 수 있다. 우리는 일반성을 위해서 흔히 '대상'이라는 표현을 쓰지만, 때로는 그냥 쉽게 '원자'라고 언급할 것이다. 나중에 우리는 더 큰 물체들 —분자, 야구공, 고양이, 심지어 친구— 의 파동함수를 논할 것이다. 우주론자들은 우주의 파동함수까지 이야기한다. 우리도 그렇게 할 것이다.
　슈뢰딩거가 휴가지에서 영감을 얻기 2년 전에 콤프턴은 광자가 전자를 튕겨낼 때 마치 당구공이 당구공을 튕겨내듯이 한다는 것을 보여주었다. 다른 한편으로 간섭현상을 일으키려면 모든 광자나 전자 각각이 널리 퍼져서 두 경로를 따라 이동하는 파동이어야 한다. 어떻게 단일한 대상이 조밀하게 뭉쳐 있는 동시에 널리 퍼져 있을 수 있을까? 파동은 뭉쳐 있을 수도 있고 널리 퍼져 있을 수도 있다. 그러나 뭉쳐 있는 동시에 널리 퍼져 있는 파동은 없다. 원자나 전자, 또는 광자는 과연 무엇일까? 응축된 대상일까, 아니면 널리 퍼진 대상일까? 요컨대 무언가 문제가 있는 것이 분명했다.

그러나 멋지게 맞아 들어가는 면도 있었다. 원자보다 훨씬 더 큰 대상을 다룰 때, 슈뢰딩거 방정식은 뉴턴의 보편 운동 방정식과 본질적으로 같아진다. 따라서 슈뢰딩거 방정식은 전자와 원자의 행동뿐 아니라 원자로 이루어진 모든 것 ─분자, 야구공, 행성─을 지배한다. 슈뢰딩거 방정식은 주어진 상황을 기술하는 파동함수가 무엇이고 그것이 시간에 따라 어떻게 변화할지 알려준다. 요컨대 그 방정식은 새로운 보편 운동 법칙이다. 뉴턴의 운동 법칙은 큰 대상들에 아주 훌륭하게 들어맞는 근사 법칙에 불과하다.

출렁거림

넓은 바다의 바람 심한 곳에서는 큰 파도가 인다. 우리는 그런 곳을 '출렁거림waviness'이 큰 구역이라고 부를 것이다. 먼 곳에서 북이 울리면, 북소리가 당신을 향해 이동하는데, 매순간 북소리의 위치는 공기 압력의 출렁거림이 큰 곳이다. 벽의 한 구역이 햇살을 받아 환해지면, 그 구역은 전자기장의 출렁거림이 큰 곳, 빛이 있는 곳이다. 이 사례들에서 출렁거림은 무언가가 어디에 있는지 알려준다. 이런 생각을 양자

출렁거림이 큰 곳

출렁거림이 작은 곳

그림6.4 파동함수와 파동함수의 출렁거림

사례에도 적용하는 것은 합당한 일로 보인다.

양자 파동 묶음wave packet의 출렁거림은 파동의 진폭이 큰 곳, 즉 마루들은 높고 골들이 깊은 곳에서 크다. 파동함수를 알면, 출렁거림을 쉽게 그림으로 나타낼 수 있다. 우리는 출렁거림을 명암으로 나타낼 것이다. 어두운 곳은 출렁거림이 큰 곳이다('출렁거림'에 해당하는 정식 수학용어는 '파동함수의 절대값의 제곱'으로서 이것을 계산하는 수학적 절차가 있다. 양자역학에 관한 다른 문헌을 읽으려면 이 전문용어를 알아두어야 할 것이다).

원자를 한 방향으로 움직이는 단순한 대상으로 고찰할 때, 우리는 원자의 내부 구조를 무시한다. 그러나 원자 내부의 전자 파동함수들이 존재한다. 일찍이 슈뢰딩거는 수소원자 속 전자의 파동함수를 계산했다. 그리고 그 파동함수에서, 수소원자의 에너지 준위들과 실험에서 관찰된 수소 스펙트럼에 관한 보어의 결론들을 똑같이 도출했다. 보어의 자의적인 전제들에 기대지 않고 그 일을 해낸 슈뢰딩거는 자신의 이론이 옳다고 확신했다. 그는 양자뜀을 제거하는 데 성공했다고 생각했다. 그러나 곧 보겠지만, 그것은 틀린 생각이었다.

그림6.5 수소원자의 최저 에너지 상태 세 가지 출렁거림

그림6.5는 수소원자 속 전자의 가장 낮은 에너지 상태 세 가지를 보여준다. 정확히 말하면, 그 전자의 3차원 출렁거림의 단면들을 보여준다. 출렁거림을 안개 덩어리로 상상해도 무방하다. 안개가 짙은 곳은 출렁거림이 큰 곳이다. 안개 덩어리의 모양은 어떤 의미에서 원자의 모양이다. 계산 결과로 얻은 이런 그림들에서 화학자들은 원자와 분자가 결합하는 방식에 관한 통찰을 얻는다.

자유 전자나 원자의 널리 퍼진 출렁거림을 간섭무늬를 통해 직접 보는 것과 마찬가지로, 원자 속 전자의 출렁거림을 직접 보게 될 날이 오리라고 생각한 물리학자는 거의 없었다. 그림6.5는 슈뢰딩거 방정식에서 계산을 통해 얻고 간접적으로 검증한 결과다. 그러나 2009년, 우크라이나 물리학자들은 오래된 영상화 기술인 '장 방출 현미경법field-emission microscopy'을 써서 개별 탄소원자들 속 전자들을 강력한 전기장으로 떼어냈다. 그 전자들이 영사막의 어디에 도달하는지를 주목한 그 물리학자들은 그 전자들이 원자 내부 어디에서 나왔는지 알아낼 수 있었다. 그리하여 그들은 교과서에 나오는 익숙한 출렁거림 패턴들이 옳음을 직접 입증했다.

방금 전에 우리는 널리 퍼진 대상의 위치를 출렁거림이 알려준다는 식의 말을 했다. 그것은 약간 부적절한 말이었다.

출렁거림에 대한 슈뢰딩거의 처음(틀린) 해석

슈뢰딩거는 대상의 출렁거림이 대상 그 자체라고 생각했다. 예를 들어 전자 안개가 짙은 곳은, 전자를 이루는 재료가 집중된 곳일 것이었다. 요컨대 전자 자체가 출렁거림이 있는 구역 전체에 퍼져 있을 것이었다. 그렇다면 앞의 그림이 나타내는 수소원자 속 전자의 상태들 중 하나는 슈뢰딩거가 혐오하는 양자뜀 없이 매끄럽게 다른 상태로 바뀔 수 있을 것이었다.

출렁거림에 대한 이같은 해석은 합당한 듯하지만 틀렸다. 왜 그런지 살펴보자. 대상의 출렁거림은 넓은 구역에 퍼져 있을 수 있더라도, 특정 위치를 바라보는 관찰자는 그곳에 온전한 대상이 있거나 없음을 즉시 발견한다.

예를 들어 원자핵에서 방출된 알파입자는 몇 킬로미터 범위에 두루 퍼진 출렁거림을 지닐 수도 있다. 그러나 가이거계수기가 '딸깍' 소리를 내는 순간, 관찰자는 온전한 알파입자가 바로 그 가이거계수기 내부에 있음을 알 수 있다. 또는 드 브로이의 물질파 아이디어를 입증한 간섭 실험에서 영사막을 향해 날아가는 전자 하나의 출렁거림을 생각해보자. 그 전자의 출렁거림은 일정한 간격으로 분리된 여러 덩어리를 이룰 것이다. 그러나 곧이어 그 전자가 영사막에 도달하면, 단일한 지점에서 섬광이 일어난다. 관찰자는 그 지점에서 온전한 전자를 발견한

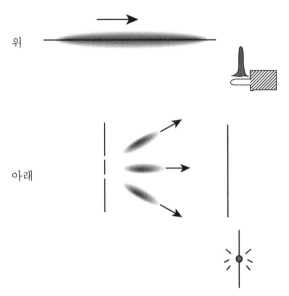

위

아래

그림6.6 위: 가이거계수기에 의해 탐지되기 이전과 이후에 단일 알파입자의 출렁거림.
아래: 영 사막에서 탐지되기 이전과 이후에 단일 전자의 출렁거림.

다. 방금 전에 널리 퍼져 있었던 출렁거림이 갑자기 그 한 지점으로 응집한다. 만약에 전자가 영사막을 향해 이동하는 도중에 탐지되었다면, 전자는 여러 출렁거림 덩어리 중 하나에 속한 단일한 지점에서 응집된 채로 발견되었을 것이다.

슈뢰딩거가 처음에 생각한 대로 실제 물리적 대상이 출렁거림의 범위에 두루 퍼져 있다면, 온전한 대상이 한 장소에서 발견되는 순간, 서로 멀리 떨어져 있던 대상의 부분들은 즉각 그 장소로 모여들어야 할 것이다. 그러려면 물리적인 물질이 광속보다 더 빠르게 운동해야 할 텐데, 그것은 불가능하다.

슈뢰딩거는 '빌어먹을 양자뜀'을 물리학에서 제거하려 했지만 실패했다. 나중에 우리는 전자들이 궤도를 건너뛰는 것보다 훨씬 더 터무

니없는 역설을 제시하면서 양자역학에 반발하는 슈뢰딩거를 만나게
될 것이다.

일반적으로 받아들여지는 출렁거림에 대한 해석

뉴턴의 운동 법칙은 특정 시점의 대상의 위치와 운동으로부터 과거
와 미래의 모든 시점의 대상의 위치와 운동을 알아낼 수 있게 해준다.
슈뢰딩거 방정식은 특정 시점의 파동함수로부터 과거와 미래 모든 시
점의 파동함수를 알아낼 수 있게 해준다. 이런 의미에서 양자이론은
고전물리학과 마찬가지로 결정론이다. 반면에 양자이론에 실험 관찰
을 추가한 양자역학은 본질적인 무작위성을 지녔다. 그 무작위성은
'관찰'과 더불어 발생한다. 이론은 이를 설명하지 못한다.

이어지는 몇 쪽은 독자들을 혼란스럽게 만들 것이다. 왜냐하면 믿기
어려운 내용이 나올 것이기 때문이다. 일반적으로 받아들여지는 출렁
거림에 대한 해석은 물리적 실재에 관한 일체의 상식을 뒤흔든다. 그
해석은 우리에게 양자 불가사의를 선사한다.

한 구역에서의 출렁거림은 그곳에서 대상을 발견할 확률이다. 정신
바짝 차리고 들어야 한다. 출렁거림은 대상이 특정 위치에 있을 확률
이 아니다. 발견할 확률과 있을 확률은 결정적으로 다르다! 당신이 대
상을 거기에서 발견하기 전에는, 대상이 거기에 없었다. 당신은 대상
이 널리 퍼져 있음을 보여주는 간섭실험을 선택할 수도 있었다. 실제
로 당신은 똑같은 상태로 준비된 다른 대상들을 가지고 간섭실험을 해

보았으므로, 당신 자신이 간섭실험을 할 수도 있었음을 안다. 당신은 이번에도 간섭실험을 선택할 수 있었다. 그러므로 뭐랄까, 당신이 바라봄으로 말미암아 대상이 특정 위치에 있게 되었다. 양자역학에 대한 표준 해석인 '코펜하겐 해석'(10장에서 다룰 것임)에 따르면, '관찰'은 측정할 대상을 교란하는 정도가 아니라 말 그대로 측정 결과를 만들어낸다. 무엇을 '관찰'로 간주할 수 있는가에 대해서는 나중에 논할 것이다.

출렁거림은 확률이다. 그러나 출렁거림, 즉 양자적 확률은 고전적 확률과 대비된다. 이 둘은 비슷하지만 본질적으로 다르다. 먼저 고전적 확률의 예를 들어보자.

어느 축제 마당에서 말이 빠르고 손은 더 빠른 녀석이 야바위판을 벌인다. 그는 그릇 두 개를 뒤집어 놓고 그중 하나에 콩 한 알을 넣는다. 이어서 현란한 손놀림이 시작되고, 당신의 눈은 콩이 들어 있는 그릇을 뒤쫓다가 그만 놓쳐버린다. 이제 콩이 왼쪽 그릇에 들어 있을 확률과 오른쪽 그릇에 들어 있을 확률은 똑같다. 그릇 각각에 콩이 들어 있을 확률은 1/2이다. 즉, 우리가 한 쪽(예컨대 오른쪽) 그릇 속을 보면 두 번에 한 번꼴로 콩을 발견할 것이다. 오른쪽 그릇에서 콩을 발견할 확률과 왼쪽 그릇에서 콩을 발견할 확률의 합은 1이다(1/2 + 1/2 = 1). 이렇게 두 확률의 합

그림6.7

그림6.8

이 1이라는 것은, 콩이 두 그릇 중 하나에 확실히 들어 있음을 뜻한다.

사람들이 돈을 거는 동안 입심 좋게 재잘거리던 야바위꾼이 오른쪽 그릇을 들어올린다. 그러자 콩이 나타난다. 그 순간, 콩이 왼쪽 그릇이 아니라 오른쪽 그릇에 들어 있다는 것이 확실해진다. 즉 왼쪽 그릇에 콩이 있을 확률은 0으로, 오른쪽 그릇에 콩이 있을 확률은 1로 '붕괴한다.' 설령 오른쪽 그릇을 들어올리기 전에 왼쪽 그릇을 마을 반대쪽으로 옮겨놓았다 하더라도, 확률 붕괴는 여전히 순간적으로 일어날 것이다. 거리는 확률 변화를 지체시키지 못한다.

확률 게임들은 양자적 출렁거림이 무엇을 의미하는지를 거의 명백하게 보여준다(적어도 이미 정답을 아는 사람들에게는 명백하게 보여준다). 실제로 슈뢰딩거가 자신의 방정식을 발표한 지 불과 몇 달 뒤에 막스 보른 Max Born은 오늘날 받아들여지는 해석을 내놓았다. 그 해석에 따르면 한 구역에서의 출렁거림은 그 구역에서 온전한 대상이 발견될 확률이다.

이 같은 보른의 해석은 우리가 실제로 관찰하는 것, 즉 특정 위치에 있는 온전한 대상과 양자이론에 등장하는 수학적 표현인 출렁거림을 연결한다. 야바위에서의 확률과 마찬가지로, 우리가 대상의 위치를 알아내면, 대상의 출렁거림은 우리가 그것을 발견한 구역에서 1로, 나머지 모든 곳에서 0으로 즉각 '붕괴한다.'

하지만 야바위에서 작동하는 고전적 확률과 출렁거림으로 표현되는 양자적 확률 사이에는 결정적인 차이점이 있다. 고전적 확률은 관찰자의 앎에 관한 진술이다. 야바위에서 당신은 어느 그릇에 콩이 들어 있는지 몰랐고, 그렇기 때문에 당신에게는 콩이 그릇 각각에 들어 있을 확률이 1/2이었다. 당연히 야바위꾼은 당신보다 더 많이 알았다. 따라서 그에게는 그 확률이 똑같이 1/2이 아니었다.

고전적 확률은 어떤 상황에 관한 누군가의 앎을 표현한다. 그 앎은 자족적이지 않다. 누군가의 앎과 더불어 어떤 물리적인 것이 전제된다. 확률은 그 물리적인 것의 확률이다. 이를테면 야바위에서 두 그릇 중 하나에는 실제 콩이 들어 있었다. 누군가가 왼쪽 그릇 속의 콩을 훔쳐보았다면, 그에게는 왼쪽 그릇에 콩이 있을 확률이 1로 붕괴했을 것이다. 그러나 그의 친구에게는 그릇 각각에 콩이 있을 확률이 여전히 1/2일 수 있다. 이처럼 고전적 확률은 주관적이다.

한편 양자적 확률, 곧 출렁거림은 불가사의하게 객관적이다. 양자적 확률은 누구에게나 동일하다. 파동함수는 자족적이다. 표준 양자이론에서 원자의 파동함수와 별도로 존재하는 원자는 없다. 어느 일류 양자물리학 교과서에서 말하듯이, '원자의 파동함수'는 '원자'의 동의어다.

누군가가 특정 위치를 바라보고 거기에서 원자를 발견했다면, 그 바라봄이 그 원자의 널리 퍼진 출렁거림을 '붕괴시켜' 온전히 그 위치에 있게 만든 것이다. 이제 누구의 관점에서나 그 원자는 그 위치에 있다 (만일 그 누군가가 특정 위치를 바라보고 거기에서 원자를 발견하지 못했다면, 누구의 관점에서나 그 원자는 거기에 있지 않다). 만일 그 누군가가 특정 위치에서 그 원자를 관찰했다면, 다른 장소를 바라보는 두 번째 관찰자는 확실히 그곳에서 그 원자를 발견하지 못할 것이다. 그럼에도 그 원자의 출렁거림은, 첫 번째 관찰자에 의해 붕괴되기 직전까지는, 그 다른 장소에도 존재했다. 왜냐하면 만약에 간섭실험을 했다면 그 원자의 출렁거림이 그곳에도 존재함을 보여줄 수 있었기 때문이다(이 대목은 누구에게나 혼란스럽다. 간섭실험을 구체적으로 살펴보면 상황이 좀더 명확해지겠지만, 불가사의는 여전히 남을 것이다).

원자가 특정 위치에 있음을 관찰하는 행위가 원자가 그곳에 있음이라는 사태를 창조했다는 말인가? 그렇다. 하지만 조심해야 한다. 우리는 지금 '관찰'이라는 뜨거운 논쟁거리를 건드리는 중이다. 표준 관점(코펜하겐 해석, 때로는 물리학의 '정통' 관점이라고도 불림)은 작은(미시적인) 대상이 큰(거시적인) 대상에 영향을 미칠 때마다 관찰이 일어난다고 간주한다. 코펜하겐 해석에서는 예컨대 원자 하나가 영사막의 한 곳에서 섬광을 일으키면, 그 원자의 널리 퍼진 파동함수가 '붕괴하여' 그곳으로 집중된다.

그러나 영사막에 도달하기 직전에 원자는 널리 퍼진 파동이었다. 영사막에 도달하는 순간, 모종의 방식으로 원자는 특정 위치에 집중된 입자가 된다. 우리가 그 위치를 바라본다면 원자를 발견할 수 있다. 그러므로 우리는 영사막이 원자를 '관찰했다'라고 말할 수 있다. 적어도 모든 실용적인 맥락에서 이것은 나무랄 데 없는 어법이다. 그러나 나중에 우리는 실용적인 맥락을 넘어선 차원에 관심을 기울일 것이다.

지금까지 우리는 원자에 대해서 이야기했다. 왜냐하면 양자이론은 미시적인 대상을 다루기 위해 개발되었기 때문이다. 그러나 양자이론은 물리학 전체, 더 나아가 과학 전체의 기초이며 우주처럼 큰 대상과 정신처럼 익숙한 대상에도 적용된다. 물론 이런 적용은 논란의 여지가 있지만 말이다.

본래적 확률성

물리학 이론은 당신이 실험에서 무엇을 보게 될지 예측하고, '실험' 이란 임의의 잘 특정된 상황이다. 던져 올린 공이나 행성에 대해서 고전물리학은 임의 시점에 공이나 행성의 실제 위치를, 설령 그 위치가 관찰되고 있지 않을 때에도, 말해 준다. 이 예측은 불확실성을 동반할 수 있고 따라서 특정 위치 대신에 가능한 위치의 범위를 제시할 수도 있다. 이처럼 고전물리학에서 위치 예측은 확률적일 수도 있지만, 실제로 대상은 특정 위치에 존재한다고 전제된다. 고전물리학에서 확률은 우리 앎의 주관적 불확실성에서 비롯된다.

반면에 양자역학은 본래 확률적이다. 오로지 확률만 존재한다. 양자물리학은 대상이 어딘가에 있을 확률이 아니라, 당신이 특정 위치에서 대상을 관찰할 확률을 알려준다. 대상의 위치가 관찰되기 전에는, 대상의 '실제 위치' 따위는 없다. 양자역학에서 대상의 위치는 대상을 그 위치에서 관찰함과 무관하지 않다. 관찰되는 대상과 관찰자를 분리할 수는 없다.

양자적 확률을 대하는 두 가지 태도를 살펴보자.

먼저 '전부 다 오케이!' 태도가 있다. 출렁거림은 당신이 무엇을 관찰하게 될지에 관한 확률이다. 물론 당신이 무엇을 관찰하게 되느냐는 당신이 어떻게 관찰하느냐에 달려 있다. 당신은 대상을 직접 바라보고 그것이 특정 위치에 뭉쳐 있는 놈임을 보여줄 수도 있다. 또는 간섭실험을 해서 대상이 널리 퍼진 놈임을 보여줄 수도 있다. 어느 쪽이든, 양자역학은 당신이 실제로 하는 실험의 결과를 옳게 예측한다. 필요한 것은 언제나 옳은 예측뿐이므로, 모든 실용적인 맥락에서 양자역학은 아무 문제가 없다. 우리는 10장에서 이런 유용한 실용주의적 태도, 곧 코펜하겐 해석을 다룰 것이다.

다른 한편으로 '당혹스러워!' 태도가 있다. 양자이론은 단지 출렁거림만 알려준다. 출렁거림에 대한 해석은 슈뢰딩거 방정식을 벗어난다. 관찰이 널리 퍼진 출렁거림을 특정 위치로 붕괴시켜서 우리가 거기에서 대상을 발견하게 된다는 것은 보른의 가설이다.

자연의 근본 법칙인 슈뢰딩거 방정식이 단지 확률만을 알려준다고? 아인슈타인은 우리가 대상을 특정 위치에서 발견하는 것에 대해서 심층적인 결정론적 설명이 이루어져야 한다고 느꼈다. 그래서 그는 이렇게 말했다. "신은 주사위놀이를 하지 않는다."(보어는 신에게 우주 운영 방식을 지시하지 말라는 취지로 대응했다).

아인슈타인이 양자역학에서 발견한 심각한 문제는 '무작위성'이었다는 해설을 흔히 접할 수 있지만, 그것은 진실이 아니다. 아인슈타인, 슈뢰딩거, 그리고 오늘날의 수많은 전문가들을 당혹스럽게 만드는 것은 양자역학이 물리적 실재를 부정하는 듯하다는 점이다. 또는 (어쩌면 같은 말일 수도 있겠는데) 관찰자가 선택하는 관찰 방식이 관찰에 선행하는 물리적 상황에 영향을 미친다는 점이다. 양자이론에 따르면, 우리가 특정 위치를 바라보고('파동함수를 붕괴시키고') 원자를 발견하기 전에는, 거기에 실제 원자가 없다. 그러나 엄연히 실제 원자들이 있고, 원자로 이루어진 실제 물체들이 있다. 그렇지 않은가?

슈뢰딩거 방정식이 나오기 전인 1920년대 초, 빛과 물질이 널리 퍼진 파동임을 보여줄 수도 있고 응축된 입자들의 집단임을 보여줄 수도 있다는 사실은 난감한 수수께끼였다. 그래서 물리학자들은 미래의 근본 이론에서 합당한 설명이 나오기를 바랐다. 슈뢰딩거 방정식이 나온 후인 1920년대 말, 물리학자들은 근본 이론을 손에 쥔 듯했다. 그러나 수수께끼는 더욱 더 당혹스러워졌다.

7

이중슬릿 실험–관찰자 문제

유일한 미스터리는 이중슬릿 실험에 들어 있다.
그 미스터리가 어떻게 작동하는지 설명함으로써 그것을 제거할 수는 없
다…….
그것의 작동을 이야기하다 보면 양자역학 전체의 기본적인 특색들을 이
야기하게 될 것이다.

_리처드 파인만

이 장에서 우리는 양자 불가사의를 엄밀하게 제시할 것이다. 이 책
의 나머지 부분에서는 더 느슨하고 자유롭게 양자 불가사의에 담긴 의
미를 탐구할 것이다.

양자 현상을 보여주는 실험의 모범인 이중슬릿 실험은 물리학과 의
식의 만남을 보란 듯이 드러낸다. 위에 인용한 파인만의 말대로 '그 미
스터리를 제거할 수는 없다.' 하지만 우리는 그것이 어떻게 작동하는
지 이야기하려 한다.

이중슬릿 실험은 간섭실험을 한 부분으로 포함한다. 우리는 4장에
서 빛 파동을 이용한 간섭실험을 기술했다. 광자, 전자, 원자, 큰 분자
들을 이용한 간섭실험이 성공적으로 이루어졌고, 더 큰 대상들을 이용
한 실험이 시도되고 있다. 광자를 이용한 간섭실험은 중고등학교에서

도 쉽게 할 수 있다. 불투명한 막에 금을 두 개 그어서 이중슬릿을 만들 수 있다. 그런 다음에 레이저포인터를 그 슬릿들에 비추면 선명한 간섭무늬를 얻을 수 있다. 전자 간섭실험은 조금 더 어렵지만, 몇천 달러만 주면 훌륭한 학생용 실험 장치를 살 수 있다. 원자나 분자를 이용한 간섭실험은 더 까다롭고 비용이 훨씬 더 많이 든다. 그러나 기본 원리는 똑같다. 전자나 원자는 공기 분자와 충돌할 것이므로, 광자가 아닌 다른 대상을 이용한 간섭실험은 공기가 제거된 통 안에서 이루어져야 한다. 하지만 이런 기술적인 '세부 사항'은 우리의 관심사가 아니다.

양자 미스터리는 어느 경우에나 동일하므로, 그리고 이야기하는 것은 비용 문제에 구애받지 않으므로, 우리는 원자를 이용한 간섭실험을 이야기하려 한다. 오늘날 우리는 개별 원자들을 볼 수 있고 심지어 하나씩 집어 올려서 다른 곳에 놓을 수도 있다. 우리는 먼저 표준 이중슬릿 실험을 간단하게 기술할 것이다. 그 다음에는 6장에 나온 야바위와 멋지게 대비되는 변형된 실험을 다룰 것이다. 이 변형된 실험은 표준 이중슬릿 실험과 완벽하게 동치다.

4장에서 빛 파동을 이용한 간섭실험을 이야기할 때 우리는 선명한 간섭무늬를 얻으려면 빛의 색깔이 단일해야 한다고 언급했다. 빛의 색깔이 단일하다는 것은 진동수와 파장의 범위가 좁다는 것이다. 이 조건은 원자에도 적용된다. 간섭실험에 쓰이는 원자들은 드 브로이 파장이 모두 같아야 한다. 다시 말해 모두 동일한 속도로 발사되어야 한다.

우리의 실험에서 슬릿은 그림7.1에서와 같은 구멍이다. 당신은 왼쪽에서 그 구멍들을 향해 원자를 발사한다. 슬릿을 통과한 원자는 오른쪽 탐지막에 도달한다. 그림7.2는 영사막에 도달한 원자들을 보여준다(슬릿을 통과하지 못한 원자들은 우리의 관심 밖이다).

당신은 원자들이 탐지막의 어디에 도달하는지 기록한다. 원자들은 특정 구역들에만 도달한다. 탐지막에 도달한 원자들의 분포는 그림7.2와 같은 패턴을 이룬다(이 패턴은 그림5.7이 보여주는 빛 파동의 간섭무늬와 동

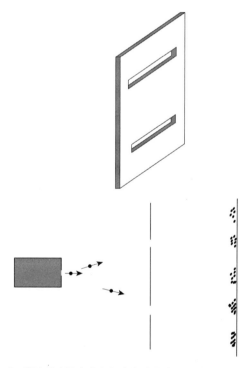

그림7.1 위: 이중슬릿이 뚫린 차단벽. 아래: 원자 발사기, 이중슬릿이 뚫린 차단벽, 탐지막에서 간섭무늬를 형성한 원자들을 옆에서 본 모습.

일하다).

　이 패턴, 곧 간섭무늬는 파동을 이용한 간섭실험에서와 마찬가지로 원자 각각의 파동함수가 두 슬릿을 모두 통과하기 때문에 발생한다. 탐지막의 특정 지점들에서는 위 슬릿에서 온 마루들이 아래 슬릿에서 온 마루들과 겹친다. 그리하여 두 슬릿 각각에서 온 파동들이 합산되어 출렁거림이 큰 구역이 형성된다. 다른 지점들에서는 한 슬릿에서 온 마루들과 다른 슬릿에서 온 골들이 겹쳐서 서로를 없앤다. 따라서 출렁거림이 0인 구역이 형성된다. 특정 지점에서의 출렁거림은 거기에서 원자를 발견할 확률이다. 이처럼 당신은 많은 원자들이 도달한 구

그림7.2 이중슬릿을 통과한 원자들이
형성한 간섭무늬

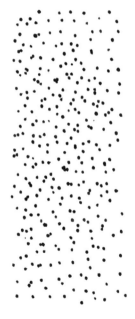

그림7.3 단일슬릿을 통과한
원자들의 분포

역과 원자가 거의 도달하지 않은 구역을 발견한다. '정통' 코펜하겐 해석에 따르면, 원자 각각의 파동함수는 자신이 도달한 지점에서, 다시 말해 거시적인 탐지막에 의해 '관찰된' 지점에서 붕괴한다.

원자 각각의 파동함수가 따르는 규칙은 슬릿들 사이 간격에 따라 달라진다. 이는 원자 각각과 관련된 무언가가 두 슬릿 모두를 통과하는 것이 분명함을 뜻한다. 양자이론에서는 원자의 파동함수와 별도로 원자가 존재하지 않는다. 결론적으로 원자 각각이 분리된 두 슬릿 모두를 통과하는, 널리 퍼진 대상임이 분명하다.

그러나 당신은 이 실험을 슬릿 하나만 열고 실시할 수도 있었다. 그랬다면, 원자 각각의 파동함수는 한 슬릿만 통과했을 것이다. 이 경우에도 당신은 원자들이 탐지막에 도달하는 것을 발견할 테지만, 간섭무늬는 당연히 형성될 수 없다. 왜냐하면 원자 각각의 파동함수가 한 슬릿만 통과하기 때문이다. 오히려 원자 각각이 응축된 대상, 즉 입자라는 것이 확인된다. 탐지막에 도달한 원자들은 그림7.3처럼 균일하게 분포한다.

요컨대 당신은 슬릿 두 개를 모두 열어서 원자가 두루 퍼진 대상임을 보여주는 쪽을 선택할 수도 있고, 슬릿 하나만 열어서 정반대로 원자가 응축된 입자임을 보여주는 쪽을 선택할 수도 있다. 말할 필요도 없겠지만, 바로 이것이 5장에서 드 브로이 물질파를 다룰 때 언급한 파동-입자 역설이다. 지금까지 우리는 원자를 대상으로 삼아서 오늘날 양자이론의 언어로 파동-입자 역설을 이야기한 셈이다.

이중슬릿 실험을 변형한 상자 쌍 실험

이제 이중슬릿 실험과 완벽하게 동치인 또 하나의 실험을 살펴보자. 이 실험에서 당신은 대상(이를테면 원자)이 한 상자 안에 온전히 들어 있음을 보여줄 수 있다. 또는 반대로 원자가 한 상자 안에 온전히 들어 있지 않음을 보여줄 수도 있다. 상자 안에 들어 있는 원자에 대해서 이야기할 때, 당신은 위의 상반된 두 상황 중 어느 것을 증명할지를 마음대로 선택할 수 있다. 이 실험은, 관찰자에 의존하지 않는 물리적 실재가 '저 바깥에' 존재한다는 상식적 직관을 양자역학이 위태롭게 만든다는 것을 더욱 극적으로 드러낸다. 우리는 나중 장들에서도 이 상자 쌍 실험을 거듭해서 언급할 것이다. 그러니 이제부터 이야기를 신중하게 풀어가기로 하자.

아리스토텔레스는 자연법칙을 발견하려면 가장 단순한 사례들에서 출발하여 더 일반적인 진리로 나아가야 한다고 가르쳤다. 갈릴레오는 이 권고를 수용했지만, 설령 실험 결과가 가장 뿌리 깊은 직관에 반한다 하더라도 우리는 실험적으로 보여줄 수 있는 것에만 의지해야 한다고 경고했다. 뉴턴은 고립된 대상들, 예컨대 달, 행성, 사과의 이상화된 행동을 고찰함으로써 보편 운동 방정식을 세웠다. 이 같은 발전 과정은 양자 현상을 보여주는 가장 간단한 방법인 이중슬릿 실험이 따르는 경로이기도 하다. 우리는 먼저 원자를 대상으로 삼은 상자 쌍 실험을 다룰 것이다. 그리고 나중에 고양이, 의식, 우주를 대상으로 삼은 실험으로의 일반화를 시도할 것이다.

6장의 야바위에서 그릇 각각에 콩이 들어 있을 확률은 동일했다. 이 확률은 물리적 상황에 대한 완전한 기술이 아니었다. 그때는 실제 콩이 이 그릇이나 저 그릇에 확정적으로 들어 있었다. 관찰은 이러한 물리적 상황을 변화시키지 않았다. 이제 우리는 단일한 원자의 출렁거림을 양분하여 두 상자에 집어넣을 것이다. 그러면 원자가 상자 각각에 들어 있을 확률은 동일해진다. 그러나 야바위에서와 달리 특정 상자에 들어 있는 '실제 원자' 따위는 없다. 양분되어 두 상자에 들어간 파동함수는 물리적 상황에 대한 완전한 기술이다. 또한 야바위에서와 달리 여기에서는 관찰이 물리적 상황을 변화시킨다.

　양자 불가사의를 보여주는 것이 목적이라면, 실험용 상자들을 어떻게 준비해야 하는지 이야기할 필요는 없다. 그러나 우리는 이미 파동함수를 언급했으므로 상자들을 준비하는 방법도 설명하려 한다. 그러나 그 다음에는 당신이 실제로 보게 될 것만 언급하면서 양자 불가사의를 보여줄 것이다. 우리는 양자이론이나 파동함수를 언급하지 않으면서, 심지어 파동도 언급하지 않으면서 상자 쌍 실험을 설명할 것이다.

　이제 원자들을 상자 두 개에 집어넣는 방법을 설명하겠다. 모든 파동은 반사할 수 있다. 반투명 거울은 빛 파동의 절반을 반사시키고 나머지는 통과시킨다. 예를 들어 유리창은 빛의 일부를 반사시키고 일부를 통과시킨다. 그런 유리에서 광자 각각의 파동함수는 분할된다. 그리하여 광자 파동함수의 일부는 반사하고 일부는 통과한다. 우리는 빛 대신에 원자들을 반사시키거나 통과시키는 반투명 거울도 제작할 수 있다. 그 거울은 원자의 파동함수를 파동 묶음 두 개로 분할한다. 한 묶음은 거울을 통과하고 다른 묶음은 반사한다.

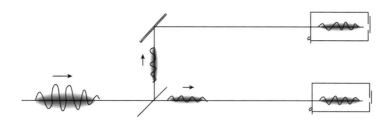

그림7.4 거울과 상자 두 개로 이루어진 이 장치는 파동함수를 상자 안에 포획할 수 있게 해준다. 상이한 세 시점에서 원자 파동함수의 위치를 한 그림에 나타냈다.

그림7.4의 거울 및 상자 배열은 원자 파동함수의 두 부분을 상자 두 개에 담을 수 있게 해준다. 우리는 원자 하나를 알려진 속도로 발사하고, 파동함수 묶음이 상자에 들어가면 상자의 문을 닫는다. 그러면 파동함수 묶음은 상자 안에 갇힌 채로 이리저리 반사한다. 그림7.4는 잇따른 세 시점에서의 파동함수와 출렁거림을 보여준다.

우리는 두 상자에 단 하나의 원자가 들어 있음을 안다. 왜냐하면 우리는 원자 하나를 관찰했고 두 상자를 향해 원자 하나를 발사했으니까 말이다. 요새는 적당한 도구들을 사용하면 개별 원자와 분자를 관찰하고 조작할 수 있다. 예컨대 훑기꿰뚫기현미경scanning tunneling microscope을 이용하면 개별 원자를 집어 올리고 내려놓을 수 있다.

원자의 파동함수를 교란하지 않으면서 원자를 상자 안에 가둬놓는 것은 까다로운 과제이겠지만 확실히 실행 가능하다. 원자 하나의 파동함수를 분할하여 부분들을 멀찌감치 떼어놓는 과제는 원자들을 이용한 간섭실험에서 늘 성취된다. 또한 원자들을 물리적인 상자에 가둬놓는 작업은 우리의 실험에서 사실상 불필요하다. 상자 대신에 경계가 정해진 공간 구역만 있어도 충분하다. 우리는 그런 구역을 상자로 상상하기로 했는데, 왜냐하면 그렇게 하면 이 실험이 야바위와 더 비슷해지기 때문이다. 상자가 있을 경우, 우리는 원자가 상자 안에서 우리의 선택을 기다린다고 생각할 수 있다. 원자가 이중슬릿을 통과하여 탐지막으로 쏜살같이 날아갈 때와는 사뭇 다른 상황이 연출되는 것이다.

이제부터 우리는 파동함수나 파동을 언급하지 않으면서 상자 쌍 실험을 설명할 것이다. 우리는 당신이 실제로 관찰할 것들만 언급할 것이다. 다시 말해 양자이론에 대해 중립적인 관찰 결과들만 기술할 것이다. 그렇게 함으로써 양자 불가사의가 실험 관찰에서 직접적으로 발생한다는 점을 강조할 것이다. 양자 불가사의의 존재는 양자이론에 의존하지 않는다!

'간섭실험'

원자 파동함수를 절반씩 담은 두 상자의 쌍이 아주 많이 있다고 가정하자(이런 상자 쌍들을 준비하는 방법은 방금 설명한 대로다. 하지만 이런 세부 사항은 양자 불가사의를 보여주는 데 필수적인 것은 아니다). 상자 쌍 하나를 영사막 앞에 놓자. 원자가 영사막에 도달하면 달라붙게 되어 있다고 가정하자. 이제 두 상자의 슬릿을 거의 동시에 연다. 그러면 원자 하나가 영사막에 도달한다. 다음 상자 쌍을 동일한 위치에 놓고 똑같은 작업을 한다. 이런 식으로 수많은 상자 쌍들에 대해서 똑같은 작업을 반복한다. 그리고 나면 당신은 원자들이 영사막의 일부 구역들에 몰려 있고 다른 구역들에는 거의 없음을 발견하게 된다. 원자들의 분포 패턴은 그림7.2에서 보는 이중슬릿 실험의 결과와 똑같다. 원자 각각은 일정한 규칙에 따라 특정 구역들에만 도달했던 것이다.

이제 이 실험 전체를 새로운 상자 쌍들을 가지고 다시 해보자. 이번에는 쌍을 이룬 두 상자 사이의 간격을 다르게 설정한다. 그러자 당신은 원자들이 몰린 구역들 사이의 간격이 달라진 것을 발견한다. 상자들 사이 간격이 커지면, 원자들이 몰린 구역들 사이 간격은 좁아진다.

그림7.5를 참조하라. 모든 원자 각각은 상자들 사이 간격에 따라 달라지는 규칙을 따랐다. 그렇다면 원자 각각은 상자 사이 간격을 '알았

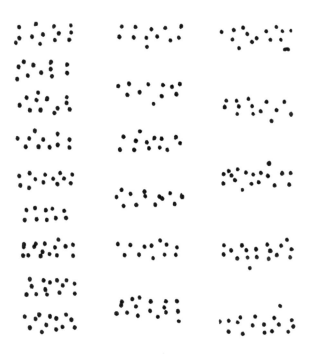

그림7.5 슬릿 두 개를 통과한 원자들이 형성한 간섭무늬.
슬릿들 사이 간격을 바꿔가면서 얻은 결과 3건을 한꺼번에 나타냈다.

어야 한다.

지금까지 설명한 실험은 확실히 이중슬릿 실험과 유사한 간섭실험이므로, 이제부터 우리는 그것을 '간섭실험'이라고 부를 것이다. 그러나 위의 설명에서 우리는 파동의 속성을 전혀 이용하지 않았다. 원자하나와 관련된 무언가가 두 상자 모두에서 나와야 한다는 것은 명백하다. 왜냐하면 원자가 도달하는 위치가 상자들 사이 간격에 따라 달라지니까 말이다. 이 간섭실험은 원자 각각이 널리 퍼진 대상, 두 상자모두에 들어 있는 대상이어야 함을 보여준다(상자 내부의 원자는 외부에서일어나는 어떤 일에도 영향을 받지 않는다).

원자와 관련된 무언가가 두 상자 모두에서 나온 결과로 영사막에 온전한 원자 하나가 나타나는 것을 어떻게 설명할 수 있을까? 두 상자 각각에 원자의 일부가 들어 있었다고 말하면 안 될까? 이 말이 옳다면, 각 상자에서 나온 원자의 부분들이 영사막의 한 지점에서 만나 융합한다고, 그래서 그곳에서 원자가 발견된다고 설명할 수 있을 것이다. 그러나 얼핏 합당한 듯한 이 설명은 틀렸다. 왜 그런지 알아보자.

'어느 상자?' 실험

쌍을 이룬 두 상자의 슬릿을 동시에 여는 실험 대신에 다른 실험을 선택해보자. 즉, 한 상자의 슬릿을 열고 그 다음에 나머지 상자의 슬릿을 여는 실험을 해보자. 한 상자의 슬릿을 열면, 경우에 따라 당신은 온전한 원자 하나가 영사막에 도달하는 것을 발견한다. 이 경우에 당신이 나머지 상자의 슬릿을 열면, 아무것도 나오지 않는다. 반대로 만일 당신이 한 상자를 열었는데 영사막에 아무것도 나타나지 않았다면, 당신이 나머지 상자를 열면 확실히 원자 하나가 영사막에 나타날 것이다. 이런 식으로 쌍을 이룬 두 상자를 순차적으로 여는 실험을 함으로써 당신은 어느 상자에 원자가 들어 있었는지 알아낸다. 당신은 온전한 원자가 한 상자에 들어 있었고 다른 상자에는 아무것도 들어 있지 않았음을 증명한다. 원자가 한 상자에 온전히 들어 있었다면, 상자들 사이 간격은 원자의 행동에 영향을 끼치지 않았을 것이다. 실제로 당신은 영사막에 도달한 원자들이 그림7.3에서 보는 단일슬릿 실험의 결과와 마찬가지로 균일하게 분포하는 것을 발견하게 된다.

원자 각각이 온전히 한 상자에 들어 있었음을 더 직접적으로 증명하는 방법이 있다. 그냥 상자 안을 들여다봐서 어느 상자에 원자가 들어 있는지 확인하는 방법이다. 어떤 방법으로 들여다보느냐는 중요하지 않다. 예컨대 당신은 적당한 광선을 상자 안으로 비추면서 원자에서 나오는 섬광을 관찰할 수 있다. 두 번에 한 번꼴로 당신은 들여다본 상자 안에서 온전한 원자를 발견할 것이며, 역시 두 번에 한 번꼴로 상자가 비어 있음을 발견할 것이다. 만일 당신이 들여다본 상자가 비어 있다면, 원자는 반드시 다른 상자에 들어 있을 것이다. 당신이 한 상자에서 원자를 발견한다면, 다른 상자는 비어 있을 것이다. 이런 '어느 상자?' 실험, 또는 '상자 들여다보기' 실험은 원자 각각이 두 상자에 분산되어 있지 않고 한 상자에 집중되어 있음을 보여준다.

그러나 당신은 상자를 들여다보기 전에 간섭실험을 하여 원자 각각과 관련된 무언가가 두 상자 모두에 들어 있음을 확인할 수도 있었다. 요컨대 당신은 원자 각각이 온전히 한 상자에 들어 있음을 증명할 수도 있었고 그렇지 않음을 증명할 수도 있었다. 이 상반된 두 사례 가운데 어느 것을 증명할지는 당신의 선택에 달려 있다.

상반된 두 결과 중 어느 것이라도 증명할 수 있다는 것은 납득하기 어려운 일이다. 좀더 탐구하기를 원하는 독자는 이런 질문을 던지고 싶을지도 모르겠다. "동일한 원자들을 가지고 두 실험을 다 하면 어떻게 될까? 간섭무늬를 얻기 위해 두 상자를 동시에 열면서, 또한 어느 상자에서 원자가 나오는지 관찰하면 어떻게 될까?" 그런 관찰은 실험 전체를 '어느 상자?' 실험으로 만든다. 원자가 어느 상자에 들어 있었는지 알아내기 위한 모든 조치는 원자로 하여금 간섭무늬를 산출하는 규칙을 따르지 못하게 한다.

논리에 밝은 독자는 간섭실험의 결론이 간접증거에 의존한다고 문제를 제기할 수도 있겠다. 그 실험은 한 사실(간섭무늬)을 이용하여 다른 사실(원자 각각이 두 상자 모두에서 나왔다는 것)을 증명한다고 말이다.

하지만 이것은 모든 간섭실험의 공통점이다. 다른 합당한 설명 방법이 없으므로 물리학은 보편적으로 간섭을 널리 퍼진 출렁거림의 증거로 받아들인다. 우리의 사법제도에서와 마찬가지로, 간접증거는 때때로 결론을 확정하여 합리적으로 의심할 수 없게 만든다.

논리적 모순을 낳는 이론은 필연적으로 틀린 이론이다. 원자에 관한 (또한 다른 대상에 관한) 상반된 두 가지 사실 중 어느 것이라도 증명할 수 있으므로, 양자이론은 틀린 이론일까? 아니다. 당신은 정확히 동일한 대상을 가지고 모순을 증명하지 않았다. 당신은 서로 다른 원자들을 가지고 두 가지 실험을 했던 것이다.

양자 불가사의

당신이 상반된 두 결론 중 어느 것이라도 증명할 수 있다는 것을 다음과 같이 설명하는 것이 논리적으로 가능하다. 당신이 간섭실험의 대상으로 선택한 상자 쌍들은 실제로 한 상자에 온전히 들어가지 않고 두 상자에 두루 퍼진 대상들을 담고 있었다. 또 당신이 어느 상자 실험의 대상으로 선택한 상자 쌍들은 응축된 채로 한 상자에 온전히 들어간 대상들을 담고 있었다. 이렇게 설명할 수밖에 없다. 그렇지 않은가?

당신은 이 설명을 물리친다. 왜냐하면 당신은 상자 쌍들이 주어졌을 때 당신이 어느 쪽이라도 선택할 수 있었음을 잘 알기 때문이다. 당신은 어떤 실험을 할지를 자유롭게 선택했다. 당신은 자유의지가 있다. 당신의 선택은 적어도 당신의 몸 바깥의 물리적 상황에 의해, 상자 쌍들 안에 '실제로' 무엇이 있었느냐에 의해 미리 정해지지 않았다.

당신의 자유로운 선택이 외부의 물리적 상황을 결정한 것일까? 아니면, 외부의 물리적 상황이 당신의 선택을 미리 결정한 것일까? 양쪽 다 말이 안 된다. 바로 이것이 미해결로 남아 있는 양자 불가사의다.

중요한 논점은 이것이다. 우리는 우리가 실제로 한 행동이 아닌 다른 행동을 할 수도 있었다고 믿기 때문에 불가사의를 경험한다. 이 같은 선택의 자유를 부정한다면, 우리의 행동이 우리 몸 바깥의 세계와 조화를 이루도록 프로그램되어 있음을 받아들여야 한다. 양자 불가사의는 우리의 의식적인 자유의지 지각에서 비롯된다. 의식과 물리적 세계를 연결하는 이 미스터리는 물리학과 의식의 만남을 분명하게 드러낸다.

역사 창조

명백히 우리의 현재 행동은 미래를 결정한다. 적어도 어느 정도까지는 그렇다. 그러나 또한 명백하게 우리의 현재 행동은 과거를 결정할 수 없다. 과거는 '바꿀 수 없는 역사적 진실'이다. 그렇지 않은가?

당신이 한 상자를 들여다보고 온전한 원자를 발견했다는 것은, 그 원자가 과거에 반투명 거울에 도달한 후에 단일 경로를 거쳐 그 상자에 들어갔음을 의미한다. 그러나 당신이 간섭실험을 선택하면 다른 역사가 확립된다. 즉, 과거에 원자가 반투명 거울에 도달했을 때 원자의 두 측면aspect이 두 경로를 거쳐 두 상자에 들어갔다는 것이 확정된다.

과거 역사 창조는 현재 상황 창조보다 훨씬 더 반직관적이다. 그럼에도 그것은 상자 쌍 실험(또는 이중슬릿 실험과 동치인 임의의 실험)이 함축하는 바이다. 양자이론에서는 임의의 관찰이 그 관찰에 부합하는 역사를 창조한다(우리는 이 사실을 슈뢰딩거의 고양이 이야기에서 극적으로 보게 될 것이다).

1984년, 양자 우주론자 존 휠러John Wheeler는 양자이론의 역사 창조를 직접 검증할 것을 제안했다. 실험자는 일부러 선택을 미뤘다가, 대상이 반투명 거울에서 자신의 다음 행동을(한 경로를 선택할지, 아니면 두 경로를 다 선택할지) '결정'한 다음에 비로소 어떤 실험을 할 것인지 선택할 수도 있다는 것이 제안의 요지였다. 이런 뒤늦은 선택delayed choice 실험을 상자 속의 원자를 가지고 하기는 너무 어려웠을 것이다. 그래서 광자들과 그림7.4와 매우 유사한 거울 배열을 이용한 실험이 이루어졌다. 그 실험에서 평범한 양자 실험의 결과와 동일한 결과가 나온다면, 실험자의 뒤늦은 실험 선택이 정말로 과거 역사를 창조한다는 결론이 내려질 것이었다.

　인간이 의식적으로 실험을 선택하는 데 걸리는 시간은 아마 1초 정도일 것이다. 하지만 광자들은 1초 동안에 30만 킬로미터를 이동한다. 우리는 그렇게 큰 거울 장치를 만들 수 없다. 또 광자가 상자 안에서 이리저리 반사하면서 무려 1초 동안 존속하게 할 수도 없다. 그리하여 실제 실험에서는 난수발생기에 의해 작동하는 초고속 전자 스위치가 실험을 '선택'했다. 가장 엄밀한 실험은 단일 광자 펄스를 신뢰할 만하게 생산하는 기술과 충분히 빠른 전자 스위치가 확보된 2007년에야 이루어졌다. 그 결과 (당연히?) 양자이론의 예측들이 입증되었다. 관찰이 관련 역사를 창조했다. 휠러는 이렇게 말했다. "평범한 시간 순서가 기이하게 역전되었다. …… 이미 지나갔다고 정당하게 말할 수 있는 광자의 과거 역사에 회피할 수 없는 영향이 미쳤다."

실험에서 명백히 드러나는 불가사의

　상자 쌍 실험을 설명하면서, 우리는 당신이 실제로 보게 될 것만 기술했다. 양자이론은 전혀 언급하지 않았다. 이 양자 불가사의를 뉴턴식 결정론의 불가사의와 비교해보라. 논리적 극단까지 밀어붙이면, 뉴턴식 결정론은 자유의지의 가능성을 부정한다. 그러나 이런 뉴턴식 불가사의는 오로지 결정론적인 뉴턴 이론에서만 발생한다. 고전물리학은 우리 몸 안에서 우리의 자유의지가 발생할 수 있다는 믿음을 허무는 실험적 귀결들을 예측하지 않는다.

반면에 양자 불가사의는 실험에서 직접 발생한다. 실험 관찰에서 직접 발생하는 불가사의는 단지 이론에서 발생하는 불가사의보다 무시하기가 더 어렵다.

양자 불가사의가 양자이론에 대해 독립적이라면, 왜 우리는 그것을 '양자 불가사의'라고 부르는 것일까? 왜냐하면 이중슬릿 실험과 같은 이론-중립적 실험들이 양자이론의 토대를 이루기 때문이다. 양자이론은 그 실험들의 결과를, 우리가 선택한 관찰의 결과를 옳게 예측하는 수학적 체계다.

양자이론의 설명

지금까지 불가사의의 실험적 기초를 확립했으니, 이제 양자이론의 설명을 제시하겠다. 우리는 우리의 선택에 따라 상반된 두 상황 중 어느 것에 처한 원자라도 관찰할 수 있다. 그렇다면 양자이론은 우리가 관찰하기 이전에 원자의 상태를 어떻게 기술할까? 양자이론은 세계를 수학을 통해 기술한다. 양자이론의 수학에서, 원자가 상반된 두 상황,

혹은 '상태' 중 어느 쪽으로도 관찰될 수 있을 경우, 전체 물리적 상황의 파동함수는 그 두 상태 각각의 파동함수의 합으로 표현된다. 수학을 배제하고 일상 언어로 설명하자면, 두 상태 중 하나의 파동함수는 '원자가 온전히 위 상자에 있음'이다. 나머지 상태의 파동함수는 '원자가 온전히 아래 상자에 있음'이다. 관찰되지 않은 원자의 파동함수는 '원자가 온전히 위 상자에 있음' 더하기 '원자가 온전히 아래 상자에 있음'이다. 이런 원자의 상태를 두 상태의 '중첩'이라고 한다. 중첩 상태의 원자는 동시에 두 상태에 있다. 관찰자가 상자 안을 들여다보면, 이 합, 곧 중첩 상태는 두 상태 중 하나로 무작위하게 붕괴한다. 그러나 우리가 관찰하기 전에는, 원자는 동시에 두 상자 안에 있다. 동시에 두 장소에 있는 것이다.

관찰은 출렁거림, 확률을 특정한 현실로 붕괴시킨다. 그런데 '관찰'이란 정확히 무엇일까? 관찰은 양자이론 안에서는 결국 설명되지 않는다. 관찰이 무엇이냐는 논란거리다. 실용주의적인 코펜하겐 해석, 즉 물리학의 '정통' 견해(10장에서 더 자세히 논의할 것임)는 미시적 사건이 거시적 측정 장치에 기록되는 것을 모조리 관찰로 간주한다. 더 엄밀하게 말하자면, 미시적 시스템과 거시적 시스템 사이의 상호작용이 간섭실험을 사실상 불가능하게 만들 경우, 그런 상호작용은 모조리 관찰이다. 모든 실용적인 맥락에서 유효한 이 같은 관찰 해석을 모든 물리학자가 받아들이는 것은 아니다. 우리는 이 문제를 일단 제쳐둘 것이다. 그러나 우리는 무엇이 관찰이 아닌가? 라는 질문에 대해서는 모든 물리학자가 동의할 만한 대답을 내놓을 수 있다.

미시적 대상 하나가 다른 미시적 대상과 마주칠 경우, 첫째 대상이 둘째 대상을 '관찰한다'고 할 수 있을까? 그렇지 않다. 한 예로 상자 쌍 실험에서 동시에 두 상자에 들어 있는 원자를 생각해보자. 위 상자(투명한) 속으로 광자 하나를 발사한다고 해보자. 그 상자 안에 원자가 있다면, 광자는 진행 방향이 바뀔 것이다. 반대로 원자가 아래 상자에 들어 있다면, 광자는 곧장 직선으로 위 상자를 통과할 것이다. 이때 광자는 위 상자에 원자가 들어 있는지 여부를 '관찰'하는 것일까? 그렇지 않다. 광자는 원자와 마찬가지로 중첩 상태가 된다. 바꿔 말해서 광자는 원자와 '얽힌다entangled' 꽤 복잡한 간섭실험을 하면, 얽힌 원자-광자 시스템이 처한 상태에서 광자는 원자에 의해 편향되었고 또한 동시에 편향되지 않았음을 실제로 보여줄 수 있다.

편향된 동시에 편향되지 않은 그 광자가 나중에 다른 거시적인 대상, 예컨대 가이거계수기와 마주치면, 간섭실험은 실질적으로 불가능해진다. 이럴 경우 우리는 관찰이 이루어지고 파동함수가 붕괴했다고 간주할 수 있다. 가이거계수기가 반응했는지 확인함으로써 우리는 광자가 원자에 의해 편향되었는지를, 따라서 원자가 위 상자에 들어 있는지를 확실히 알 수 있다.

우리는 양자 불가사의가 양자이론에 대해 중립적인 실험 관찰에서 발생함을 강조했다. 그런데 쉽게 알 수 있듯이, 양자이론에서는 또 다른 불가사의가 발생한다. 양자이론에 따르면, 상자 쌍 실험에서 원자는 중첩 상태에 있고 출렁거림은 두 상자에 똑같이 분배되어 있다. 그러나 상자 안을 들여다보면, 원자는 한 상자에 온전히 들어 있다. 자연에 대한 가장 근본적인 기술인 양자이론은 단지 확률만 알려주는데, 자연은 어떻게 특정 결과, 즉 특정 상자를 선택하는 것일까?

이 질문은 대답되지 않았다. 관찰은 본래적인 무작위성과 결부되어 있다. 우리는 온전히 한 상자에 들어 있는 원자를 관찰하기로 선택할 수 있지만 어느 상자에서 원자가 나타날지는 선택할 수 없다. 우리는 간섭실험을 선택할 수 있지만 허용된 구역들 중 어디에서 원자가 관찰될지는 선택할 수 없다. 우리는 게임을 선택할 수 있지만 게임의 결과는 선택할 수 없다. 파동함수는 무작위하게 붕괴한다(양자역학을 빙자한 사이비과학 미신들은 이런 무작위성을 무시하고 당신의 선택만으로 원하는 특정 결과를 얻을 수 있다는 말을 하기도 한다).

우리는 관찰이 대상의 위치를 창조한다는 것을 보여주었다. 관찰-창조는 다른 모든 속성에도 적용된다. 예컨대 많은 원자들은 남극과 북극을 지닌 미세한 자석과 같다. 그런 원자는 북극이 위를 가리키는 동시에 아래를 가리키는 중첩 상태에 처할 수 있다. 하지만 관찰을 하면, 북극의 방향은 언제나 위이거나 아니면 아래이다.

우리는 지금까지 원자를 거론했지만, 양자이론은 만물에 적용된다고 추정된다. 나중에 우리는 슈뢰딩거가 이 같은 중첩의 논리를 확장하여 도달한, 실질적으로는 불가능하지만 논리적으로는 양자이론과 모순되지 않는, 살아 있는 동시에 죽어 있는 고양이를 다룰 것이다. 무언가가 상반된 두 상태에 동시에 있을 수 있다는 것은 납득하기 어려운 일이다. 나중 장들에서 우리의 혼란은 부분적으로 더 깊어질 것이다. 그러나 모든 혼란이 깊어지지는 않을 것이다. 우리는 지금도 미해결이며 확실한 논쟁거리인 양자 불가사의를 직면했다. 그러나 우리가 기술한 실험 결과들은 논란의 여지가 전혀 없다.

다음 장에서 우리는 이 장에서 논한 내용을 좀더 가벼운 분위기로 다룰 것이다.

8

감추고 싶은 비밀

[양자역학에 대한] 해석은 처음부터 줄곧 논쟁의 불씨였다.
…… 그것은 많은 사려 깊은 물리학자들에게 말하자면 "감추고 싶은 비밀"로 남아 있다.
_ J. M. 야우흐

노벨상 수상자 스티븐 와인버그Steven Weinberg는 자신의 책『최종이론의 꿈』에서 이렇게 말한다. "내가 보기에 오늘날의 물리학 중에 최종이론에서도 변함없이 살아남을 부분은 양자역학이다." 우리 저자들은 양자역학이 궁극적으로 옳다는 와인버그의 직관에 동의한다.

나중 장들에서 중요하게 등장할 인물이며 죽은 사람도 노벨상을 받을 수 있었다면 수상자가 되었을 가능성이 높은 존 벨John Stewart Bell은 이렇게 느꼈다. "양자역학은 다른 것으로 대체될 것이다. …… 양자역학은 자기 파괴의 씨앗을 품고 있다."

벨과 와인버그의 견해가 정말로 다른 것은 아니다. 벨이 염려한 것은 양자역학의 예측에서 오류가 발견되는 것이 아니라 양자역학이 진실의 한 부분에 불과할 가능성이다. 그가 보기에 양자역학은 우리 세계관의 불완전성을 드러낸다. '사물을 보는 새로운 방식은 우리를 놀라게 할 상상의 도약을 포함할' 가능성이 높다고 그는 느꼈다(여담이지만, 벨은 우리가 모두에 인용한 문구의 저자인 야우흐의 강의를 듣고 양자역학의 토대를 탐구할 마음을 먹었다고 밝혔다).

벨과 마찬가지로 우리 저자들은 평범한 물리학을 넘어선 무언가가 발견되리라고 짐작한다. 이런 생각에 모든 물리학자가 동의하지는 않을 것이다. 대부분까지는 아니더라도 많은 물리학자는 양자 불가사의를 가능한 한 축소하려 한다. 그들에게 양자 불가사의는 우리가 어쩔 수 없이 익숙해져야만 하는 어떤 것이다. 양자 불가사의는 '감추고 싶은 비밀'이다.

그러나 불가사의의 존재는 물리학의 소관이 아니다. 본래 의미에서 형이상학의 소관이다('형이상학'은 아리스토텔레스의 저술 중에서 일반적인 철학적 주제들을 다룬다). 쟁점이 형이상학이라면, (논란의 여지가 없는) 실험적 사실들에 대한 일반적인 지식을 갖춘 비물리학자의 견해도 물리학자의 견해와 대등하게 타당할 수 있다.

이 사실을 예증하기 위하여 우리는 정통 물리학자가 합리적이고 마음이 열린 일반인들의 집단에게 (우리가 앞 장에서 기술한) 양자역학의 기본적인 실험적 사실들을 보여주는 상황을 이야기하려 한다. 일반인 집단은 그 사실들을 설명하는 양자이론을 접해본 경험이 없는 사람들로 이루어졌다. 이야기 속 물리학자가 일반인 집단에게 보여주는 바는 넥 아네 폭 방문자가 경험한 바와 유사하다. 넥 아네 폭 주술사의 시연은 실제로는 불가능하지만, 방문자의 당혹감은 실제로 가능한 지금부터의 시연 앞에서 일반인 집단이 느끼는 당혹감과 동일하다. 여러분도 함께 당혹감을 느끼기를 바란다. 우리 저자들은 당혹감을 느낀다. 이것이 양자 불가사의다.

이야기 속 물리학자는 시연을 끝낸 후 양자이론의 표준 설명을 제시한다. 양자물리학 강의를 듣는 학생들은 일반적으로 그 설명에 만족한다. 시험에 나올 계산 문제들에 관심이 쏠리다보니 그 문제들의 의미에 대해서는 관심이 덜하기 때문이다. 반면에 이야기 속 일반인 집단은 의미에 관심을 기울인다. 양자 불가사의를 논하는 동안, 우리 저자들은 일반인 집단의 태도를 취할 것이다. 여러분도 그러기를 바란다.

우리의 물리학자가 이용할 '장치'는 실제 실험장치를 어설프게 흉내낸 것이다. 그러나 그가 보여주는 양자적 현상들은 작은 대상들에서 잘 확인된 것들이다. 그 현상들은 오늘날 점점 더 큰 대상들에서 확인되고 있다. 지금은 중간 크기의 단백질이나 심지어 바이러스를 이용한 실험들이 진행되는 중이다. 양자이론은 대상의 크기를 제한하지 않는다. 양자적 현상을 나타내는 대상의 크기는 기술과 자금에 의해서만 제한되는 듯하다.

우리는 완전히 일반적인 상황을 상정하여 그냥 '대상'을 가지고 실험을 한다고 이야기할 수도 있다. 그러나 그렇게 하면 이야기가 막연해질 것이다. 대상을 작은 녹색 구슬로 설정하면 안 될 이유가 없다. 이야기 속 실험은 실제로 '작은 녹색 구슬'을 대상으로 삼아 실행 가능하다. 단, 그 구슬이 아주 작아서 이를테면 커다란 분자들과 비슷한 크기라면 말이다. 그러므로 우리는 '구슬'을 가지고 하는 실험을 이야기할 것이다.

* * *

🙇 물리학자가 일반인 집단을 친절하게 맞이하면서 말한다.

"저는 여러분에게 '관찰'의 기이한 역할을 보여주고 그에 대한 양자이론의 설명을 들려주라는 요청을 받았습니다. 우리 물리학자들은 때로는 이 기이한 현상을 언급하기를 꺼립니다. 왜냐하면 그런 언급을 들으면, 물리학과 신비주의가 비슷하다는 생각이 들 수 있기 때문이죠. 하지만 여러분은 합리적이고 마음이 열려 있기 때문에 그럴 염려는 없다고 확신합니다. 이제부터 여러분에게 정말로 신기한 것을 보여드리겠습니다."

물리학자가 하는 첫 실험은 넥 아네 폭 방문자의 다음 질문을 연상시킨다. "남녀가 어느 오두막에 있습니까?" 방문자는 항상 적합한 대답을 얻었다. 즉, 남녀가 함께 한 오두막에 있는 것을 보았다.

🙇 물리학자가 둘씩 쌍을 이룬 여러 상자들을 가리킨다. 이제 커다란 통 모양의 장치로 각 상자 쌍에 구슬 하나를 집어넣을 것이라고 예고한다.

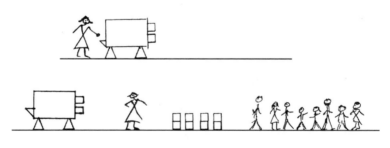

그림8.1

"이 장치가 정확히 어떻게 작동하느냐는 이 실험에서 전혀 중요하지 않습니다."

그가 말한다. 일반인 집단은 그의 말에 동의한다. 일반인들은 물리학자가 장치의 오른쪽 끝에 상자 쌍을 장착하고 왼쪽 투입구로 작은 구슬을 집어넣은 다음에 상자 쌍을 분리하는 것을 본다. 물리학자는 같은 절차를 반복하여 상자 쌍 이삼십 개를 준비해 놓는다.

이야기 속 일반인 집단과 달리 여러분은 이미 양자이론을 접했다. 그러므로 우리는 물리학자의 장치가 '구슬'의 출렁거림을 양분하여 상자 각각에 집어넣는 거울 장치를 포함한다는 언급을 해두겠다.

🏃 "저의 첫 실험은……" 물리학자가 설명한다. "……쌍을 이룬 두 상자 중 어디에 구슬이 들어 있는지 알아내는 것입니다."

상자 쌍 하나를 가리키면서, 열심히 지켜보는 한 젊은이에게 요청한다.

"이 상자들 각각을 열고 어느 상자에 구슬이 들어 있는지 봐주시겠습니까?"

요청을 받은 젊은이가 첫 번째 상자를 열고 큰 소리로 말한다.

"여기 있네요."

🏃 "다른 상자가 텅 비었는지도 확인해 주십시오."

물리학자가 요청한다. 젊은이가 다른 상자 안을 꼼꼼히 살펴보고 나서 자신있게 말한다.

"이 상자는 텅 비었어요. 아무것도 없습니다."

젊은이가 상자들을 다 검사하고 나자 물리학자는 다른 상자 쌍을 지목하면서 젊은 여자에게 어느 상자에 구슬이 들어 있는지 검사해줄 것을 요청한다. 여자가 첫 번째 상자를 열어보고 말한다.

"여기는 비었어요. 구슬은 틀림없이 다른 상자에 있겠군요."

그녀는 다른 상자를 검사하고, 정말로 거기에서 구슬을 발견한다.

물리학자는 이런 검사 절차를 여러 번 반복한다. 구슬은 무작위하게 나타난다. 때로는 첫째 상자에서, 때로는 둘째 상자에서 나타난다. 얼마 지나지 않아 물리학자는 일반인들이 한눈을 팔고 잡담을 하는 것을 알아챘다. 한 남자가 곁에 있는 여자에게 이렇게 말하는 것이 들린다.

"아니, 신기한 것을 보여준다더니, 대체 뭘 하는 거지?"

🏃 직접 그를 향해서 던진 질문은 아니지만, 물리학자가 대답한다.

"지루하셨다면, 사과하겠습니다. 저는 다만 다음을 확실히 보여드리려고 했습니다. 어느 상자에 구슬이 들어 있는지 알아내려고 상자들을 검사하면, 우리는 두 상자 중 하나에 온전한 구슬이 들어 있고 나머지 하나는 텅 비어 있는 것을 보게 됩니다. 지루하시더라도 조금만 더 참아주십시오. 이제부터는, 어느 상자에 구슬이 들어 있는지 알아내는 방법은 중요하지 않다는 것을 보여드리고자 합니다. 그걸 알아내는 또 다른 방법을 말씀드리죠."

물리학자가 상자 쌍 하나를 끈끈한 영사막 앞에 놓고 한 상자를 연다. 빠르게 움직이는 구슬을 볼 수는 없지만, 구슬이 영사막에 부딪힐 때 '툭' 하는 소리가 난다. 구슬은 영사막에 달라붙었다.

"아하, 구슬이 첫째 상자에 들어 있었군요."

물리학자가 말한다.

"따라서 제가 둘째 상자를 열면, 구슬이 영사막에 부딪히지 않을 것입니다."

"당연하지."

일반인 집단의 뒤쪽에서 누군가가 중얼거린다. 사람들의 관심을 다시 끌어 모으기 힘든 상황이 되었지만, 물리학자는 다음 상자 쌍들을 가지고 같은 실험을 반복한다.

물리학자가 첫째 상자를 열었을 때 구슬이 영사막에 부딪힐 경우, 둘째 상자를 열면 아무것도 나타나지 않는다. 첫째 상자를 열었을 때 구슬이 나타나지 않을 경우, 구슬은 항상 둘째 상자를 열었을 때

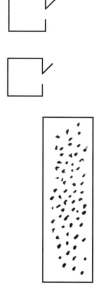

그림8.2 두 상자를 차례로 열었을 때, 영사막에 붙은 구슬의 분포

나타난다. 영사막에 달라붙은 구슬은 점점 더 많아진다. 구슬들의 분포는 대체로 균일하다.

"자, 보십시오." 물리학자가 말한다. "이 결과 역시 한 상자에 구슬이 들어 있고 다른 상자는 비어 있다는 것을 보여줍니다."

"물론 그렇습니다만, 대체 뭐가 신기하단 말이오?"

누군가 투덜거린다.

"구슬의 위치를 알아내는 방법은 당연히 중요하지 않아요. 저 장치는 구슬 하나를 두 상자 중 한 곳에 집어넣습니다. 대체 뭐가 신기합니

까?"

여러 사람이 고개를 끄덕여 동의를 표한다. 괄괄한 여자가 외친다.

"옳소!"

🏃 "사실은……"

물리학자가 더듬더듬 말한다.

"제가 보여드리려는 신기한 것이 뭐냐 하면, 저분이 방금 하신 말씀이 옳지 않다는 것입니다. 먼저 제가 또 다른 실험을 할 테니 지켜봐 주십시오."

물리학자의 다음 실험은 넥 아네 폭 방문자의 다음 질문을 연상시킨다. "남자는 어느 오두막에 있고, 여자는 어느 오두막에 있습니까?" 방문자는 항상 적합한 대답을 얻었다. 즉, 남녀가 두 오두막에 흩어져 있는 것을 보았다.

일반인 집단이 흥분을 가라앉히고 새 실험을 얌전히 지켜본다.

🏃 물리학자가 새 상자 쌍들을 끈끈한 영사막 앞에 놓고 설명한다.

"아까 한 실험과 달리 이번에는 상자 두 개를 거의 동시에 연다는 점이 중요합니다."

물리학자가 상자 두 개를 동시에 열자 구슬이 영사막에 부딪히는 소리가 난다. 물리학자는 열린 상자 쌍을 치우고 새 상자 쌍을 똑같은 위치에 놓고 다시 두 상자를 한꺼번에 연다. 또 한번 '툭' 소리가 난다.

물리학자가 상자 쌍을 동시에 여는 일을 계속 반복하자, 영사막에 붙은 구슬이 점점 더 많아진다. 빨간 셔츠를 입은 남자가 심드렁하게 말한다.

"이 실험은 아까 한 실험보다 더 시시하
군요. 상자 두 개를 동시에 여니까, 구슬이
어느 상자에서 나오는지도 모르지 않소."

이 말을 곰곰이 따져볼 겨를도 없이, 앞쪽에
서 침묵하던 여자가 말한다.

"영사막에 붙은 구슬들이 어떤 무늬를 이
룬 것 같아요."

그러자 다들 유심히 영사막을 바라본다. 더
많은 구슬이 영사막에 붙자, 무늬가 뚜렷해진
다. 구슬들은 특정 구역에만 도달한다. 다른 위
치에는 구슬이 도달하지 않는다. 구슬 각각은
어떤 규칙에 따라서 도달할 곳을 고른다. 가장
먼저 무늬를 알아본 여자가 어리둥절한 듯한 표
정으로 묻는다.

그림8.3 두 상자를 동시에 열었을
때, 영사막에 붙은 구슬의 분포

"쌍을 이룬 상자들을 차례로 여는 실험에
서는 구슬들이 영사막에 고르게 분포했어요. 그런데 지금은 달라요.
구슬이 들어 있는 상자와 비어 있는 상자를 함께 연다고 해서 구슬이
도달하는 자리가 바뀔 리는 없을 텐데, 어떻게 이런 일이 일어나는 거
죠?"

물리학자가 기뻐하면서 대답한다.

"아주 훌륭한 지적입니다. 정말로 비어 있는 상자를 함께 연다면, 결
과가 달라질 리 없죠. 하지만 구슬이 한 상자에 들어 있었고 다른 상자

는 비어 있었다는 말이 틀렸습니다. 모든 구슬 각각은 쌍을 이룬 상자 두 개에 동시에 들어 있었습니다."

여러 사람이 미심쩍은 표정을 짓자 물리학자가 힘주어 말한다.

"믿기 어렵다는 것을 저도 잘 압니다. 하지만 제 말이 옳다는 것을 확실히 보여주는 방법이 있습니다. 시간이 조금 오래 걸려서 흠이기는 하지만요."

일반인들이 긴장을 풀고 잡담을 하는 동안, 물리학자와 대학원생 조수가 상자 쌍들의 집합 세 개를 준비한다. 각 집합에 속한 상자 쌍은 십여 개다. 이제 사람들의 관심을 다시 모은 물리학자가 상자 쌍 동시에 열기 실험을 다시 한다. 하지만 이번에는 두 상자 사이의 간격을 상자 쌍 집합마다 다르게 하면서 세 집합을 가지고 실험을 한다.

"보시다시피 상자들 사이 간격이 멀어지면 무늬의 간격은 좁아집니다. 구슬 각각이 어떤 규칙을 따르고, 그 규칙은 구슬이 도달해도 되는 자리를 지정해주지요. 그런데 그 규칙이 상자 쌍 사이 간격에 따라 달라집니다. 요컨대 구슬 각각이 그 간격을 '아는' 것이지요. 결론적으로 구슬 각각은 두 상자를 모두 점유하고 있었습니다."

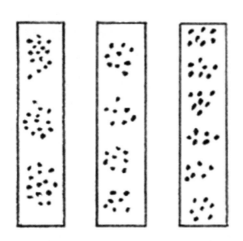

그림8.4 상자 쌍을 동시에 열었을 때 영사막에 붙은 구슬의 분포. 두 상자 사이 간격을 바꾸면서 세 번 실험한 결과.

그림8.5 찰스 애덤스 드로잉

"잠깐만요." 한 아이가 외친다. "구슬 하나가 동시에 두 곳에 있었다는 거예요? 구슬 하나가 두 상자에서 나왔다는 말씀? 에이, 바보 같아!"

"그래……." 물리학자가 대답한다. "바보 같아도 어쩔 수 없단다, 꼬마야. 구슬은 동시에 두 곳에 있었어. 두 상자 안에 있었지. 우리의 직관과 상관없이 자연이 해주는 말을 받아들이는 것이 과학의 태도란다. 구슬 하나가 두 상자에서 나온다는 말이 어리석게 들릴 수도 있겠지만, 우리가 얻은 실험 결과들을 볼 때 다른 해석의 가능성은 거의 없단다."

그림8.6

사람들은 한동안 침묵한다. 그러나 1분쯤 지나자 빨간 셔츠의 남자가 말문을 연다.

"다른 해석이 있어요. 자명한 해석이죠. 첫 번째 실험, 그러니까 상자들을 차례로 여는 실험에서 우리는 상자 쌍 중에 하나가 텅 비어 있는 것을 보았어요. 그런데 당신이 방금 말했듯이, 이 상자 쌍들에서는 구슬이 쪼개져 있었어요. 그래서 구슬과 관련된 무언가가 두 상자 모두에 들어 있었지요. 그러니까 이 상자 쌍들은 애초부터 첫 번째 실험에 쓰인 상자 쌍들과 달랐던 거예요."

물리학자가 뒷짐을 지고 뜸을 들이다가 대꾸한다.

"그럴듯한 가설이군요. 하지만 모든 상자 쌍들은 실제로 똑같이 준비된 것들이었습니다. 지금부터 제가 세 번째 실험을 준비하죠. 이 실험을 보시면, 상자 쌍들의 원래 상태가 달라서 이런 결과가 나오는 것이 아님을 알게 되실 겁니다."

이 세 번째 실험은 넥 아네 폭 방문자가 두 질문 중 하나를 마음대로 선택해서 던지던 상황과 유사하다. 그는 남녀가 한 오두막에 있음을 증명할 수도 있었고 각각 다른 오두막에 있음을 보여줄 수도 있었다. 이 사실은 그를 당황하게 만들었다.

관객들이 커피를 마시며 쉬는 동안, 물리학자와 조수는 상자 쌍 여러 개를 준비해서 쌓아놓는다. 관객들이 다시 모여든다. 궁금증이 생긴 한 남자가 묻는다.

"방금 우리끼리 당신의 말에 대해서 이야기했는데, 적어도 몇 사람은 뭔가 이상하다고 지적했소. 그 사람들은 당신이 각 쌍에서 상자 하나는 비어 있다는 것을 보여주겠다고 한 걸로 아는데, 나중에 당신은 어느 상자도 비어 있지 않다고 주장했소. 상자 하나가 비어 있다는 것과 어느 상자도 비어 있지 않다는 것은 상반된 상황이오. 그러니까 그 사람들이 뭔가 잘못 이해한 듯하오. 그렇지요?"

🐢 "글쎄요, 그분들이 오해한 것은 없는 듯합니다. 당신은 이 상자 쌍들로 어떤 상황을 증명하고 싶습니까?"

남자가 의외의 반응에 약간 놀라 머뭇거리자, 옆에 있던 여자가 재빨리 나선다.

"좋아요. 각 상자 쌍에서 상자 하나가 비어 있다는 것을 보여주세요."

물리학자가 첫 번째 실험을 다시 한다. 그는 쌍을 이룬 상자들을 차례로 여는 작업을 상자 쌍 12개에 대해서 반복한다. 매번 구슬이 한 상자에서 나타나고 나머지 상자는 비어 있음이 드러난다. 물리학자가 말한다.

"제가 장담하는데, 빈 상자들을 어떻게 검사하든지 간에 그 안에서는 아무것도 발견되지 않을 것입니다."

협조적인 남자 하나가 다른 상자 쌍들을 가리키면서 묻는다.

"이제 저 상자들을 가지고 각 상자 쌍에서 어느 상자도 비어 있지 않다는 것을 보여줄 수 있습니까?"

☗ "예, 할 수 있습니다."

물리학자가 대답한다. 그는 쌍을 이룬 상자 두 개를 동시에 여는 작업을 상자 쌍 12개에 대해서 반복한다. 즉, 두 번째 실험을 다시 한다. 구슬 각각이 두 상자 모두를 점유했던 것이 틀림없음이 증명된다.

물리학자는 이렇게 분명히 상반된 두 상황 중 하나를 일반인이 선택하는 대로 증명하는 일을 여러 번 반복한다. 앞쪽에 있던 한 남자가 증명 도중에 벌떡 일어나 퉁명스럽게 말한다.

"솔직히 당신의 말이 증명이 되는 것 같기는 해요. 하지만 이건 앞뒤가 안 맞아요. 논리적으로 일관성이 없다니까요. …… 아, 미안합니다. 방해할 생각은 없었어요."

☗ "아뇨, 괜찮습니다." 물리학자가 그를 안심시킨다. "방금 중요한 지적을 하셨습니다."

그러자 남자가 말을 잇는다.

"당신은 쌍을 이룬 상자 각각에 적어도 구슬과 관련된 무언가가 들어 있음을 보여주려고 해요. 그러면서 또 쌍을 이룬 상자 하나가 텅 비어 있다는 것도 보여주려고 하죠. 이건 논리적으로 앞뒤가 안 맞잖아요."

😣 "당신의 지적이 옳을 수도 있습니다." 물리학자가 대답한다. "만약에 제가 똑같은 상자 쌍들을 가지고 그 두 가지 결과를 증명했다면 말이에요. 하지만 저는 서로 다른 상자 쌍 집합 두 개를 가지고 그 결과들을 증명했습니다. 그러니까 논리적인 비일관성은 없지요."

한 여자가 반발한다.

"그렇지만 한 상황을 증명하는 데 사용한 상자 쌍 집합으로 다른 상황을 증명할 수도 있었잖아요. 만약에 우리가 그렇게 하라고 요구했다면, 당신은 다른 상황을 증명했을 거예요."

😣 "하지만 여러분은 그런 요구를 하지 않았어요." 물리학자가 너무 태연하다 싶게 대답한다. "실행하지 않은 실험에 관한 예측은 검증할 수 없습니다. 그러므로 논리적으로 볼 때 그런 예측에 대해서 설명할 필요는 없지요."

"에이, 말도 안 돼. 어물쩍 넘어가려고 하지 말아요." 맨 처음에 반론을 제기했던 남자가 받아친다. "우리는 의식을 지닌 인간이에요. 자유의지가 있다고요. 우리는 다른 선택을 할 수도 있었어요."

😣 물리학자가 잠시 머뭇거린다.

"의식과 자유의지는 철학에서 정말 중요한 문제들이죠. 이 문제들이 양자역학에서도 등장한다는 점을 인정합니다. 하지만 우리 대부분, 그러니까 물리학자 대부분은 이 문제들에 대한 논의를 꺼립니다."

앞서 질문을 던졌던 남자가 불만을 토로한다.

"알겠어요. 하지만 우리가 들여다보기 전에, 상자 하나는 정말로 구슬을 담고 있었거나 아니면 비어 있었어요. 당신도 동의하겠죠? 당신네 물리학자들은 물리적으로 실재하는 세계를 믿잖아요. 안 그래요?" 그는 굳이 하지 않아도 되는 질문을 했다고 느끼면서 '물론 믿고 말고요.'라는 대답을 예상한다.

👤 그러나 물리학자는 또 한 번 주저하다가 알쏭달쏭한 대답을 한다.

"우리가 들여다보기 전에 존재했던 그것, 그러니까 당신이 '물리적으로 실재하는 세계'라고 부른 그것 역시 물리학자 대부분이 철학자에게 떠넘기고 싶어하는 논제입니다. 모든 실용적인 맥락에서 우리는 우리가 실제로 들여다볼 때 보게 되는 것 외에는 다룰 필요가 없어요."

"당신은 지금 말도 안 되는 소리를 하고 있어요." 남자가 외친다. "우리가 무언가를 들여다보는 방식에 의해서 과거에 존재했던 것이 창조된다고 이야기하고 있어요."

거의 모두가 고개를 끄덕여 동의를 표한다. 나머지 소수는 그저 어리둥절한 표정이다.

👤 "진정하세요. 저는 신기한 것을 보여드리겠다고 약속했습니다. 그리고 보여드렸어요. 그렇지 않습니까?" 몇 사람이 고개를 끄덕이고 더 많은 사람이 인상을 찌푸리는 것을 보며 물리학자가 말을 잇는다. "세계는 과거에 우리가 상상했던 것보다 더 기이합니다. 어쩌면 우리의 상상을 초월할 정도로 기이하죠. 이 사실을 받아들여야 합니다."

"잠깐만요!" 이제껏 침묵하던 여자가 단호하게 말한다. "당신의 실험에서 불거진 문제들을 회피하지 말아요. 반드시 설명이 되어야 해요. 이를테면 구슬 각각이 두 상자 모두에 들어 있었던 것이 아니라 우리가 탐지할 수 없는 모종의 레이더를 갖추고 있어서 상자 사이 간격을 알아낸 것일 수도 있어요."

☃ "'우리가 탐지할 수 없는' 무엇이 있을 가능성은 물론 배제할 수 없겠죠." 물리학자가 인정한다. "그러나 무언가를 설명하기 위해서 이론을 발명했는데, 그 이론에서 다른 검증 가능한 귀결들을 끌어낼 수 없다면, 그것은 과학적인 이론이 아닙니다. 방금 말씀하신 '우리가 탐지할 수 없는 레이더' 이론은 유용하지만, 보이지 않는 요정이 구슬을 타고 앉아서 구슬의 운동을 조종한다는 생각도 그에 못지않게 유용하지요."

레이더 이론을 제기한 여자가 얼굴을 붉히는 것을 보고 물리학자가 사과한다.

"미안합니다. 제 말이 조금 지나쳤습니다. 방금 제기하신 것 같은 생각들은 검증 가능한 이론의 발판으로 유용할 수 있습니다."

"아, 괜찮아요. 난 아무렇지도 않아요."

☃ "실은 제가 보여드린 모든 것을 설명하는 이론이 벌써 있었습니다." 물리학자가 말을 잇는다. "그 이론은 다른 많은 것들도 설명하죠. 바로 양자이론입니다. 양자이론은 물리학과 화학 전체와 현대 기술 대부분의 기초예요. 심지어 빅뱅 이론도 양자이론을 기초로 삼지요."

"그럼 왜 당신은 이 실험들을 양자이론으로 설명하지 않은 거죠?" 턱을 괴고 앉은 여자가 묻는다.

"그렇게 할 수도 있었지만……" 물리학자가 대답한다. "한 가지 강조하고 싶은 것이 있어서 그렇게 하지 않았습니다. 저는 신기한 것을 보여드렸어요. 다름 아니라, 구슬의 물리적 상태가 여러분의 자유로운 실험 선택에 따라 달라진다는 것을 보여드렸죠. 그런데 이 신기한 것은 실험적인 사실들에서 곧바로 발생합니다. 저는 이 중요한 사실을 강조하고 싶었어요. 양자 실험에서는 불가사의가 발생합니다. 그러니까 한낱 이론적인 불가사의가 아닙니다. 여러분도 지금까지 지켜보셔서 잘 아시리라 믿습니다. 그러니까 이제는 양자이론에 대해 설명해도 좋을 것 같네요."

"제 장치는……" 물리학자가 말을 잇는다. "각 상자 쌍에 구슬 하나를 집어넣습니다. 하지만 구슬을 상자 하나에 집어넣지는 않습니다. 양자 이론에 따르면, 당신이 관찰하기 전에는, 구슬은 이른바 '중첩 상태'로 두 상자 모두에 들어 있어요. 그런데 구슬이 특정 상자에 들어 있음을 당신이 알게 되면, 구슬은 온전히 그 상자에 들어 있게 되지요. 설령 당신이 한 상자가 비어 있다는 것만 발견하고 구슬은 전혀 못 보더라도, 이를 통해 당신은 다른 상자에 구슬이 들어 있음을 알게 될 테고, 그러면 구슬은 온전히 그 다른 상자에 들어 있게 돼요. 당신이 어떤 방식으로 구슬의 소재를 알아내든지, 하여튼 알아낸다는 것만이 중요하다는 겁니다."

일반인 집단은 합리적이고 마음이 열린 사람들이므로 예절 바르게 경청한다. 그러나 물리학자의 말을 쉽게 받아들이는 사람은 없다.

한 남자가 불쑥 말한다.

"그러니까 우리가 상자 하나를 들여다보고 거기에서 구슬을 발견하기 전에는 구슬이 거기에 없었는데, 우리가 들여다보았기 때문에 상자 안에서 구슬이 창조되었다는 말이에요? 이렇게 터무니없을 수가……."

"잠깐 기다려요. 나는 저분 말씀을 이해할 것 같아요." 남자 옆에 앉은 여자가 말한다. "나는 양자역학에 관한 책을 읽은 적이 있어요. 내가 보기에 저분은 구슬의 파동함수가 두 상자 모두에 들어 있었다고 이야기하는

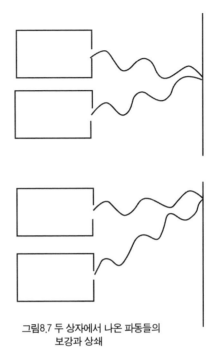

그림8.7 두 상자에서 나온 파동들의
보강과 상쇄

거예요. 파동함수는 구슬이 어딘가에 있을 확률이죠. 물론 실제 구슬은 두 상자 중 하나에 들어 있었고요."

🏃 "처음 말씀하신 내용은 옳습니다." 물리학자가 미소지으며 말한다. "상자 각각에 구슬의 파동함수가 절반씩 들어 있었던 것은 맞아요. 상자 안에서 구슬을 발견할 확률은 상자에 들어 있는 파동함수의 출렁거림과 같고요. 하지만 구슬의 파동함수 외에 '실제 구슬'이 따로 있는 것은 아닙니다. 물리학자가 기술하는 것은 오로지 파동함수뿐이에요. 그러니까 파동함수가 유일한 물리적 대상인 거죠."

사람들은 인상을 찌푸리기도 하고 멍하니 하늘을 쳐다보기도 한다. 물리학

자는 그들이 열린 마음을 가졌다고 자부하는 사람들이어서 기쁘다.

"제가 두 상자를 동시에 열었을 때 형성된 무늬를 양자이론이 어떻게 설명하는지 말씀드리겠습니다." 물리학자가 말을 잇는다. "두 상자 각각에 들어 있던 파동함수들은 널리 퍼져서 탐지막에 도달합니다."

물리학자가 설명에 곁들여 양손으로 물결이 출렁거리는 모양을 흉내 낸다.

"파동함수의 두 부분이 파동의 형태로 두 상자에서 나와 탐지막에 도달하는 거죠. 그러면 탐지막의 몇몇 지점에서는 한 상자에서 나온 파동의 마루들이 다른 상자에서 나온 파동의 마루들과 겹쳐요. 따라서 두 파동이 보강되죠.

그런 지점에서는 큰 출렁거림이 생겨나요. 구슬을 발견할 확률이 커지는 셈이죠. 반면에 탐지막의 다른 지점들에서는 한 상자에서 나온 파동의 마루들과 다른 상자에서 나온 파동의 골들이 겹쳐요. 따라서 두 파동이 상쇄되죠. 그런 지점에서는 출렁거림이 0이 돼요. 구슬을 발견할 확률이 0이 되는 셈이죠. 이런 보강과 상쇄를 일컬어 '간섭'이라고 해요. 우리가 본 무늬를 '간섭무늬'라고 하는데, 그 무늬는 간섭 때문에 생기는 거예요."

물리학자는 자신의 설명에 만족하면서 손가락을 입술에 대고 미소를 짓는다. 신중한 인상의 여자가 느릿느릿 말한다.

"당신이 파동함수라고 부르는 그 파동들이 어떻게 무늬를 만들어내는지는 알겠어요. 사실 간섭무늬는 물결에서도 볼 수 있죠. 하지만 확률은 항상 무언가의 확률이어야 해요. 파동의 출렁거림이 어딘가에 실제로 있는 구슬의 확률이 아니라면 도대체 무엇의 확률이죠?"

👤 "특정 위치에서의 구슬의 파동함수는 당신이 거기에서 구슬을 발견할 확률을 알려줍니다." 물리학자가 또박또박 힘주어 말한다. "당신이 거기에서 구슬을 발견하기 전에는, 거기에 실제 구슬은 없습니다."

"쉽게 납득할 수 없는 이야기라는 것을 저도 압니다." 물리학자가 부드러운 어투로 말을 잇는다. "다르게 설명해 볼까요. 구슬 하나의 파동함수가 두 상자에 절반씩 들어 있다고 해봅시다. 당신이 한 상자를 들여다보면, 당신은 구슬이 어디에 있는지 알게 됩니다. 그러면 한 상자에서 구슬을 발견할 확률은 1이 되고 다른 상자에서의 확률은 0이 됩니다. 출렁거림이 완전히 붕괴해서 한 상자 안으로 들어가는 것이지요. 이렇게 당신의 관찰은 집중된 출렁거림을 창조하고, 당신이 말하는 실제 구슬은 바로 그 집중된 출렁거림이에요. 그러나 우리가 간섭무늬를 볼 수 있다는 사실은 우리가 들여다보기 전에 실제 구슬이 한 상자에 들어 있지 않았음을 말해 줍니다."

"잠깐 기다려요!" 이따금씩 도리질하던 남자가 말한다. "당신이 다른 설명을 했으니 나도 다르게 말하겠소. 만일 내가 특정 장소에서 무언가를 관찰함으로써 거기에서 그것을 창조한다는 것이 양자이론의 설명이라면, 양자이론은 어처구니없는 이론이오!"

👤 "혹시 '충격적인' 이론이라고 말씀하시고 싶은가요?" 물리학자가 대꾸한다. "양자이론의 창시자 중 한 명인 닐스 보어가 이런 말을 했어요. '양자역학에 충격을 받지 않은 사람은 양자역학을 이해하지 못한 사람이다.' 그렇지만 양자이론의 예측은 이제껏 틀린 적이 없습니다. 당신도 동의하겠지만, 과학 이론이 갖춰야 할 조건은 일관되게

옳은 예측을 내놓는 것뿐이에요. 이것이 갈릴레오 이래로 과학의 방법입니다. 우리의 직관과 일치하느냐를 가지고 과학 이론의 타당성을 판정하면 안 됩니다."

이 대목에서 또 다른 남자가 더는 참을 수 없다는 듯이 끼어든다.

"관찰되지 않은 대상은 그저 확률일 뿐이라는 건가요? 우리가 관찰하기 전에는 어떤 것도 실재하지 않는다는 뜻인가요? 그렇다면 당신은 우리가 꿈을 꾸고 있다고 말하는 거로군요. 당신은 우리에게 어리석은 유아론을 강요하고 있어요."

"글쎄요⋯⋯." 물리학자가 차분하게 대꾸한다. "그렇게 심각하지는 않습니다. 우리가 일상에서 다루는 큰 물체들은 전적으로 실재합니다. 관찰에 의한 창조를 증명하려면 간섭실험과 같은 유형의 실험을 해야 한다는 점을 잊지 마세요. 그런데 큰 물체들을 가지고 간섭실험을 하는 것은 실질적으로 불가능합니다. 우리가 사용한 구슬들은 아주 작지요. 요컨대 모든 실용적인 맥락에서 볼 때 유아론을 걱정하실 필요는 없습니다."

불만으로 가득 찬 남자가 혼자서 분을 삭이는 동안, 또 다른 남자가 머뭇거리며 손을 들고 말한다.

"작은 물체들이 실재하지 않는다면, 어떻게 큰 물체들이 실재할 수 있죠? 따지고 보면, 큰 물체는 작은 물체들의 집합체에 불과하잖아요. 물 분자는 산소 원자 하나와 수소 원자 두 개로 이루어졌고, 얼음 덩어리는 물 분자들의 집합체고, 빙하는 단지 커다란 얼음 덩어리일 뿐이에요. 우리가 바라보면, 빙하가 창조됩니까?"

☖ 물리학자가 눈에 띄게 초조한 기색으로 말한다.

"그건, 어떤 의미에서…… 그러니까 그건 상당히 복잡한 문제인데…… 아무튼 제가 말씀드린 대로 모든 실용적인 맥락에서 아무 문제도 없습니다."

그때 관객 하나가 동의한다는 표정을 짓자 물리학자가 미소를 지으면서 그 관객의 발언을 유도한다. 그 관객이 중재자로 나서서 말한다.

"제 생각에 당신은 '우리가 우리 자신의 실재를 창조한다'는 이야기를 하려는 것 같아요. 때때로 저는 제가 저 나름의 실재를 창조한다고 느끼거든요."

☖ "아, 그래요. 그 말씀에 동의할 수 있어요." 물리학자가 고개를 끄덕인다. "하지만 방금 말씀하신 '실재'는 제가 생각하는 실재와 다릅니다. '내가 나 자신의 실재를 창조한다'라고 할 때의 실재는 주관적 실재입니다. 이 말은 내가 나의 개인적인 지각과 사회적 상황에 대한 책임을 인정한다는 뜻이지요. 적어도 대충 그런 뜻일 거예요. 반면에 우리가 지금 논하는 실재는 객관적 실재, 물리적 실재입니다. 관찰은 객관적인 상황, 누구에게나 동일한 상황을 창조해요. 당신이 상자를 들여다보고 구슬의 파동함수가 특정 상자 안으로 붕괴한 다음에는 누구라도 그 상자 안에서 구슬을 발견하게 됩니다. 물론 당신이 들여다보기 전에는 상황이 달랐어요. 그때 우리는 구슬이 그 상자에 온전히 들어 있지 않음을 증명할 수도 있었죠. 당신이 들여다보는 순간, 객관적인 상황이 바뀝니다."

혼자서 분을 삭이던 남자가 약간 지나치다 싶게 큰 목소리로 말한다.

"당신이 말하는 실재 창조는 헛소리예요! 당신의 양자이론은 완벽하게 유효할지 몰라도 확실히 불합리하다고요! 당신네 물리학자들이 이런 불합리한 이론을 믿는 것을 아무도 말리지 않는단 말이오?"

👤 "예, 말리는 사람은 없는 것 같군요." 물리학자가 대답한다. "그래서 당신네가 하고 싶은 대로 거침없이 하는 거로군요."

👤 "글쎄요. 우리는 대개 이런 난감한 문제들을 꼭꼭 숨깁니다."

* * *

우리 저자들은 여러분이 이야기 속 일반인 집단처럼 합리적이고 마음이 열려 있다고 믿는다. 우리도 열린 마음으로 진실을 이해하려고 애쓸 때만큼은 일반인 집단과 다를 바 없다. 혼란을 느낄 때 최선의 대응은 앞으로 돌아가 상자 쌍 실험에서 드러나는 이론 중립적 사실들을 다시 숙고하는 것이다.

10장에서 코펜하겐 해석을 다룰 때 우리는 고민을 그치고 양자역학을 (적어도 실용주의적인 마음가짐으로) 사랑하는 법을 배우게 될 것이다.

9

우리 경제의 3분의 1

양자이론 개발은 '지난 세기의 가장 위대한 지적 성취'라고 캘리포니아
공과대학의 물리학자 존 프레스킬은 말한다.
양자이론은 레이저부터 MRI까지 오늘날 쓰이는 수많은 장치의 바탕에
깔린 원리다. 더구나 양자이론은 훨씬 더 많은 결실을 가져올 가능성이
있다. 많은 과학자들은 양자 세계의 기이한 속성에 기초한 혁명적인 기
술들이 등장하리라고 예상한다.
_『비즈니스 위크』 2004년 3월15일

우리는 교양과정으로 개설한 (그러나 물리학 전공자 몇 명도 수강한) '양
자 불가사의'라는 강의에서 양자의 미스터리를 깊이 파헤치고 있었다.
한 여학생이 손을 들고 질문했다. "양자역학이 실생활에 유용하나
요?" 나(브루스 로젠블룸)는 말문이 막혀서 10초 이상 벙어리가 될 수밖
에 없었다. 물리학자로서 세상을 보는 나는 양자역학이 우리의 기술
에서 중요한 역할을 한다는 것을 누구나 당연히 알 것이라고 생각했
었다. 나는 강의록을 덮고 남은 한 시간 동안 양자역학의 응용 성과들
을 이야기했다.

이 짧은 장은 그 이야기에 할애될 것이다. 우리 책의 핵심은 논란의
여지가 없는 양자적 사실들을 제시함으로써 물리학과 의식의 만남을
분명하게 보여주는 것이다. 그러나 양자적 사실들은 현대 과학뿐 아니

라 기술의 기초이기도 하다. 앞 장에서 의식과 자유의지 같은 철학적 주제들을 논했으니, 다시 한번 날아오르기에 앞서 확고한 땅에 발을 딛는 기분으로 양자역학의 응용 성과들을 살펴보는 것도 좋을 것이다.

양자역학은 모든 자연과학에 필수적이다. 화학자들이 경험적인 규칙들 이상을 다룰 때, 그들의 이론은 근본적으로 양자역학 이론이다. 풀은 왜 녹색인가, 태양은 어떻게 빛을 내는가, 양성자 내부에서 쿼크들은 어떻게 행동하는가는 모두 양자역학으로 답해야 할 질문이다. 아직 완전히 이해되지 않은 블랙홀이나 빅뱅의 본성은 양자역학을 통해 탐구되고 있다. 이런 문제들을 풀 단서를 제공할지도 모르는 끈이론들은 모두 양자역학을 출발점으로 삼는다.

양자역학은 모든 과학을 통틀어 가장 정확한 이론이다. 극단적인 검증 사례로 '전자의 자기회전비율' 계산이 있는데(자기회전비율이 무엇인지는 중요하지 않다), 이 계산에서 양자역학의 실험 결과는 1조 분의 1 단위까지 정확하게 일치했다. 무언가를 1조 분의 1 단위까지 측정한다는 것은 뉴욕의 한 지점에서 샌프란시스코의 한 지점까지 거리를 인간 머리카락의 굵기보다 작은 오차로 측정한다는 것과 같다.

이처럼 양자역학은 과학에서 훌륭하게 구실을 한다. 그렇다면 실생활에서 양자역학은 얼마나 중요할까? 간단히 말해서 우리 경제의 3분의 1이 양자역학에 기초한 생산물과 관련이 있다. 우리는 양자적 면모를 뚜렷하게 지닌 기술 네 가지를 살펴보려 한다. 그것들은 레이저, 트랜지스터, 전하결합소자(CCD), 자기공명영상(MRI)이다. 우리의 목표는 양자 현상이 어떻게 등장하는지, 응용 물리학자들과 기술자들이 미시적 대상의 모순적인 속성들을 어떻게 다루는지 보여주는 것이므로, 이 기술들을 자세히 설명하지는 않을 것이다.

레이저

레이저의 형태는 매우 다양하다. 어떤 레이저는 길이가 몇 미터에 무게가 몇 톤이나 나간다. 반면에 1밀리미터보다 더 작은 레이저도 있다. 슈퍼마켓 계산대에서 바코드를 훑는 빨간 광선은 레이저에서 나온다. 레이저는 DVD를 읽기도 하고 레이저프린터에서 인쇄를 하기도 한다. 강력한 레이저는 콘크리트에 구멍을 뚫을 수 있다. 인터넷용 광섬유 통신에 쓰이는 빛도 레이저에서 나온다. 측량에 쓰이는 레이저, '스마트 폭탄'을 인도하는 레이저도 있다. 외과의사는 초점을 맞춘 레이저로 분리된 망막을 다시 접합할 수 있다. 레이저를 이용한 성과는 의학, 통신, 컴퓨터, 제조업, 오락 산업, 전쟁 기술, 기초과학에서 계속 나오는 중이다.

레이저의 기초가 되는 물리학은 (슈뢰딩거 방정식보다 10년 먼저) 1917년에 등장했다. 아인슈타인은 광자들이 들뜬 상태의 원자들과 충돌하면 유도방출이 일어나 동일한 광자들이 더 많이 튀어나올 것이라고 예측했다. 그로부터 거의 40년 후, 찰스 타운스Charles Townes는 파장이 아주 짧은 마이크로파를 생산하는 방법을 모색하던 중에 유도방출에서 해법을 발견했다. 그가 처음 만든 장치는 들뜬 상태의 암모니아 분자들을 이용하여 마이크로파를 증폭했다.

타운스는 그 장치의 원리가 되는 물리적 과정을 가시광선을 비롯한 모든 전자기파에 적용할 수 있음을 당연히 깨달았다. 그는 '복사의 유도 방출에 의한 빛 증폭Light Amplification by the Stimulated Emission of Radiation'을 줄인 약자 '레이저laser'를 도입했다(최초의 마이크로파 증폭장치는 '메이저maser'라고 불렸다). 겨우 몇 년 후, 합성 루비 결정에 강한 빛을 쪼임으로써 그 결정에 들어 있는 크롬 원자들이 들떠서 유도방출에 의해 동일한 광자들을 내쏘게 만드는 실험이 성공적으로 이루어져 레이저의 작동 원리가 입증되었다. 놀랄 만큼 신속하게 나온 이 결과를 보고받은 저명한 미국 물리학 저널은 그것이 오류일 가능성이 높다고 판단하여 논문 게재를 거부했다. 그러나 얼마 지나지 않아 영국 저널 『네이처』가 그 논문을 출판했다.

레이저는 단일 파장의 광선을 산출한다. 그런 광선은 아주 작은 점에 집중되도록 초점을 맞출 수 있다. 어떤 특정한 유형의 레이저 내부에서는, 적절한 진동수의 광자 하나가 들뜬 원자 하나와 충돌하면 유도방출이 일어나서 파장이 정확히 동일한 두 번째 광자가 튀어나와 원래 광자와 동일한 방향으로 운동한다. 이를테면 광자 복제가 이루어지는 셈이다. 원래 하나였던 광자가 두 개로 늘어나니까 말이다. 만일 우리가 다수의 원자들을 들뜬 상태로 만들어 놓는다면, 이런 유도방출 과정이 연쇄적으로 일어나 다수의 동일한 광자들이 산출될 것이다.

레이저 설계자가 극복해야 하는 한 가지 문제는 광자 하나가 단일 경로를 따라 레이저 매질을 통과할 때 원자와 충돌할 확률이 낮다는 점이다. 따라서 레이저 내부에는 거울 한 쌍이 설치되고, 빛은 그 거울들 사이를 거듭 왕복한다. 기타의 현이 진동할 때는 현의 길이가 파동

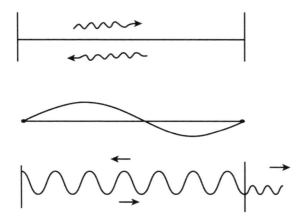

그림9.1 위: 두 거울에서 반사하면서 그 사이를 왕복하는 빛 파동. 가운데: 진동하는 기타 현.
아래: 한 쌍의 레이저 거울 사이에서 공진하는 빛 파동

의 반파장의 정수배여야 한다. 이와 유사하게 레이저 내부의 거울들 사이 간격은 빛의 반파장의 정수배여야 한다. 거울 하나는 약간 투명해서 빛다발이 거기에 부딪힐 때마다 약간의 빛이 빠져나가는 것을 허용한다.

우리가 조금 전에는 빛을 광자들의 흐름으로 보고 광자 각각이 원자 하나와 충돌하는 것을 이야기하다가 방금은 두 거울 사이에 펼쳐져 있는 파동으로서의 빛을 이야기했다는 점을 주목하라. 이것은 원자가 한 상자 안에 응축된 입자일 수도 있고 두 상자에 두루 퍼진 파동일 수도 있는 것과 유사하다. 레이저 설계자는 빛을 상반된 두 가지 방식 모두로 취급해야 한다. 그러나 동시에 두 가지 방식으로 취급해야 하는 것은 아니다.

트랜지스터

트랜지스터는 분명히 20세기의 가장 중요한 발명품이다. 트랜지스터가 없었다면, 현대 기술은 불가능했을 것이다. 트랜지스터는 전류의 흐름을 제어하는 소자다. 1950년대에 트랜지스터가 개발되기 전에는 진공관이 그 역할을 맡았다. 진공관은 주먹만큼 크고 전구만큼 열을 내며 가격이 몇 달러나 되었다.

오늘날의 칩 하나에는 트랜지스터 수십억 개가 탑재되어 있는데, 그 트랜지스터들의 개당 가격은 100만 분의 1센트 미만이고 크기는 100만 분의 1센티미터 정도에 불과하다. 개인용 컴퓨터에는 그런 트랜지스터 수십억 개가 들어간다. 현재의 노트북과 성능이 같은 컴퓨터를 진공관으로 만든다면, 그 크기는 광활한 지역을 채울 정도로 거대하고, 전력 수요는 대도시 발전소 한 곳의 생산량과 맞먹을 것이다.

트랜지스터는 어디에나 있다. 컴퓨터, 텔레비전, 자동차, 전화기, 전자레인지, 당신의 손목시계에도 있다. 칩 하나에 탑재할 수 있는 트랜지스터의 개수가 늘어남에 따라 현대인의 삶은 계속 변화한다. 세계 최대의 반도체 칩 생산업체인 인텔사의 공동 창업자 고든 무어는 1965년에 칩 하나에 탑재할 수 있는 트랜지스터 개수가 18개월마다 두 배로 증가할 것이라고 예측했다. '무어의 법칙'이라 불리는 이 예측은 40년 동안 놀랍도록 잘 맞았다. 1970년대에는 칩 하나에 트랜지스터 수천 개가 탑재되었고, 1990년대에는 수백만 개, 지금은 수십억 개가 탑재된다. 2009년에 과학자들은 벤젠 분자 하나에 전압을 가하여 분자의 상태를 바꿈으로써 그것을 통과하는 전류를 제어하는 데 성공했다. 벤젠 분자는 마치 트랜지스터처럼 행동했다.

이제 트랜지스터의 크기를 줄이는 작업은 근본적인 물리적 한계에 거의 도달한 것으로 보인다. 따라서 무어의 법칙이 틀릴 날이 임박했는지도 모른다. 물론 과거에도 무어의 법칙이 한계에 이르렀다는 주장이 제기되었다가 틀린 것으로 판명되었지만 말이다. 우리가 곧 언급할 양자 컴퓨터의 가능성을 고려하면, 칩이 발휘할 수 있는 성능의 한계는 여전히 우리의 짐작을 초월할 수도 있다.

트랜지스터는 양자 현상과 어떤 관련이 있을까? 거의 모든 트랜지스터는 규소를 기초로 삼는다. 규소 원자는 전자 14개를 지녔다. 그 전자들 중 10개는 원자핵에 속박되어 있고, 나머지 4개는 규소 원자를 이웃 원자들과 결합하는 '원자가전자 valence electron'다. 원자가전자들은 원자핵에 속박되어 있지 않다. 그 전자 각각은 규소 결정 전체에 퍼져 있다. 동시에 결정 내부의 모든 곳에 있는 셈이다.

트랜지스터를 통과하는 전류에 직접 가담하는 것은 또 다른 전자들이다. 이 전자들은 규소 결정에 첨가되는 인을 비롯한 다양한 원자에서 방출된다. 트랜지스터 설계자는 이 '전도전자들 conduction electrons'이 개별 불순물 원자들과 충돌하여 느려지거나 그 원자들에 포획되도록 만들어야 한다. 이때 설계자는 전도전자를 원자 규모로 응축된 대상으로 간주해야 한다.

레이저와 트랜지스터를 설계하는 기술자와 물리학자는 때로는 응축되어 원자보다 더 작고 때로는 거시적인 구역에 퍼져 있는 광자와 전자를 어떻게 다룰까? 그때그때 다른 방식으로 다룬다. 그들은 전자나 광자를 응축된 대상으로 생각해야 할 때가 언제이고 널리 퍼진 대상으로 생각해야 할 때가 언제인지 배우고 나서는 더 고민하지 않는다. 모든 실용적인 맥락에서, 그것으로 충분하다.

전하결합소자(CCD)

노벨물리학상은 대개 실용성과 거리가 먼 근본적인 발견에 주어진다. 그러나 2009년에는 중요한 기술적 성취 두 가지가 수상의 영예를 차지했다. 그 성취들은 광섬유와 전하결합소자였다. 이것들은 과학과 경제에 중대한 영향을 끼친 기술이다.

입력되는 빛을 전기 신호로 전환하는 전하결합소자는 개인용 사진 산업을 점령하고 대폭 확대했으며 천문학을 혁명적으로 바꾸었고 진단 의학을 꾸준히 발전시키고 있다. 일반적인 디지털 사진기에는 전하결합소자 수백만 개가 탑재된 반도체 칩이 들어 있다.

광학 장치에 쓰이는 전하결합소자는 광전효과와 밀접한 관련이 있다. 1905년에 아인슈타인으로 하여금 광자를 생각하게 만든 현상인 광전효과는 전하결합소자에서 일어나는 과정의 출발점이다. 원래 광전효과에서는 광자가 금속 표면에서 전자를 떼어내어 진공 속으로 보낸다. 우리는 그 전자를 전기장으로 제어할 수 있다. 전하결합소자에서는 광자들이 규소 내부의 전자 집단을 들떠워서 전기장에 의해 움직일 수 있는 상태로 만든다.

그 근처의 금속 전극은 양전하를 띠고 전자 집단을 끌어당긴다. 곧이어 그 양전하는 상쇄되고 인근의 다른 전극이 양전하를 띠고 전자

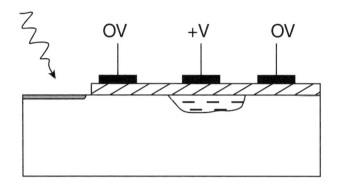

집단을 (그림9.2에서 오른쪽으로) 끌어당긴다. 이 과정은 주기적인 신호에 의해 반복된다. 결국 전자 집단은 트랜지스터에 도달하고, 거기에서 전하량이 기록된다. 특정 전자 집단이 트랜지스터에 도달하는 시간은 영상에서 특정 광자의 위치를 알아내는 단서가 된다.

전하결합소자는 광자 하나까지 감지할 수 있어서 사진 필름보다 감광도가 훨씬 더 높다. 게다가 들뜬 전자의 개수는 입력된 광자의 개수에 정비례하므로, 아주 정확한 영상을 만들어낼 수 있다. 더 나아가 전하결합소자는 처리와 분석이 용이한 디지털 영상을 만들어낸다.

자기공명영상(MRI)

자기공명영상 기술은 신체의 모든 조직을 놀랄 만큼 선명하고 상세하게 보여준다. 지금 그 기술은 의학에서 가장 중요한 진단 수단으로 자리잡아가는 중이다. 현재 대부분의 MRI 장비는 크고 비싸다. 가격이 100만 달러를 넘는다. 또 MRI 검사비도 경우에 따라 1,000달러를 넘는다. 다행히 MRI 장비의 크기와 가격은 성능 향상에도 불구하고 줄어드는 추세다.

자기공명영상은 특정 원소의 분포를 포착한다. 대개는 검사 부위에 있는 특정 물질 속의 수소를 포착한다. 뼈와 근육, 종양이나 정상 조직 등, 다양한 조직을 촬영하려면 특정 화학물질을 다양한 농도로 투여해야 한다.

MRI의 세부사항은 복잡하지만, 우리는 MRI를 개발하는 물리학자와 기술자가 양자역학을 명시적으로 이용해야 한다는 점만 지적하려 한다. 기본 원리는 원자핵의 자기공명이다(자기공명영상의 원래 명칭은 '핵자기공명영상(NMRI)'이었지만 공포를 일으키는 '핵(N)'을 떼어내고 현재 명칭이 되었다).

원자핵은 북극과 남극이 있는 작은 자석과 같다. 수소 원자핵, 곧 양성자는 자기장 안에서 '공간적으로 양자화된다.' 즉, 두 상태를 가질 수 있다. 한 상태에서는 양성자의 북극이 자기장과 같은 방향을 가리키고, 다른 상태에서는 반대 방향을 가리킨다. MRI 장비에서는 적절한 주파수의 전자기파가 촬영 순간에 신체 특정 부위의 수소 원자핵들을 북극이 위와 아래를 동시에 가리키는 양자적 중첩 상태로 만든다. 그런 상태의 원자핵들은 더 낮은 에너지 상태로 복귀하면서 전자기파를 복사하는데, 그 복사량을 가지고 그 원자핵들의 분포를 알아낼 수 있다. 이어서 방대한 계산을 거치면, 영상이 만들어진다.

단일 칩에 탑재된 트랜지스터 개수의 증가로 가능해진 계산 능력의 엄청난 향상은 MRI 실용화에 결정적으로 기여했다. MRI의 기본 원리가 제시되었을 때, 사람들은 그 중요성을 알아차리지 못했다. 아마도 실용화에 필요한 계산 능력이 실현되리라는 생각을 못했기 때문일 것이다. MRI의 기본 원리를 담은 논문을 처음 투고받은 저널은 그것을 출판하기를 거부했다.

　대부분의 MRI 장비에는 몇 톤짜리 초전도 자석이 들어 있다. 그 자석은 절대영도보다 겨우 몇 도 높은 온도를 유지한다. 초전도 물질에서 전자들은 양자적 상태로 응축하여 한 묶음으로 움직인다. 전자 각각이 큼직한 금속 덩어리 내부의 모든 곳에 동시에 있는 셈이다. 함께 움직이는 묶음에서 전자 하나를 떼어내려면 상당히 큰 에너지 양자가 필요하다. 따라서 초전도 전자들이 일단 움직이기 시작하면, 전류와 자기장을 유지하기 위해 전력을 투입할 필요가 없다.

　MRI는 핵자기공명을 일으키는 양자 현상과 초전도성과 트랜지스터의 종합으로 가능해졌다. 이 기술들 각각과 레이저와 전하결합소자는 노벨물리학상의 영예를 안았다. 최근 2004년에는 MRI가, 2009년에는 전하결합소자가 수상 업적으로 선정되었다.

미래에 개발될 기계들

양자점

기술, 심지어 생명공학에서 양자 현상의 역할은 빠르게 확대되고 있다. 2003년에 과학 저널 『사이언스』는 그 해의 가장 중요한 과학적 성취의 하나로 '양자점' 연구를 꼽았다. 원자 수백 개 이하로 이루어진 양자점은 단일 원자의 양자적 속성들을 지닌 인공 구조물이다. 예컨대 양자점은 띄엄띄엄 떨어진 에너지 준위들을 지녔다. 지금까지, 신경계의 작동을 탐구하기 위한 양자점, 유방암을 극도로 민감하게 탐지하는 양자점, 다용도 색소 생산을 위한 양자점이 설계되었다. 양자점에 전극을 연결하면, 양자점을 엄청나게 빠른 트랜지스터로 전류 제어에 이용하거나 광학 신호 처리에 이용할 수 있다.

2009년에 캐나다 국립나노기술연구소의 과학자들은 단일 원자 양자점을 만들어냈다. 그 양자점 하나는 인근 양자점 두 개에서의 전자 운동을 제어할 수 있다. 이 제어 능력은 실온에서 발휘되었으므로, 그리 멀지 않은 장래에 양자점의 실용화가 이루어질 가능성이 있다.

2010년의 양자점 연구가 시사하는 바에 따르면, 양자점을 이용하면 태양전지의 효율을 현재의 이론적 한계인 30퍼센트에서 60퍼센트 이상으로 높일 수 있다. 앞으로 독자들은 양자점에 관한 소식을 많이 듣게 될 것이다.

양자컴퓨터

고전적인 디지털 컴퓨터의 작동 요소operating element는 두 상태 중 하나일 수밖에 없다. 곧 '1'이거나 '0'일 수밖에 없다. 반면에 양자컴퓨터에서 '관찰되지 않은' 작동 요소는 '0'인 동시에 '1'인 중첩 상태일 수 있다. 이는 관찰되지 않은 원자가 동시에 두 상자에 들어 있는 중첩 상태일 수 있는 것과 매우 유사하다.

고전적인 컴퓨터에서 요소 각각은 한 번에 한 계산에만 관여할 수 있는 반면, 양자컴퓨터에서는 중첩 덕분에 각 요소가 여러 계산에 한꺼번에 관여할 수 있다. 이런 막강한 병렬처리 능력을 갖춘 양자컴퓨터는 고전적인 컴퓨터에서 수십억 년 걸릴 계산을 몇 분 만에 해치울 수 있을 것이다. 과거에 과학자들은 양자컴퓨터가 고전적 컴퓨터보다 훨씬 더 빨리 처리할 수 있는 계산의 유형이 매우 한정적이라고 생각했다. 그러나 그 유형의 경계는 확장되는 중이다. 예컨대 양자컴퓨터는 대규모 데이터베이스 검색에서 탁월한 능력을 발휘할 것이다.

상업적 활용에서도 고무적인 성과들이 계속 보고되고 있다. 그러나 여러분이 가까운 장래에 양자 노트북을 구입할 수는 없을 것이다. 양자컴퓨터는 심각한 기술적 문제들을 안고 있다. 상자 쌍에 들어 있는 원자와 마찬가지로, 양자컴퓨터 논리 단위의 파동함수는 극도로 연약하다. 대상들이 상호작용하면, 그것들의 파동함수들은 '얽힌다.' 얽힘은 양자컴퓨터의 작동에서 근본적으로 중요하다. 양자컴퓨터의 논리 단위들은 무작위한 열 환경으로부터 적절하게 격리되어야 한다. 그렇지 않으면, 의도된 얽힘이 신속하게 깨질 것이다. 고무적이게도 최근에 개발된 부호화 기술은 양자 상태들이 깨지지 않고 버티는 시간을 100배 늘려준다. IBM사는 양자컴퓨터를 진지하게 연구한다. 최근에 그 회사는 대규모 연구팀을 꾸려서 5년짜리 프로젝트에 착수했다.

현대 기술에 종사하는 많은 기술자와 물리학자는 양자역학을 일상적으로 다룬다. 그러나 그들은 양자 불가사의를 직시할 필요가 없다. 심지어 그들 중 다수는 양자 불가사의를 의식조차 하지 않는다. 우리 저자들도 마찬가지지만, 양자역학을 가르치는 물리학자들은 양자역학의 불가사의한 측면에 시간을 할애하더라도 아주 조금만 할애한다. 우리는 학생들이 써먹을 필요가 있는 실질적인 내용에 집중한다. 우리가 양자 불가사의를 회피하는 것은 혹시 우리의 '감추고 싶은 비밀'이 적잖이 당혹스럽기 때문이기도 하지 않을까? 다음 장에서 우리는 양자역학에 대한 코펜하겐 해석을 다루면서 물리학이 양자 불가사의를 (적어도 모든 실용적인 맥락에서) 제거하는 표준적인 방식을 살펴볼 것이다.

10

멋지고도 멋진 코펜하겐

멋지고도 멋진 코펜하겐……
한때 내가 배를 타고 떠난 바다의
늙고 신랄한 여왕
하지만 오늘 나는 집에서
코펜하겐을 노래하네.
나에게는 멋지고도 멋진 코펜하겐

_『멋진 코펜하겐』, 프랭크 로서

뉴턴 역학의 의미는 명확했다. 그 이론은 이치에 맞는 세계, '시계 장치와 같은 우주'를 기술했다. 고전물리학은 해석이 불필요했다. 아인슈타인의 상대성이론은 확실히 반직관적이다. 그러나 상대성이론에 대한 '해석'은 필요하지 않다. 상대성이론을 어느 정도 공부한 사람은 움직이는 시계가 느리게 작동한다는 것을 쉽게 받아들인다. 그러나 관찰이 관찰되는 실재를 창조한다는 양자이론의 단언은 받아들이기가 더 어렵다. 양자이론은 해석이 필요하다.

학생들은 물리적인 세계를 공부하려고 물리학에 입문한다. 『옥스퍼드영어사전』은 이런 의미의 '물리적'을 '심리적, 정신적, 또는 영적 자연에 맞선 물질적 자연과 관련이 있는'으로 정의한다. 2002년에 『뉴욕타임스』에 실린 과학사학자 제드 버크월드Jed Buchwald의 말을 들어보

라. "오래 전부터 물리학자들은 …… 감정적인 내용이 조금이라도 섞인 질문이 자신들의 전문 분야에 진입하는 것을 특별히 혐오해왔다." 실제로 대부분의 물리학자는 양자 불가사의라는 감추고 싶은 비밀을 다루기를 회피한다. 양자역학에 대한 코펜하겐 해석은 그 회피를 허용한다. 그 해석은 물리학의 '정통' 입장으로 불려왔다.

코펜하겐 해석

닐스 보어는 물리학이 관찰자와 마주쳤고 이 마주침을 다뤄야 한다는 것을 일찌감치 깨달았다.

작용 양자의 발견은 우리에게 고전물리학의 자연적 한계를 보여줄 뿐 아니라, 현상이 우리의 관찰에 의존하지 않고 객관적으로 존재하는가라는 오래된 철학적 문제에 새로운 빛을 비춤으로써, 우리로 하여금 이제껏 자연과학에서 알려지지 않았던 상황에 직면하게 한다.

슈뢰딩거 방정식이 나오고 채 1년이 지나기 전에 코펜하겐에 위치한 보어의 연구소에서 코펜하겐 해석이 개발되었다. 핵심 개발자는 보어였고, 또 다른 주요 공헌자는 더 젊은 동료 베르너 하이젠베르크였다. '공식적인' 코펜하겐 해석은 존재하지 않는다. 대신에 여러 버전들이 존재하는데, 그것들 모두가 한결같이 관찰이 관찰되는 속성을 산출한다고 단언한다. 이 대목에서 주의 깊게 고찰해야 할 단어는 '관찰'이

그림10.1 마이클 레이머스의 드로잉. 1991년 작. 미국물리학회 제공

다. '관찰'은 의식적인 관찰이어야 할까? 대답은 맥락에 따라 달라진다(특별히 의식적인 관찰을 이야기하고자 할 때 우리는 명시적으로 그렇게 표현하려고 애쓸 것이다).

코펜하겐 해석은 미시적인(원자 규모의) 대상이 거시적인(큰 규모의) 대상과 상호작용할 때마다 관찰이 이루어진다고 정의함으로써 관찰이 관찰되는 속성을 산출한다는 단언의 의미를 확장한다. 이 정의에 따르면, 광자가 사진 필름에 닿아서 광자가 닿은 위치가 기록되면, 필름이 광자를 '관찰'한 것이다. 가이거계수기의 방전관에 전자 하나가 진입해서 계수기가 '딸깍' 소리를 내면, 계수기가 전자를 '관찰'한 것이다.

요컨대 코펜하겐 해석은 두 영역을 고려한다. 즉, 고전물리학이 지배하고 우리의 측정 장치들이 속한 거시적·고전적 영역과 슈뢰딩거 방정식이 지배하고 원자를 비롯한 작은 대상들이 속한 미시적·양자적 영역을 고려한다. 코펜하겐 해석에 따르면, 우리가 미시 영역의 양자적 대상들을 직접 다루는 경우는 절대로 없으므로, 우리는 그것들이 물리적으로 실재하는지 여부를 고민할 필요가 없다. 그것들이 거시적인 장치에 미치는 영향을 계산할 수 있다면, 그것으로 충분하다. 이것 이상의 '존재'는 필요하지 않다. 따지고 보면, 우리가 보고하는 것은 단지 고전적인 장치의 행동뿐이다. 원자와 가이거계수기의 크기 차이는 어마어마하므로, 코펜하겐 해석은 미시 영역과 거시 영역을 따로따로 취급한다.

흔히 우리는 전자, 원자, 기타 미시적 대상을 직접 관찰하기라도 하는 듯이, 그것들이 작은 녹색 구슬처럼 실재하기라도 하는 것처럼, 그것들의 행동을 언급한다(예컨대 우리는 이렇게 말한다. "알파 입자 하나가 금 원자핵에 부딪혀 되튕겨졌다."). 그러나 실재한다고 간주할 필요가 있는 것은 실험 장치들의 반응뿐이다.

보어의 코펜하겐 해석이 나온 후 몇 년이 지난 1932년에 존 폰 노이만John Won Neumann은 역시 코펜하겐 해석으로 불리는 엄밀한 견해를 제시했다. 그는 만일 양자역학이 세간의 주장대로 보편적으로 타당하다면 양자역학이 궁극적으로 의식과 만날 수밖에 없음을 보여주었다. 그러나 그는 모든 실용적인 맥락에서 거시적 장치를 고전적으로 취급해도 무방하다는 것도 보여주었다. 폰 노이만의 견해는 보어가 주장한 미시 영역과 거시 영역의 분리가 매우 훌륭한 근사에 불과하다는 점을 강조한다. 우리는 그의 결론을 17장에서 논할 것이다. 그 결론은 '관찰'에 대한 언급에는 항상 의식의 문제가 도사리고 있다고 경고한다.

대부분의 물리학자는 철학적 문제를 피하려는 마음에 보어의 코펜하겐 해석을 기꺼이 받아들인다. 나중에 우리는 철학적 사변을 감행하는 물리학자들을 살펴보겠지만, 실제로 물리학을 하거나 가르칠 때 우리 물리학자들은 누구나 멋진 코펜하겐을 안락한 거처로 삼는다.

그러나 오늘날의 기술이 고전 영역과 양자 영역 사이의 잘 정의되지 않은 접경 지대를 점차 침범하고 있으므로, 원자가 거시적 대상보다 덜 실재적이라는 생각에 대한 물리학자들의 반발은 과거보다 더 강해졌다. 따라서 우리는 현장의 물리학자들이 암묵적으로 수용하는 입장인 코펜하겐 해석을 비판적으로 고찰할 것이다.

코펜하겐 해석이 납득시켜야 하는 것

우리는 8장에서 물리학의 '감추고 싶은 비밀'을 이야기 형태로 제시했지만, 그런 유형의 실험은 늘 이루어지고 있다. 우리는 심지어 강의실에서도 (광자나 전자를 이용하여) 그런 상반된 결과들을 보여주곤 한다.

8장의 이야기에서는 작은 대상 하나가 분명하게 분리된 두 상자에 들어갔다. 당신이 그 상자들을 들여다보면, 당신은 항상 온전한 대상이 한 상자 안에 있고 다른 상자는 비어 있음을 발견한다. 그러나 양자 이론에 따르면, 관찰 이전에 대상은 온전히 한 상자에 들어 있는 것이 아니라 동시에 두 상자에 들어 있다. 당신이 간섭실험을 했더라면, 이 사실이 증명되었을 것이다. 당신은 상반된 두 사실 중 어느 것이라도

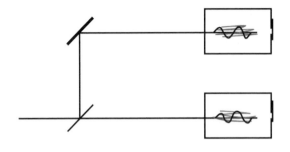
그림10.2 상자 쌍 안의 원자 실험

자유롭게 선택하여 증명할 수 있었다. 현재는 기술의 한계 때문에 아주 작은 대상들에서만 이런 양자 현상을 일으킬 수 있지만, 양자이론은 모든 것에 —원자뿐 아니라 야구공에도— 적용된다고 여겨진다. 코펜하겐 해석은 이 기이한 상황을 납득시켜야 한다.

코펜하겐 해석의 세 기둥

코펜하겐 해석을 지탱하는 세 기둥은 파동함수에 대한 확률 해석, 하이젠베르크 불확정성원리, 그리고 상보성이다. 이것들을 차례로 살펴보자.

파동함수에 대한 확률 해석

우리는 한 구역에서의 출렁거림(전문용어로는, 파동함수의 절대값의 제곱)이 그 구역에서 대상을 발견할 확률이라는 생각을 줄곧 활용해왔다.

이 같은 출렁거림에 대한 확률 해석은 코펜하겐 해석의 핵심이다

고전물리학은 엄격하게 결정론적인 데 반해, 양자역학은 자연의 본래적인 무작위성을 드러낸다. 신은 아인슈타인의 반발에 아랑곳없이 원자 규모에서 주사위놀이를 한다(아인슈타인은 양자이론의 진짜 문제는 무작위성이 아니라 관찰자의 실재 창조라는 점을 거듭 강조했다). 자연이 궁극적으로 확률적이라는 것은 받아들이기 어렵지 않다. 따지고 보면, 일상에서 일어나는 많은 일들은 무작위하다. 무작위성만이 문제라면 '양자 불가사의'는 훨씬 덜 심각할 것이다. 그러나 양자역학에서 확률은 무작위성보다 더 많은 것을 함축한다.

예컨대 야바위에서의 고전적 확률은 콩의 위치에 관한 (당신의) 주관적 추측을 표현한다. 또한 야바위에서는 한 쪽 그릇이나 다른 쪽 그릇에 실제 콩이 들어 있다. 반면에 양자적 확률은 원자의 위치에 관한 주관적 추측이 아니다. 그것은 당신이(또는 임의의 다른 사람이) 원자를 발견하게 될 위치에 관한 객관적 확률이다. 원자가 그 위치에서 발견되기 전에는, 원자는 어디에도 없었다.

양자이론에서는 원자의 파동함수 외에 별도로 원자가 존재하지 않으므로, 원자의 파동함수가 두 상자를 점유한다면, 원자 자체가 동시에 두 상자에 들어 있는 것이다. 나중에 누군가가 한 상자 안에서 원자를 관찰하면, 그 관찰 때문에 원자는 온전히 그 상자 안에 있게 된다.

위 문단의 요지는 납득하기 어렵다. 그 어려움 때문에 우리 저자들은 같은 이야기를 반복하고 있다. 심지어 양자역학 강의를 끝까지 들은 학생들도 파동함수가 무엇을 알려주느냐는 질문을 받으면 대상이 특정 장소에 있을 확률을 알려준다는 틀린 대답을 하는 경우가 흔하

다. 우리가 사용하는 고학년용 교과서(저자는 그리피스Griffiths. 〈참고문헌〉 참조)는 양자이론을 창시한 인물의 하나인 파스쿠알 요르단Pascual Jordan의 말을 인용함으로써 문제의 핵심을 정확하게 지적한다. "관찰은 측정할 대상을 교란하는 정도가 아니라 그 대상을 만들어낸다." 그러나 우리는 학생들의 처지를 이해한다. 파동함수 계산은 너무 어려워서 그것의 깊은 의미를 고민할 겨를이 없을 만하다.

우리는 지금까지 '관찰'을 언급하면서도 관찰이 무엇인지는 명확히 말하지 않았다. 관찰이 무엇인가는 궁극적으로 논쟁거리다. 그러나 명확한 대답이 가능한 사례들이 존재한다.

광자가 원자와 충돌하면, 광자는 원자를 관찰하는 것일까? 대답은 명확하게 '그렇지 않다'이다. 충돌 후에 광자와 원자는 함께 중첩 상태에 놓인다. 그 중첩 상태는 광자와 원자의 모든 가능한 위치들을 아우른다. 이 사실을 복잡한 2체 간섭실험을 통해 입증할 수 있다. 가이거계수기를 통한 측정은 반대쪽 극단의 사례에 해당한다. 나머지 세계와 접촉한 가이거계수기가 충돌 후의 광자를 감지하고 '딸깍' 소리를 내는 것을 우리가 들었다면, 광자의 위치가 관찰된 것이고, 따라서 원자의 위치도 관찰된 것이다.

논란거리는 양극단 사이의 상황들이다. 엄밀히 말해서 가이거계수기는 당연히 양자역학을 따라야 한다. 위의 가이거계수기가 나머지 세계로부터 격리된 상태였다면, 가이거계수기는 미시적 대상과 마주치면서 단지 그것의 중첩 상태에 가담했을 것이다. 요컨대 '관찰'을 하지 않았을 것이다. 그러나 현실적인 제약들로 인해, 큰 대상이 중첩 상태에 있는 것을 보여주기는 사실상 불가능하다. 왜냐하면 큰 대상을 나머지 세계로부터 격리하기는 사실상 불가능하기 때문이다. 우리는 다음 장에서 이 난점을 더 자세히 다룰 것이다.

'관찰되지 않았다'는 말의 의미를 꼼꼼히 따져보자. 상자 쌍 안의 원자를 생각해보라. 원자가 특정 상자 안에서 관찰되기 전에는, 원자는 특정 상자 안에 존재하지 않는다. 그렇지만 애초에 원자를 상자 쌍에 집어넣는 과정에서 우리는 원자를 '관찰'했다. 따라서 원자가 상자 쌍 안에 있다는 것은 관찰된 실재다. 그러나 만일 상자들이 어마어마하게 크다면, 우리는 원자에게 사실상 위치가 없다고 말할 수 있다. 원자가 위치라는 속성을 지니지 않았다고 말이다. 임의의 관찰되지 않은 속성에 대해서도 마찬가지다.

일반적으로 코펜하겐 해석은 미시적 대상은 관찰된 속성들만 지닌다는 견해를 채택한다. 존 휠러는 이를 이렇게 요약했다. "미시적 속성은 관찰된 속성일 때 비로소 속성이다."

이 견해를 논리적 극단까지 밀어붙이면, 미시적 대상 그 자체는 실재하는 사물이 아니라는 결론이 나온다. 하이젠베르크의 말을 들어보라.

원자 규모의 사건들에 관한 실험에서 우리는 사물과 사실을 다룬다. 일상의 어느 현상 못지않게 실재적인 현상을 다룬다. 그러나 원자나 기본 입자 그 자체는 실재하지 않는다. 그것들은 사물이나 사실의 세계가 아니라 잠재성이나 가능성의 세계를 형성한다.

이 견해에 따르면, 원자 규모의 대상들은 물리적 세계에 존재하지 않고 단지 추상의 영역에 존재한다. 그렇다면 그 대상들이 '이치에 맞지 않는다는 것'은 문젯거리가 아니다. 그것들이 양자이론에 맞게 측정 장치에 영향을 미친다면, 그것으로 충분하다. 반면에 큰 사물들은 모든 실용적인 맥락에서 실재한다. 물론 그것들에 대한 고전적 기술은 정확한 양자물리학 법칙들의 근삿값에 불과하다. 따라서 어떤 의미에서는 미시 영역, 관찰되지 않은 영역이 더 실재적이다. 플라톤은 이 생각을 좋아할 것이다.

미시 영역이 가능성들로만 이루어졌다면, 물리학은 큰 사물의 구성 요소인 작은 사물들을 어떻게 설명할까? 흔히 보어의 말로 인용되는 아래의 과감한 문구는 이에 관한 가장 유명한 진술이다.

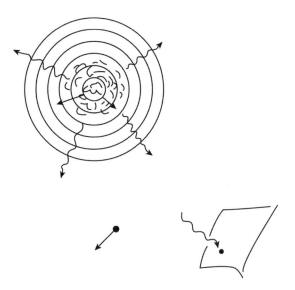

그림10.3 광자와 충돌하여 튕겨진 원자의 위치는 광자가 탐지될 때 비로소 창조된다.

양자 세계는 존재하지 않는다. 추상적인 양자 서술만 존재한다. 자연이 어떠하냐를 알아내는 것이 물리학의 과제라는 생각은 틀렸다. 물리학의 관심사는 자연에 대해서 우리가 무엇을 말할 수 있느냐다.

이 문구는 보어의 생각을 그의 측근이 요약한 것일 가능성이 높지만, 그 취지는 보어가 더 복잡하게 말한 바와 일치한다. 코펜하겐 해석은 고대 그리스 이래로 과학의 목표인 실제 세계 설명하기를 재정의함으로써 물리학이 의식을 지닌 관찰자와 엮이는 것을 막는다.

아인슈타인은 보어의 태도를 패배주의로 여기며 거부했다. 그 자신은 실제로 일어나는 일을 발견하고 '신의 생각'을 배우기 위해 물리학에 입문했노라고 말했다. 슈뢰딩거는 아주 일반적인 이유를 대면서 코펜하겐 해석을 거부했다.

나는 공간-시간적인 기술[대상이 언제 어디에 있는지에 대한 기술]이 불가능하다는 보어의 입장을 즉각 거부한다. 물리학은 원자 연구에 국한되지 않고, 과학은 물리학에 국한되지 않고, 삶은 과학에 국한되지 않는다. 원자 연구의 목표는 원자에 관한 우리의 경험적 지식을 우리의 다른 생각과 맞아 들어가도록 만드는 것이다. 우리의 생각은, 적어도 외부세계에 관한 생각인 한에서는, 예외 없이 공간과 시간 안에서 작동한다. 원자 연구를 공간과 시간 안에 맞춰 넣을 수 없다면, 원자 연구는 목표 달성에 완전히 실패한 것이다. 그런 원자 연구가 무슨 소용이 있는지 모르겠다.

보어는 과학의 목표가 자연세계를 설명하는 것임을 정말로 부정한 것일까? 아마 그렇지 않을 것이다. 그는 이런 말도 남겼다. "옳은 진술의 반대는 틀린 진술이지만, 위대한 진리의 반대는 또 하나의 위대한 진리일 수 있다." 보어의 생각은 딱 잘라 규정하기 어렵기로 악명이 높다.

파동-입자 문제는 단지 언어의 문제이므로 전자를 파동이나 입자라고 부르는 대신에 '파자wavicle'라고 부르면 해결된다고 하이젠베르크의 동료 하나가 제안한 일이 있었다. 하이젠베르크는 양자역학이 야기하는 철학적 문제들 중에는 큰 것도 있고 작은 것도 있음을 강조하면서 이렇게 대꾸했다.

내가 보기에 그 해법은 너무 단순하다. 생각해보면, 우리가 다루는 것은 전자만의 특별한 속성이 아니라 모든 물질과 복사의 속성이다. 전자를 대상으로 삼든, 빛 양자, 벤젠 분자, 또는 돌멩이를 대상으로 삼든, 우리는 항상 그 두 가지 성격, 즉 입자성과 파동성을 대면하게 될 것이다.

원리적으로는(우리에게는 이 단서가 중요하다) 만물이 양자역학적이고 결국 불가사의하다고 하이젠베르크는 말하고 있다. 이 말은 우리를 코펜하겐 해석의 두 번째 기둥인 불확정성원리로 이끈다. 하이젠베르크가 유명해진 것은 주로 불확정성원리 덕분이다.

하이젠베르크 불확정성원리

하이젠베르크는 관찰자의 실재 창조를 반박하려는 모든 시도가 실패로 돌아갈 수밖에 없음을 보여주었다. 그가 든 예를 살펴보자.

간섭실험을 하면서 원자 각각이 어느 상자에서 나오는지 관찰한다고 해보자. 원자가 한 상자에서 나오는 것이 관찰되면, 원자가 실제로 그 상자 안에 있었음이 증명될 것이다. 그 다음에 그 원자가 간섭 규칙을 따른다면, 간섭 규칙은 그 원자가 두 상자 모두에서 나왔음을 함축하므로, 양자이론은 일관성이 없고 따라서 틀렸음이 증명될 것이다. 이런 증명의 시도가 실패로 돌아갈 수밖에 없음을 보이기 위해 하이젠베르크는 오늘날 '하이젠베르크 현미경'으로 불리는 사고실험을 고안했다.

원자가 어느 상자에서 나오는지 관찰하기 위해 당신은 빛을 발사하여 원자를 때리는 방법을 쓸 수 있을 것이다. 우리가 사물을 보는 일반

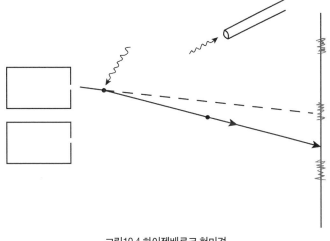

그림10.4 하이젠베르크 현미경

적인 방식은 사물을 때리고 반사한 빛을 보는 것이다. 빛에 얻어맞은 원자가 그 충격으로 간섭무늬 안의 허용된 위치가 아니라 엉뚱한 곳으로 가게 되는 것을 막으려면, 원자를 최대한 살살 때려야 한다. 다시 말해 가능한 최소의 빛, 즉 광자 하나로 때려야 한다.

일반적으로 두 물체 사이의 간격이 두 물체에서 나오는 파동들의 파장보다 더 작으면, 파동들을 보고 그 간격을 명확하게 알아내기가 불가능하다. 그림10.5를 보라. 그림A에서 파동의 파장, 즉 마루들 사이 거리는 파원들 사이 간격보다 더 작다. 따라서 관찰자의 '눈'에 도달하는 마루들은 명확하게 구분되는 두 방향, 두 지점에서 온다. 그림B에서는 파장이 파원들 사이 거리보다 더 크다. 결과적으로 관찰자의 '눈'에 도달하는 마루들이 서로 다른 두 방향, 두 지점에서 온다는 것이 명확하게 식별되지 않는다. 이런 연유로, 원자가 어느 상자에서 나왔는지 알 수 있으려면, 원자에서 반사한 빛의 파장이 상자들 사이 간격보다 더 작아야 한다.

그런데 파장이 짧다는 것은 1

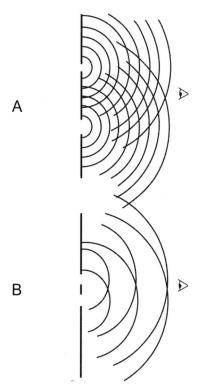

그림10.5 A: 파장보다 더 큰 간격으로 떨어진 두 파원에서 나오는 파동. B: 파장보다 더 작은 간격으로 떨어진 두 파원에서 나오는 파동

초 동안 특정 지점을 통과하는 마루의 개수가 많다는 것, 다시 말해 주파수가 높다는 것을 뜻하고, 고주파수 광자는 많은 에너지를 보유한다. 따라서 고주파수 광자는 원자를 세게 때려 튕겨낼 것이다. 하이젠베르크는 원자가 어디에서 나왔는지 식별하는 데 쓰기에 충분할 만큼 파장이 짧은 광자는 원자를 충분히 세게 때려서 간섭무늬를 없애버린다는 것을 쉬운 계산을 통해 보여주었다. 그런 광자는 원자로 하여금 간섭 규칙이 금지한 지점에 도달하게 한다. 그림10.4의 점선은 원자가 그런 광자와 충돌하지 않았다면 따랐을 경로를 나타낸다.

하이젠베르크 현미경 이야기는, 만일 당신이 원자 각각이 특정 상자에서 나오는 것을 본다면, 당신은 원자 각각이 두 상자 모두에 들어 있었음을 입증하는 간섭무늬를 관찰할 수 없다는 것을 말해 준다. 그러므로 당신은 관찰자의 실재 창조를 반박할 수 없다. 하이젠베르크는 보어에게 자신의 발견을 자랑스럽게 알렸다. 보어는 감동했다. 그러나 그는 젊은 동료의 논증에 허점이 있음을 지적했다. 광자가 튕겨진 각도를 알면 원자가 어느 상자에서 나왔는지 계산할 수 있는데, 하이젠베르크는 이를 간과했던 것이다. 그러나 하이젠베르크의 기본 발상은 옳았다. 보어는 광자가 튕겨진 각도를 측정하는 데 필요한 현미경 렌즈의 크기를 추가로 고려하면 하이젠베르크의 결론이 다시 타당해진다는 것을 보여주었다.

이 실수는 하이젠베르크를 두 번이나 난처하게 만들었다. 그가 스스로 밝힌 바에 따르면, 그는 박사학위 시험에서 빛 파동의 방향을 현미경으로 알아내는 것에 관한 문제를 틀렸다.

하이젠베르크는 자신의 현미경 이야기를 일반화하여 '하이젠베르크 불확정성원리'에 도달했다. 즉, 당신이 대상의 위치를 정확하게 측정할수록, 대상의 속도에 대한 당신의 앎은 더 불확실해진다는 원리에 도달했다. 거꾸로 당신이 대상의 속도를 정확하게 측정할수록, 대상의 위치에 대한 당신의 앎은 더 불확실해진다.

불확정성원리를 슈뢰딩거 방정식에서 곧바로 도출할 수도 있다. 실제로 임의의 속성에 대한 관찰은 그 속성과 상보관계에 있는 양, 즉 상보량을 불확정적으로 만든다. 상보관계에 있는 두 양의 예로 위치와 속도(또는 운동량)를 들 수 있다. 에너지와 시간도 상보관계에 있는 쌍, 즉 상보 쌍이다. 핵심은, 대상의 속성을 어떤 속성이든간에 관찰하면 대상이 충분히 심하게 교란되기 때문에, 관찰이 관찰되는 속성을 창조한다는 양자이론의 주장을 반박할 수 없게 된다는 점이다.

한 마디 더 언급하자면, 불확정성원리는 자유의지에 관한 논의에서도 등장한다. 고전물리학의 세계관에서는, 특정 순간에 우주에 있는 모든 대상의 위치와 속도를 아는 '전지적인 눈'은 미래 전체를 확실하게 내다볼 수 있다. 또한 우리는 물리적인 우주의 일부이므로, 고전물리학은 자유의지를 배제한다. 그런데 불확정성원리는 이런 뉴턴식 결정론을 부정한다. 자유의지와 결정론에 관한 철학적 논의에 불확정성원리가 등장하는 것은 이런 이유 때문이다. 불확정성원리는 결정론을 부정함으로써 자유의지를 허용할 수 있다. 그러나 무작위성은(양자적인 무작위성이든 아니든) 자유로운 선택이 아니다. 양자적 불확정성은 자유의지의 기초가 될 수 없다.

상보성

불확정성원리는 대상에 대한 임의의 관찰이 필연적으로 대상을 교란하여 양자이론에 대한 반박을 불가능하게 만든다는 것을 보여준다. 하지만 이것으로는 불충분하다. 코펜하겐 해석을 떠받치는 세 번째 기둥, 곧 상보성이 필요하다. 상보성은 받아들이기 어려운 개념이다(아인슈타인이 정말로 못마땅하게 여긴 것은 그가 주사위놀이 발언으로 지적한 무작위성이 아니라 상보성이다).

상자 쌍 1,000개가 있다고 가정하자. 상자 쌍 각각에 중첩 상태의 원자 하나가 들어 있다. 당신이 각 쌍의 상자 하나를 들여다본다고 하자. 대략 두 번에 한 번꼴로 당신은 들여다본 상자 안에서 원자를 발견할 것이다. 불확정성원리에 따르면, 당신이 관찰을 위해 광자들을 원자에 쪼일 때, 원자는 교란을 당한다. 그러므로 당신은 원자를 발견할 때마다 그렇게 교란당한 원자가 들어 있는 상자 쌍을 옆으로 치워놓는다. 그런 상자 쌍은 약 500개일 것이다. 그렇게 치워놓고 나면, 대략 500개의 상자 쌍이 남는다. 당신이 들여다본 상자가 텅 비어 있었으므로, 이 상자들에 들어 있는 원자는 물리적으로 교란당하지 않았다. 그리고 당신은 이 상자 쌍 각각에서 원자가 어디에 들어 있는지 안다. 원자는 당신이 들여다보지 않은 상자 안에 있다.

이제 이 상자 쌍 500개를 가지고 간섭실험을 한다고 해보자. 간섭무늬가 형성된다면, 원자들이 쌍을 이룬 두 상자 모두에 동시에 들어 있었음이 증명될 것이다. 그러나 당신이 이미 알듯이, 이 상자 쌍들에서 원자 각각은 한 상자에 온전히 들어 있다. 그러므로 이 경우에 간섭무늬 형성은 양자이론이 일관적이지 않다는 증거일 것이다.

그러나 실제로 실험을 해보면, 간섭무늬가 형성되지 않는다. 이 상자 쌍들 안의 원자들은 교란당하지 않았는데 왜 다른 행동을 보이는 것일까? 만약에 당신이 빈 상자들을 들여다보기 전에 간섭실험을 했더라면, 똑같은 원자들이 간섭무늬를 형성했을 것이다.

이 원자들은 물리적으로 교란당하지 않았지만, 이 원자들 각각이 어느 상자에 들어 있는지를 당신이 알아냈다는 점이 중요하다. 당신이 원자의 위치를 알아내는 것만으로도 원자는 온전히 한 상자 안으로 응축되는 것이 분명하다. 이것이 신비주의적인 이야기가 아님을 이해하려면 설명을 들을 필요가 있다.

우리가 물리학 전공자를 위한 양자역학 강의에서 제시하는 설명은, 관찰자가 한 상자를 들여다보고 그 안에서 원자를 발견하지 못하면, 그 즉시 원자의 출렁거림이 다른 상자 안으로 붕괴한다는 것이다. 야바위에서 그릇 각각에 콩이 들어 있을 확률은 똑같이 1/2과 1/2이었다가, 관찰자가 한 그릇을 들여다보면 (콩이 발견된 그릇에서의 확률) 1과 (콩이 발견되지 않은 그릇에서의 확률) 0으로 붕괴한다. 이와 동일한 일이 원자의 출렁거림에서도 일어나는 것이다. 알다시피 출렁거림은 확률이다.

하지만 이 설명은 피상적인 면이 있다. 고전적 확률은 관찰자가 얼마나 많이 아는가를 표현한다. 반면에 양자적 확률, 즉 출렁거림은 물리적 원자가 가진 모든 것이라고 양자이론은 말한다. 그렇다면 단지 관찰자가 앎을 획득하기 때문에 원자의 출렁거림이 한 상자로 집중된다는 것은 쉽사리 납득할 수 없다. 그러나 우리가 전공자들에게 철학적 수수께끼를 강조하는 경우는 거의 없다. 그들의 주요 과제는 계산을 배우는 것이기 때문이다.

물리학자들이 철학의 수렁에 빠지지 않고 물리학을 할 수 있게 해주려면 앎이 물리적 현상에 미치는 영향을 정면으로 다뤄야 한다는 것을 보어는 깨달았다. 그리하여 그는 상보성원리를 내놓았다. 상보성원리란 미시적 대상의 두 측면, 곧 입자 측면과 파동 측면이 '상보적'이라는 것이다. 이 원리에 따르면, 미시적 대상을 완전하게 기술하려면 상반된 두 측면이 모두 필요하다. 그러나 우리는 우리가 하는 관찰의 유형, 실험의 유형을 특정함으로써 한 번에 한 측면만 고찰할 수밖에 없다.

따라서 우리는 미시적 시스템(이를테면 원자)이 독자적으로 존재하지 않는다고 간주함으로써 외견상의 모순을 피한다. 원자를 논할 때 우리는 상보적인 두 측면 중 하나나 다른 하나를 보여주는 거시적 실험 장치를 적어도 암묵적으로 항상 언급해야 한다. 그러면 아무 문제가 없다. 왜냐하면 우리가 보고하는 것은 결국 그런 장치의 고전적 행동뿐이기 때문이다. 보어의 말을 들어보자.

핵심은 실험 장치에 관한 기술과 관찰 기록이 통상적인 물리학의 어법에 맞는 명료한 언어로 제시되어야 함을 인정하는 것이다. 이것은 단순한 논리적 요구다. 왜냐하면 '실험'이라는 단어가 가리키는 절차는, 우리가 그 절차를 수행하고 무언가를 배웠다면 타인에게 우리가 무엇을 했고 무엇을 배웠다고 알려줄 수 있는 그런 절차여야 하기 때문이다.

실제 실험에서는, 충분히 무겁기 때문에 그것들의 상대적 위치와 속도를 완전히 고전적으로 다뤄도 되는 강체들이 측정 장치로 사용되므로, 이런 요구가 확실히 충족된다.

바꿔 말해서, 비록 물리학자들은 원자와 기타 미시적 대상을 마치 진정한 물리적 대상인 양 언급하지만, 미시적 대상은 우리가 측정 장치의 행동을 기술하기 위해 사용하는 개념일 뿐이다. 미시적 세계를 다룰 때 우리는 측정 장치의 행동을 기술하는 것을 넘어선 일을 할 필요가 없다.

이런 태도는 '나는 가설을 지어내지 않는다'라는 뉴턴의 말을, 중력에 대한 설명은 행성의 운동을 예측하는 자신의 방정식을 넘어설 필요가 없다는 뉴턴의 주장을 연상시킨다. 말할 필요도 없겠지만, 아인슈타인은 뉴턴의 방정식을 넘어섬으로써 공간과 시간의 본성에 관한 위대한 통찰에 도달했다. 그 결과가 그의 중력 이론인 일반상대성이론이다.

코펜하겐 해석은 특유의 유연성에 어울리는 다음과 같은 지침을 채택할 수 있다. 당신이 할 수도 있었지만 실제로 하지 않은 실험에 대해서 생각하지 마라. 따지고 보면, 양자 측정 문제, 곧 양자 불가사의는 우리가 실제로 한 실험이 아닌 다른 실험을 할 수도 있었다는 생각에서 비롯된다.

어느 저명한 물리학자는 이런 태도를 강조하기 위해 다음과 같이 선언했다. "하지 않은 실험은 결과가 없다!" 물리학은 단지 실험 결과를 다루는 과학이므로, 하지 않은 실험은 생각할 필요도 없다는 것이다. 실제로 당신은 논리적 모순을 증명할 수 없다. ('어느 상자?' 실험은 원자들을 심하게 교란하여 그것들을 이용한 간섭실험을 불가능하게 만든다. 또한 간섭실험을 하고 나면, 간섭실험에 쓰인 원자들로 '어느 상자?' 실험을 할 수 없다.)

우리가 실제로 한 일과 다른 일을 할 수도 있었다는 평범한 생각은 이른바 '반사실적 확실성counterfactual definiteness'을 전제한다. 예컨대 점심을 먹어 배가 부른 당신이 만약에 점심을 먹지 않았다면 배가 고팠을 것이라는 믿음은 반사실적 확실성을 전제한다. 우리가 총을 쏜 누군가를 감옥에 가두는 것은 그가 총을 쏘지 않을 수도 있었기 때문이다. 하지 않은 실험은 생각할 필요도 없다고 단언하는 버전의 코펜하겐 해석은 반사실적 확실성을 부정하지만, 실제로 우리는 반사실적 확실성을 전제하고서 우리의 삶과 사회를 운영한다. 수학적 성향이 강한 일부 물리학자들은 양자역학이 우리에게 강요하는 것은 단지 반사실적 확실성의 부정을 받아들이는 것뿐이라고 말한다. 그러나 우리가 양자이론을 미시적 대상에만 적용하고 그 이론이 명백히 지니고 있는 더 광범위한 함의들을 무시할 수 있다면 참 좋겠지만, 그럴 수 없다는 점이 문제다.

반사실적 확실성을 부정하는 코펜하겐 해석은 자유의지도 부정하는 듯하다. 자유의지는 착각일까? 우리가 사는 세계는 철저히 결정론적이고 우리는 자동기계일 뿐인데도, 세계가 우리를 속여서 우리 자신이 자유롭게 선택한다는 믿음을 품게 만든다는 주장을 우리는 반증할 수 없다. 그러나 우리(프레드 커트너와 브루스 로젠블룸)는 각자의 자유의지를 전적으로 확신한다. 비록 우리 각자는 함께 이 책을 쓰는 동료가 정교한 로봇이 아님을 절대적으로 확신할 수는 없지만 말이다.

코펜하겐 해석에 대한 호응과 반발

코펜하겐 해석은 양자역학을 실용주의적으로 수용할 것을 요청한다 (실용주의를 쉬운 구호로 요약하자면, '유효하다면, 참이다'가 적당할 것이다). 물리학자들은 철학을 하고 싶지 않을 때 암묵적으로 코펜하겐 해석을 받아들인다. 또한 우리 물리학자 대부분은 철학을 하고 싶을 때가 거의 없다. 물리학자는 실용주의자인 경향이 있다.

엄밀히 말하면, 미시적 대상의 속성은 우리가 사용하는 장치의 행동을 근거로 추론한 결과일 뿐이다. 그러나 물리학자들은 미시적 대상을 언급하고 시각적으로 표현하며, 마치 미시적 대상이 실재하는 것처럼 그것의 모형을 가지고 계산을 한다. 그러나 역설에 봉착하면, 우리는 언제나 코펜하겐 해석으로 후퇴할 수 있다. 바꿔 말해서, 미시적 대상에 관한 양자이론은 거시적 장치의 행동을 설명해야 하지만, 미시적 대상 자체는 '이치에 맞을' 필요가 없다는 입장으로 후퇴할 수 있다.

유사한 경우로 (보어가 예로 든) 심리학을 생각해보자. 우리는 어떤 사람의 행동을 보고한다. 그 사람의 물리적 행동 그 자체는 역설을 일으키지 않는다. 그 사람의 신체 동작은 뉴턴의 운동 법칙을 따르므로 이치에 맞는다. 하지만 우리는 그 사람의 행동을 그의 동기를 통해, 즉 이론을 통해 설명해야 한다. 이때 그의 동기는 이치에 맞을 필요가 없고, 실제로 이치에 맞지 않을 때가 많다. 우리는 사람을 다룰 때 이런 실용주의적 태도를 취한다. 코펜하겐 해석은 미시적인 물리 현상을 다룰 때에도 이런 태도를 취할 것을 권한다.

만일 당신이 관찰자 문제에 대한 코펜하겐 해석의 해법에 반발한다면, 당신은 외톨이가 아니다. 양자역학을 이해하고 진지하게 받아들이면서 어느 정도 당혹스러움을 시인하지 않는 사람은 우리가 아는 한 아무도 없다.

그럼에도 최근까지 거의 모든 양자역학 교과서는 코펜하겐 해석이 모든 문제를 해결한다고 주장했다. 1980년에 나온 한 교과서는 오리너구리를 그려놓고 그 밑에 '전자와 유사한 고전적 대상'이라는 설명을 붙이는 재치 있는 농담으로 양자 불가사의를 일축했다. 그 농담에 담긴 뜻은, 미시적 대상이 널리 퍼진 파동이고 또한 응축된 입자인 것은 오리너구리가 포유동물이고 또한 알을 낳는 것과 마찬가지로 그리 놀랄 일이 아니라는 것이다. 1980년대의 또 다른 교과서 저자는 서문에서 '양자역학을 덜 불가사의하게 설명'하겠다고 약속한다. 실제로 그는 양자역학의 불가사의를 알려주지도 않음으로써 그 약속을 지킨다.

아마도 이런 태도에 자극을 받아서 머리 겔만Murray Gell-Mann은 1969년에 노벨물리학상을 받으면서, 보어가 여러 세대 물리학자들의 뇌를 세척하여 문제가 해결되었다는 믿음을 품게 만들었다고 개탄했다. 그의 지적은 오늘날 조금 덜 통렬해졌다. 최신 양자역학 교과서들은 미해결 문제들을 적어도 넌지시 언급한다.

코펜하겐 해석은 양자적인 미시세계와 고전적인 거시세계의 명확한 분리를 필수 전제로 삼았다. 이 분리는 우리가 직접 다루는 큰 대상과 원자 사이의 어마어마한 크기 차이에 근거를 두었다. 보어의 시대에 원자와 큰 대상 사이에는 아무도 밟아보지 못한 중간지대가 광활하게 펼쳐져 있었다. 거시 영역은 고전물리학을 따르고 미시 영역은 양자물리학을 따른다는 생각은 받아들일 만해 보였다.

　그러나 오늘날의 기술은 그 중간지대를 침범했다. 우리는 적당한 레이저 광선을 이용해서 개별 원자를 맨눈으로 볼 수 있다. 햇살 속의 먼지를 볼 수 있는 것과 마찬가지로 말이다. 훑기꿰뚫기현미경을 이용하면 개별 원자를 볼 수 있을 뿐더러, 집어올리고 내려놓을 수도 있다. IBM사의 물리학자들은 아르곤 원자 35개를 배치하여 자기네 회사의 이름을 썼다.

　양자역학은 점점 더 큰 대상에 적용되고 있다. 나중에 우리는 거의 거시적인(실제로 보이는) 대상들을 가지고 최근에 일으킨 양자 현상들을 논할 것이다. 우주론자들은 빅뱅을 연구하기 위해 온 우주의 파동함수를 언급한다. 이제는 양자 규칙들이 적용되는 영역을 물리적으로 실재하지 않는 영역으로 취급하기가 점점 더 어려워지고 있는 것이다.

　그럼에도 많은 물리학자들은 미시세계의 기괴함에 대한 언급을 강요당하면 이런 식으로 대답할 것이다. "그냥 자연이 그렇습니다. 실재

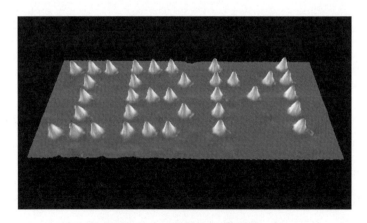

그림10.6 아르곤 원자 35개로 쓴 'IBM'. IBM 사 제공

는 우리의 직관적인 생각과 달라요. 양자역학은 우리에게 순박한 실재론을 버리라고 강요합니다." 그리고 그것으로 마무리할 것이다. 순박한 실재론은 누구나 기꺼이 버리려고 한다. 그러나 '과학적 실재론'을 기꺼이 버릴 물리학자는 거의 없다. 과학적 실재론은 '과학적인 앎의 대상이 앎에 대해 독립적으로 존재하고 행동한다는 믿음'으로 정의된다. 그런데 양자역학은 과학적 실재론을 뒤흔든다.

양자가 기괴하다는 것을 부정하는 물리학자는 거의 없지만, 아마 대부분의 물리학자는 코펜하겐 해석이나 그것의 현대적 버전이, 특히 '결어긋남decoherence' 개념(15장에서 다룰 것이다)이 양자의 기괴함을 잘 관리한다고 여길 것이다. 모든 실용적인 맥락에서 중요한 것은 오로지 그런 관리라고 말이다. 그러나 코펜하겐 해석을 벗어난 생각들에 마음을 여는 물리학자들이 특히 젊은 세대에서 점점 더 많아지는 중이다. 코펜하겐 해석에 도전하는 해석들이 풍부하게 등장하고 있다. 15장에서 우리는 그런 해석을 여러 개 논할 것이다. 의식 그 자체(또한 의식과 양자역학의 연결)에 대한 관심도 물리학자, 철학자, 심리학자들 사이에서 갈수록 증가하고 있다.

코펜하겐 해석을 요약한 문장으로 최근에 등장한 것은 '닥치고 계산해!'이다. 이 문장은 퉁명스럽긴 하지만 코펜하겐 해석에 대한 요약으로 어느 정도 일리가 있다. 실제로 대부분의 물리학자는 거의 항상 닥치고 계산한다. 확실히 모든 실용적 맥락에서 코펜하겐 해석은 양자역학을 다루는 멋진 방식이다. 그 해석은 우리로 하여금 우리 자신이 하는 일이 '정말로' 무엇인가에 대한 고민 없이 실험실이나 책상 앞에서 양자역학을 활용할 수 있게 해준다.

그러나 우리는 확률 계산 알고리즘보다 더 많은 것을 바랄 수도 있다. 고전물리학은 더 많은 것을 제공했다. 고전물리학은 우리에게 세계관을 선사했고, 그 세계관은 우리 문화를 바꿔놓았다. 오늘날 우리는 그 세계관에 근본적인 결함이 있음을 안다. 다가올 미래에는 양자물리학이 우리의 세계관에 충격을 가할 수 있을까?

코펜하겐 해석 요약

다음은 코펜하겐 해석의 비판자와 옹호자의 가상 대화다.

비판자: 양자역학은 상식을 위반합니다. 어딘가에 오류가 있는 것이 분명해요!

옹호자: 아뇨, 그렇지 않아요. 양자역학은 완벽하게 유효해요.

비판자: 그래요, 유효해요. 그래서 더욱더 해괴하다는 말입니다. 양자역학은 논리적으로 일관되지 않아요.

옹호자: 아시겠지만, 아인슈타인이 양자역학의 비일관성을 증명하려고 애썼죠. 결국 포기했지만…….

비판자: 양자역학은 작은 대상들이 고유의 속성을 지니지 않았다고 말하죠. 내 눈에 보이는 것은 내가 창조한 것이라고도 하고요.

옹호자: 맞아요. 양자역학의 기본 발상을 잘 아시는군요.

비판자: 하지만 그렇게 관찰자가 창조한 속성들만 가진 대상은 물리

적 실재성이 없어요! 그런 대상은 관찰될 때만 실재하겠죠. 이건 이치에 맞지 않아요.

옹호자: '실재성'이나 '이치'에 신경 쓸 필요 없어요. 작은 대상은 단지 모형에 지나지 않습니다. 모형은 이치에 맞을 필요가 없고요, 모형은 유효하기만 하면 돼요. 반면에 큰 대상들은 충분히 실재적이죠. 그러니 아무 문제도 없습니다.

비판자: 그렇지만 큰 대상은 작은 대상들의 집합체일 뿐이잖아요. 원자들의 집합체라고요. 양자역학이 일관성을 지니려면 크든 작든 모든 대상은 관찰되어야 비로소 실재한다고 말해야 합니다.

옹호자: 아하, 굳이 그렇게 주장하신다면 저도 동의하겠습니다만, 이 문제는 중요하지 않아요.

비판자: 중요하지 않다고요? 만일 양자역학이 내 고양이와 책상이 관찰되기 전에는 실재하지 않는다고 말한다면, 그건 어처구니없는 말이에요.

옹호자: 아뇨, 천만에요. 당신은 큰 대상들에서 그런 어처구니없는 상황을 절대로 겪지 못합니다. 모든 실용적인 맥락에서, 큰 대상들은 항상 관찰되고 있으니까요.

비판자: 실용적인 맥락에서는 확실히 그렇겠죠. 하지만 관찰자가 실재를 창조한다는 말은 무슨 의미입니까?

옹호자: 과학은 의미를 제시하지 않습니다. 단지 무슨 일이 일어날 것인지만 말하죠. 과학은 단지 무엇이 관찰될 것인지를 예측하기만 하면 됩니다.

비판자: 나는 예측 요령보다 더 많은 것을 원해요. 상식이 틀렸다고

당신이 말한다면, 그럼 무엇이 옳은지 나는 알고 싶어요.

옹호자: 우리는 양자역학이 옳다는 것에 동의했잖아요. 슈뢰딩거 방정식은 미래에 일어날 일과 관찰될 수 있는 모든 것을 말해줍니다.

비판자: 나는 진정한 실재를 알고 싶어요. 일부가 아니라 전부를 알고 싶다고요.

옹호자: 양자역학이 기술하는 바가 전부예요. 그 외에 더 기술할 것은 없어요.

비판자: 이런 젠장! 저 바깥에 실제 세계가 있잖아요. 나는 자연에 관한 진실을 알고 싶어요.

옹호자: 과학은 관찰되는 것을 넘어선 실제 세계를 드러낼 수 없습니다. 관찰되는 것을 넘어선 모든 것은 철학의 소관일 따름이죠. 굳이 '진실'을 원하신다면, 바로 이것이 '진실'이라고 말씀드리겠습니다.

비판자: 당신은 패배주의자예요! 나는 그런 피상적인 대답에 절대로 만족할 수 없어요. 당신의 과학은 물리적 세계 설명이라는 고유의 사명을 저버린 과학, 과학의 기본적이고 철학적인 목표를 포기한 과학이에요.

옹호자: 아, 그렇게나 심각한가요? 아무튼 철학을 가지고 나를 귀찮게 하지 마십시오. 나는 과학 연구를 해야 하니까요.

비판자: 영자역학은 명백하게 부조리합니다! 나는 양자역학을 결코 최종적인 해답으로 받아들이지 않을 거요.

옹호자: (비판자의 말을 한 귀로 듣고 한 귀로 흘려버린다.)

11

말도 많고 탈도 많은 슈뢰딩거의 고양이

시스템 전체는 살아 있는 고양이와 죽은 고양이를 반반씩 포함할 것이다.
_에르빈 슈뢰딩거

슈뢰딩거의 고양이 이야기가 나오면 나는 총을 집어 들려고 팔을 뻗는다.
_스티븐 호킹

1935년에 이르자, 양자역학의 기본 형식은 명확하게 제시되어 있었다. 슈뢰딩거 방정식은 새로운 보편 운동 방정식이었다. 양자이론은 비록 원자 규모의 대상들에만 필요했지만 만물의 행동을 지배한다고 추정되었다. 이제 '고전물리학'으로 불리게 된 과거의 물리학은 큰 대상들에 타당하며 더 쉽게 써먹을 수 있는 근사 이론이었다.

우리는 양자이론이 기괴한 정도를 넘어서 부조리함을 보여주기 위해 슈뢰딩거가 지어낸 이야기를 살펴볼 것이다. 그러나 양자이론은 아주 유효하기 때문에, 대부분의 물리학자들은 그 부조리를 간과한다. 그럼에도 불구하고 슈뢰딩거의 이야기는 오늘날 큰 반향을 일으키고 있다.

아래에서 우리가 특별한 단서 없이 언급하는 '양자이론'은 양자이론에 대한 코펜하겐 해석임을 밝혀둔다. 하이젠베르크는 원자를 비롯한 미시적 대상들이 '실재성'은 없고 다만 '잠재성'만 있다고 말한다. 그럼 원자들로 이루어진 대상은 어떨까? 예를 들어 의자는? 아직 관찰되지 않은 은하는 실재하지 않는 것일까? 이런 질문들을 파고들다 보면, 평소에 물리학이 꼭꼭 감추고 있는 부끄러운 비밀과 대면하게 된다.

큰 대상들에는 양자이론이 타당하지 않은 것일까? 아니, 그렇지 않다. 양자이론은 모든 물리학의 기초다. 우리에게는 큰 대상들, 예컨대 레이저, 반도체 칩, 또는 별의 기초 원리를 다루는 양자이론이 필요하다. 궁극적으로 만물의 운행은 양자역학적이다. 그러나 우리는 큰 대상들에서는 양자적 기괴함을 보지 못한다. 코펜하겐 해석을 통해 보는 양자이론은 작은 대상에 적용하고 큰 대상은 고전적으로 다뤄야 한다고 설명했다. 대부분의 물리학자는 실용주의에 입각해서 이 권고를 받아들이고 작은 대상의 '비실재성'에 대해 고민하지 않는다.

그러나 슈뢰딩거는 고민했다. 양자이론이 원자의 실재성을 부정한다면, 이 부정의 논리적 귀결은 원자들로 이루어진 대상의 실재성마저 부정하는 것이라고 그는 판단했다. 이토록 기괴한 이론은 자연의 보편 법칙일 리 없다고 슈뢰딩거는 강하게 느꼈다. 우리는 번민하는 슈뢰딩거와 실용주의적인 젊은 동료의 대화를 상상해볼 수 있다.

슈뢰딩거: 코펜하겐 해석은 실패작이야. 자연은 우리에게 무언가 말해주려 하는데, 코펜하겐 해석은 우리에게 귀 기울이지 말라고 타이르는 꼴이거든. 양자이론은 부조리해!

동료: 하지만 선생님, 선생님의 이론은 완벽하게 유효해요. 틀린 예

측이 아직 하나도 없잖아요. 그러니 아무 문제 없습니다.

슈뢰딩거: 생각해보세. 나는 어딘가를 바라보고 거기에서 원자를 발견해. 그런데 양자이론에 따르면, 내가 바라보기 전에는, 원자가 없었어. 원자가 거기에 존재하지 않았다는 거지. 그럼, 그 원자는 어느 장소에도 존재하지 않았다는 말인가?

동료: 예, 그렇습니다. 선생님이 그 원자의 위치를 알아내려고 바라보기 전에 그 원자는 파동함수였어요. 단지 확률이었던 거죠. 그 원자는 어느 장소에도 존재하지 않았습니다.

슈뢰딩거: 그러니까, 내가 바라보았기 때문에 그 장소에 있는 원자가 창조되었다는 말인가?

동료: 예, 선생님. 그것이 선생님의 이론이 말해 주는 바입니다.

슈뢰딩거: 이건 어리석은 유아론이야. 자네는 물리적으로 실재하는 세계를 부정하고 있다고. 지금 내가 앉아 있는 이 의자는 확실히 실재하는 의자가 아닌가.

동료: 그럼요, 그렇고말고요. 선생님의 의자는 실재합니다. 관찰에 의해 창조되는 것은 단지 작은 대상들의 속성뿐이에요.

슈뢰딩거: 자네는 지금 양자이론이 작은 대상들에만 적용된다고 말하는 건가?

동료: 아닙니다, 선생님. 선생님의 방정식은 모든 것에 적용됩니다. 그러나 큰 대상들을 가지고 간섭실험을 하기는 불가능해요. 그러니 큰 대상의 실재성에 대해서 고민할 이유는 어떤 실용적인 맥락에서도 없습니다.

슈뢰딩거: 큰 대상은 원자들의 집합체일 뿐이야. 원자가 물리적으로

실재하지 않는다면, 원자들의 집합체도 실재할 수 없지. 만일 양자이론이 우리가 바라보기 때문에 실제 세계가 창조된다고 말한다면, 양자이론은 부조리하네!

슈뢰딩거는 양자이론에서 부조리한 결론이 도출됨을 보여주기 위해 이야기 하나를 지어냈다. 그 이야기의 논증 구조는 이른바 귀류법이다. 즉, 모순적인 결론에 도달함으로써 전제가 틀렸음을 보여준다. 슈뢰딩거의 논증을 받아들일지 말지는 독자 스스로 판단하라. 그렇지만 우리가 그 논증에 대한 표준적인 반론을 제시할 테니, 그것을 읽은 다음에 판단하기 바란다.

상자 속 고양이 이야기

슈뢰딩거가 제시한 논증의 첫 단계는 앞에서 살펴본 상자 쌍 실험의 첫 단계와 같다. 기억하겠지만, 상자 쌍 실험에서는 원자 하나의 출렁거림이 반투명 거울에서 양분되어 두 상자에 절반씩 들어간다. 양자이론에 따르면, 당신이 한 상자에서 온전한 원자를 발견하기 전에는, 원자는 한 상자 안에 존재하지 않는다. 원자는 동시에 두 상자 안에 중첩 상태로 존재한다. 당신이 상자 하나를 들여다보는 순간, 그 중첩 상태 출렁거림은 한 상자 안으로 붕괴한다. 그리하여 당신은 들여다본 상자 안에서 온전한 원자를 발견하거나 발견하지 못할 것이다(어느 쪽이 실현되는가는 무작위하게 결정된다. 당신이 선택할 수는 없다). 당신이 원자를 발견하지 못한다면, 원자는 다른 상자 안에서 발견될 것이다. 그러나 당신은 이런 들여다보기 실험을 하지 않고 상자 쌍 여러 개를 이용해서 간섭무늬를 산출함으로써, 당신이 상자를 들여다보기 전에 원자는 동시에 두 상자 모두에 들어 있었음을 증명할 수도 있다.

우리가 약간 변형한 슈뢰딩거의 이야기는 지금부터 시작된다. 우리가 반투명 거울을 이용해서 원자를 두 상자에 집어넣기 이전에, 두 상자 중 하나는 비어 있지 않았다고 가정하자. 그 상자에는 원자가 들어오면 작동할 가이거계수기가 들어 있었다고 말이다. 가이거계수기가 작동하면 지렛대가 움직여 맹독성 시안화수소 병의 마개가 열린다. 또한 그 상자 안에는 고양이도 있다. 시안화수소 병의 마개가 열리면, 고양이는 죽는다. 상자의 내용물 전체, 즉 원자와 가이거계수기, 시안화수소 병, 고양이는 관찰되지 않은 채로 외부와 격리되어 있다.

서둘러 밝혀두지만, 슈뢰딩거는 실제 고양이의 목숨을 위태롭게 만들 생각이 전혀 없었다. 그는 사고 실험을 제안했을 뿐이다. 슈뢰딩거는 이 실험 장치를 '극악무도한 장치'라고 불렀다.

이제 잘 생각해보자고 슈뢰딩거는 말한다. 가이거계수기는 평범한 원자들의 집합체일 뿐이다. 물론 복잡하고 잘 조직된 집합체이긴 하지만 말이다. 따라서 엄밀히 말하면, 가이거계수기는 그것을 이루는 원자들을 지배하는 물리학 법칙의 지배를 받는다. 요컨대 양자역학의 지배를 받는다. 또한 고양이도 마찬가지일 것이다.

원자의 출렁거림은 반투명 거울에서 이등분되었으므로, 그 출렁거림의 절반은 가이거계수기와 고양이가 들어 있는 상자에 진입했고, 나

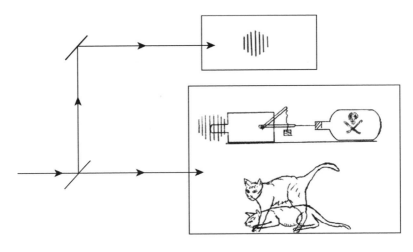

그림11.1 슈뢰딩거의 고양이

머지 절반은 다른 상자에 진입했다. 이 시스템 전체가 어떤 식으로도 관찰되지 않은 채로 나머지 세계와 격리되어 있다면, 원자는 중첩 상태에 있다. 이 중첩 상태를 우리는 원자가 가이거계수기가 있는 상자에 들어 있는 동시에 빈 상자에 들어 있다는 말로 표현할 수 있다. 이를 간단히 줄여서 원자가 두 상자에 동시에 들어 있다고 표현하기로 하자.

그러므로 원자가 진입하면 작동하는 가이거계수기도 관찰되지 않은 한에서는 중첩 상태에 있어야 한다. 즉, 가이거계수기는 작동했고 또한 동시에 작동하지 않았다. 따라서 시안화수소 병의 마개는 열렸고 또한 동시에 열리지 않았다. 결론적으로 고양이는 죽었고 또한 동시에 살아 있어야 한다. 이런 상황은 당연히 상상하기 어렵다. 어쩌면 상상하기조차 불가능하다. 그러나 이것은 양자이론이 말하는 바를 논리적으로 확장한 결과다.

그림11.1은 관찰되지 않은 고양이와 나머지 '극악무도한 장치'에 대한 양자이론의 설명을 두 경우를 포개어 그림으로 표현한 것이다. 두 상자 모두에 들어 있는 원자는 파동함수의 마루들로 나타냈다. 가이거계수기와 고양이의 파동함수는 너무 복잡해서 나타내기가 불가능하므로, 그냥 작동한 계수기와 작동하지 않은 계수기(위로 올라간 지렛대와 수평 지렛대), 열린 마개와 열리지 않은 마개, 죽은 고양이와 살아 있는 고양이를 포개서 그려놓았다.

이제 당신이 상자를 들여다본다면, 무엇을 보게 될까? 앞선 상자 쌍 실험에서 원자 하나만 중첩 상태로 두 상자에 들어 있을 때는, 상자 하나를 들여다보면 원자가 온전히 한 상자나 다른 상자 안으로 붕괴했다. 지금은 당신이 상자를 들여다보면, 시스템 전체의 파동함수가 붕괴한다.

양자이론은 당신이 일관된 상황을 발견할 것이라고 예측한다. 당신이 죽은 고양이를 발견한다면, 당신은 작동한 가이거계수기, 열린 병마개, 고양이와 함께 그 상자 안에 있는 원자를 발견할 것이다. 반대로 당신이 살아 있는 고양이를 발견한다면, 당신은 작동하지 않은 가이거계수기, 열리지 않은 병마개를 발견할 것이고, 원자는 다른 상자에 들어 있을 것이다.

그런데 양자이론에 따르면, 당신이 들여다보기 전에 원자는 한 상자에 들어 있지 않았다. 그때 원자는 두 상자 모두에 들어 있는 중첩 상태였다. 그러므로, 고양이가 물리학 법칙을 초월한 존재가 아니라고 전제하면, 당신이 들여다보기 전에 고양이는 살아 있고 또한 죽은 중첩 상태였다. 어정쩡하게 병들어 있었다는 말이 아니다. 고양이는 완벽하게 건강했고 또한 동시에 완전히 죽어 있었다.

고양이가 살아 있는 상황이나 죽은 상황은 관찰되기 전에는 물리적 실재가 아니었지만, 상자 속 고양이는 물리적 실재였다. 그러나 상자 속 고양이가 물리적 실재였던 것은 오로지 고양이를 상자 속에 넣은 누군가가 고양이가 상자 속에 있음을 관찰했기 때문이라고 해야 할 것이다.

당신이 들여다본 탓에 고양이의 중첩 상태가 붕괴한 것이므로, 당신이 죽은 고양이를 발견했다면, 당신은 고양이를 죽인 범인일까? 당신이 애당초 '극악무도한 장치'를 만든 장본인이 아니라면, 당신은 범인이 아니다. 당신은 전체 시스템의 파동함수가 어떻게 붕괴할지를 선택할 수 없었다. 고양이가 죽은 상황이나 살아 있는 상황으로의 붕괴는 무작위하게 일어났다.

곰곰이 생각해보자. 상자 하나에 고양이를 집어넣고 반투명 거울 장치를 써서 원자를 집어넣은 후 8시간이 지나서 당신이 상자를 들여다본다고 해보자. 그 8시간 동안, 시스템은 관찰되지 않은 채로 진화한다. 당신이 살아 있는 고양이를 발견한다면, 그 고양이는 8시간 동안 아무것도 못 먹었으므로 굶주린 상태일 것이다. 당신이 죽은 고양이를 발견한다면, 수의사에게 의뢰하여 시체를 검사함으로써 고양이가 8시간 전에 죽었음을 확인할 수 있을 것이다. 요컨대 당신의 관찰은 현재의 실재를 창조할 뿐만 아니라 그 실재에 적합한 과거의 역사도 창조한다. 이것은 부조리하다고 느끼는 독자도 있을 텐데, 바로 그 느낌을 일으키는 것이 슈뢰딩거의 의도였다. 그는 양자이론의 논리적 결론이 부조리하다고 논증하기 위해 고양이 이야기를 지어냈다. 그러므로 양자이론을 진정한 실재에 대한 기술로 받아들이면 안 된다고 슈뢰딩거는 주장했다.

주목해야 할 것은 슈뢰딩거의 고양이 이야기가 제기하는 불가사의가 양자이론과 무관하지 않다는 점이다. 이런 의미에서 그 불가사의는, 원자 하나가 온전히 한 상자 안에 있다는 것이나 두 상자에 퍼져 있다는 것을 우리 마음대로 선택해서 증명할 수 있다는 불가사의와 다르다. 슈뢰딩거의 이야기는 양자이론에서 비롯된 불가사의를 제기한다. 양자이론은 관찰되지 않은 물리적 세계가 잠재성들의 중첩 상태로 존재한다고 기술한다. 이 기술은 물리적 세계가 명확한 하나의 상태로 존재한다고 말해 주는 우리의 의식적 관찰과 상충한다.

고양이가 살아 있는 동시에 죽었다는 생각은 당연히 슈뢰딩거뿐 아니라 다른 물리학자들이 보기에도 우스꽝스러웠다. 그러나 슈뢰딩거가 보여준 양자이론의 부조리에 대해서 고민한 물리학자는 거의 없었다. 한낱 부조리는 너무나 잘 작동하는 양자이론에는 심각한 위협이 아니었다.

감쪽같이 엿볼 수는 없다

잠시 후에 우리는 오늘날 슈뢰딩거의 이야기가 일으키는 논쟁을 살펴볼 것이다. 하지만 그보다 먼저 제기할 질문은 이것이다. 고양이가 살아 있고 또한 동시에 죽은 상태에 있다면, 우리가 그런 상태의 고양

이를 어떤 식으로든 볼 수 있을까? 볼 수 없다. 우리는 앞의 그림11.1
에 살아 있는 고양이와 죽은 고양이를 포개서 그려놓았지만, 여러분은
그런 중첩 상태의 고양이를 절대로 보지 못한다. 관찰은 시스템 전체
를 붕괴시켜 고양이를 살아 있는 상태나 죽은 상태로 만든다. 그럼 살
짝 엿보기만 하면 어떨까? 아주 조금 엿보기만 해도 고양이의 파동함
수가 붕괴할까?

　　최소한의 엿보기를 생각해보자. 이를테면 상자의 앞뒤 벽에 구멍 두
개를 뚫고 광자 하나를 투입해서 광자가 고양이에 부딪혀 튕겨지는지
보는 실험을 생각할 수 있다. 광자 하나로 알아낼 수 있는 것은 그리
많지 않다. 그러나 만일 투입된 광자가 엉뚱한 방향으로 튕겨져 상자
를 빠져나오지 못하면, 그리하여 고양이가 서 있고 따라서 살아 있음
을 우리가 알게 되면, 이 '관찰'로 말미암아 상자의(정확히 말하면 쌍을 이
룬 두 상자의) 중첩 상태는 고양이가 살아 있는 상태로 붕괴한다. 양자이
론에 따르면, 임의의 엿보기, 임의의 정보 취득이 기존 상태를 붕괴시
킨다.

　　투입된 광자가 상자를 무사히 빠져나오는 것을 우리가 보았다고 해
보자. 이 경우에 우리는 고양이가 서 있지 않음을 안다. 이 '관찰'은 상
자의 상태를 관찰 결과와 상충하지 않는 모든 상태들의 중첩 상태로
붕괴시킨다. 이 중첩 상태는 고양이가 죽은(그리고 가이거계수기가 작동한)
상태를 포함하겠지만, 살아 있는 고양이가 엎드려 있는(그리고 가이거계
수기가 작동하지 않은) 상태도 포함할 것이다.

　　이 대목에서 중요하게 따져볼 문제가 있다. 시안화수소 병의 마개가

열렸는지 여부, 따라서 원자가 상자에 들어왔는지 여부를 고양이가 관찰할 수 있지 않을까? 고양이는 관찰자로서 자격이 없어서 파동함수를 붕괴시키지 못할까? 만일 고양이가 관찰자로서 자격이 있다면, 모기는 어떨까? 바이러스는? 가이거계수기는? 관찰자 자격이 있고 없음을 가르는 기준은 무엇일까? 우리 저자들은 각자 기르는 영리한 고양이 두 마리가 의식을 가진 관찰자라고 믿는다. 그러나 그 믿음이 옳다는 것을 어떻게 확인할 수 있을까?

엄밀히 말하면, 당신이 확실히 알 수 있는 것은 당신 자신이 파동함수를 붕괴시키는 관찰자라는 것뿐이다. 나머지 모든 사람은 양자역학이 지배하는 중첩 상태에 있다가 당신의 관찰에 의해서만 특정한 실재로 붕괴하는 것일 수도 있다. 물론 나머지 사람들도 당신과 다소 유사하게 관찰하고 행동하므로, 당신은 그들도 관찰자로서 자격이 있다고 믿는다(15장에서 양자역학에 대한 여러 세계 해석Many-Worlds interpretation을 논할 것이다. 이 해석은 우리 모두가 중첩 상태에 있다고 주장한다).

우리 각자가 유일한 관찰자라는 유아론적인 생각을 양자이론이 말하는 바의 논리적 확장으로 간주할 수 있다는 것은 사실이다. 그러나 이 생각은 명백하게 어리석다. 대안을 추구하는 일부 학자들은 양자역학이 의식적 관찰과 물리적 세계 사이의 신비로운 연결을 시사할 가능성을 진지하게 검토했다. 개척자들의 뒤를 이어 양자이론을 발전시킨 인물이며 노벨물리학상 수상자인 유진 위그너Eugene Wigner는 의식 있는 관찰자와 물리적 세계의 연관성을 슈뢰딩거의 이야기보다 더 강하게 시사하는 약간 변형된 고양이 이야기를 지어냈다.

위그너는 고양이와 상자 대신에 그의 친구가 관찰되지 않은 채로 방 안에 있는 상황을 상상했다. 시안화수소는 등장하지 않는다. 가이거계 수기가 작동하면 그저 '딸깍' 소리만 난다. 그러면 그의 친구는 수첩에 'X' 표시를 할 것이다. 위그너는 관찰자로서 친구의 지위와 그 자신의 지위가 동등하다고 전제했다. 따라서 그가 방문을 열고 친구의 수첩을 볼 때 친구의 중첩 상태 파동함수가 붕괴하는 일 따위는 발생하지 않 는다고 전제했다. 친구는 중첩 상태에 있었던 적이 없다고 말이다. 위 그너는 적어도 모든 인간은 관찰자의 지위에 있다고 전제했던 것이다. 파동함수 붕괴는 관찰 과정의 마지막 단계에서 일어난다고, 다시 말해 친구의 의식이 모종의 방식으로 물리적 시스템의 파동함수를 붕괴시 킨다고 위그너는 추측했다. 한 걸음 더 나아가 그는 인간의 의식적인 알아챔awareness이 실제로 — 어떤 설명되지 않은 방식으로 — '뻗어나가 서' 시스템의 물리적 상태를 변화시키는 것이 아닌가 의심했다.

그런 '뻗어나감'은 우리가 보기에 비합리적이다. 위그너도 결국엔 그것이 비합리적이라고 생각했다. 그러나 다른 증명은 불가능하다. 우 리가 아는 것은, 큰 분자들과 인간의 알아챔 사이 어딘가에서 신비로 운 관찰과 붕괴의 과정이 일어난다는 것뿐이다. 그 과정이 마지막 단 계에서, 즉 알아챔에서 일어난다는 것은 적어도 해볼 만한 생각이다. 우리는 이 문제에 관한 진지한 제안 몇 가지를 나중 장들에서 살펴볼 것이다.

슈뢰딩거의 이야기에 대한 대응

슈뢰딩거의 고양이는 우리의 감정을 건드린다. 대부분의 물리학자는 물리학이 의식 같은 '말랑말랑한soft' 주제와 엮이는 것을 마뜩지 않아 한다. 어떤 물리학자들은 슈뢰딩거의 고양이 이야기는 무의미하고, 그런 이야기를 논하는 것 자체가 잘못되었다고 주장한다. 합리적인 사람들은 검증 가능한 사안에 대해서 반대 의견을 내놓을 때 암묵적으로 '내가 틀릴 수도 있다'라는 태도를 취한다. 반박하기가 불가능하다고 판단될 때, 흔히 사람들은 확신한다. 우리 논의에서 중요한 것은 슈뢰딩거의 고양이 이야기를 증명하거나 반박하기가 사실상 불가능하다는 점이다. 일부 물리학자는 그 이야기를 들으면 화를 내기까지 한다. 스티븐 호킹Stephen Hawking은 '총을 집어 들려고 팔을 뻗는다'.

이제부터 우리는 슈뢰딩거의 이야기에 대한 다소 표준적인 대응을 살펴볼 것이다. 하지만 그전에 먼저 우리 저자들이 슈뢰딩거의 염려에 공감한다는 점을 밝혀둔다. 그렇지 않다면 우리는 이 책을 쓰지 않았을 것이다. 그럼에도 우리는 슈뢰딩거의 고양이 이야기가 대수롭지 않고 오해를 일으킨다는 것을 우리가 내놓을 수 있는 가장 강력한 논증을 통해 보여줄 것이다. 이것이 이어질 몇 단락에서 우리가 취하고자 하는 입장이다.

슈뢰딩거의 논증은 거시적인 대상이 관찰되지 않은 중첩 상태를 유지할 수 있다는 전제에 기초하기 때문에 틀렸다. 모든 현실적인 맥락에서, 임의의 거시적 대상은 항상 '관찰된다.' 큰 대상은 격리될 수 없다. 큰 대상은 항상 나머지 세계와 접촉한다. 그리고 그 접촉이 바로 관찰이다!

고양이가 격리될 수 있다는 것부터가 엉터리 상상이다. 고양이 근처의 모든 거시적 대상은 사실상 고양이를 관찰한다. 따뜻한 고양이는 상자의 벽을 향해 광자들을 방출한다. 이는 상자가 고양이를 관찰함을 의미한다. 극단적인 예로 달을 생각해보자. 바닷물을 끌어당겨 조석을 일으키는 달의 중력은 고양이도 끌어당긴다. 이 인력은 고양이가 살아서 서 있느냐 아니면 죽어서 누워 있느냐에 따라 세기가 약간 달라질 것이다. 달이 고양이를 끌어당기는 것과 마찬가지로 고양이도 달을 끌어당기므로, 달의 운동 궤적은 고양이의 자세에 따라 약간 달라질 것이다. 물론 이 변화는 아주 작겠지만, 쉽게 계산할 수 있듯이 백만 분의 1초보다 훨씬 짧은 시간 안에 고양이의 파동함수는 달의 파동함수와 완전히 얽히고, 따라서 조석과, 결국 나머지 세계와 얽힐 것이다. 이 얽힘이 바로 관찰이다. 이 얽힘이 고양이의 중첩 상태를 사실상 즉각 붕괴시킨다.

슈뢰딩거가 내놓은 이야기의 첫 부분만 보아도 그것이 전혀 무의미한 이야기임을 알 수 있다. 원자를 상자에 집어넣으면, 원자의 파동함수는 거시적인 가이거계수기의 엄청나게 복잡한 파동함수와 얽힌다. 바꿔 말해서 원자는 가이거계수기에 의해 '관찰된다.' 더 나아가 가이거계수기처럼 큰 대상은 나머지 세계로부터 격리될 수 없으므로, 나머지 세계는 가이거계수기를 관찰하고 따라서 원자를 관찰한다. 관찰이란 세계와 얽힘이다. 원자의 파동함수가 상자 쌍에 진입하고 가이거계수기와 마주치는 순간, 원자는 한 상자 안으로 붕괴한다. 그 순간 이

후, 고양이는 살아 있거나 아니면 죽었다. 이것으로 설명이 종결되었다.

설령 당신이 (불필요하게!) 의식을 들먹인다 하더라도, 큰 대상들은 의식 있는 존재들과 항상 접촉하고 있으므로 항상 관찰되고 있는 셈이다.

이 논증을 보고도 고양이 이야기가 무의미함을 확신하지 못하는 독자가 있다면, 양자이론에 문제가 있음을 증명했다는 슈뢰딩거의 주장을 다음과 같은 한마디로 물리칠 수 있다. "실제로 고양이 실험을 하라!" 그러면 우리는 항상 양자이론이 예측하는 결과를 얻을 것이다. 즉, 살아 있는 고양이를 발견하거나 죽은 고양이를 발견할 것이다.

더 나아가 코펜하겐 해석은, 과학의 역할은 단지 관찰 결과를 예측하는 것이지 '궁극의 실재'를 논하는 것이 아니라고 분명하게 말한다. 우리에게 필요한 것은 일어날 일을 예측하는 것뿐이다. 슈뢰딩거가 제안한 사고 실험을 실제로 하면, 당신은 두 번에 한 번꼴로 살아 있는 고양이를 발견하고 역시 같은 빈도로 죽은 고양이를 발견할 것이다. 의식 따위는 거론할 필요가 없다. 고양이 이야기는 무의미하고 오해만 일으키는 문제 제기에 불과하다.

이제부터 우리는 슈뢰딩거의 논증을 반박하는 사람의 입장을 버리고 우리 자신의 입장으로 복귀하겠다. 고양이처럼 큰 대상을 격리하기가 물리적으로 불가능하다는 지적은 확실히 옳다. 당연히 슈뢰딩거도 이 난점을 잘 알고 있었다. 그러나 그는 이런 현실적인 문제를 지적하는 것은 논점을 흐리는 것이라고 주장했을 것이다. 양자이론은 작은 대상과 큰 대상 사이의 단절을 허용하지 않으므로, 원리적으로 모든 대상이 중첩 상태에 있을 수 있다. 슈뢰딩거는 (아인슈타인과 함께) 과학의 역할이 실재를 탐구하는 것이 아니라 실험 결과를 예측하는 것이라는 코펜하겐 해석의 입장을 패배주의로 규정하며 거부했다.

당신이 어느 편을 선택하든, 당신과 뜻을 같이하는 전문가들이 있을 것이다.

슈뢰딩거의 고양이를 둘러싼 현재의 논의

슈뢰딩거가 고양이 이야기를 내놓은 지 70여 년이 지난 지금, 양자 불가사의를 다루는 학회가 거의 매년 열리고, 그런 학회에서는 대개 의식에 관한 토론도 이루어진다. 전문 물리학 저널에서 슈뢰딩거의 고양이가 언급되는 회수도 증가하고 있다. 한 예로 「원자의 슈뢰딩거 고양이 중첩 상태」라는 제목의 논문은 미시적 시스템이 그런 상태에 놓일 수 있음을 증명한다. 또 다른 예로 「원자 쥐로 양자 고양이의 수명을 탐지한다」라는 제목의 논문이 있는데, 그 논문에서 '쥐'는 원자이고 '고양이'는 거시적 공진 공동resonant cavity 내부의 전자기장이다. 이 논문들은 둘 다 진지하고 비용이 많이 드는 물리학 프로젝트를 다루지만, 논문의 제목들은 물리학자들이 양자역학의 기괴함에 접근할 때 약간의 유머를 발휘하고 싶어 한다는 것을 보여준다.

유머 이야기가 나온 김에, 미국물리학회가 펴내고 어느 저널보다 더 폭넓게 배포되는 『피직스 투데이Physics Today』 2000년 5월 호에 실린 만

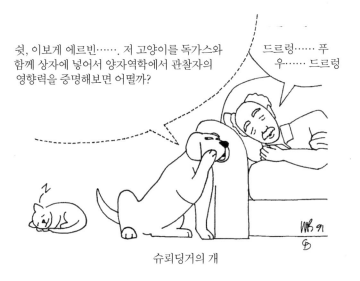

슈뢰딩거의 개

그림11.2 아론 드레이크작 드로잉(2000). 미국물리학회 제공

화를 보자(그림11.2). 20년 전이라면 이런 만화는 그 저널에 게재되지 않
았을 것이다.

양자역학의 신비로운 측면들이 물리학 강의에서 논의되는 일은 여
전히 드물지만, 그런 측면들에 대한 관심은 증가하는 중이다. 어느 베
스트셀러 양자역학 교과서는 앞표지에 살아 있는 고양이, 뒤표지에 죽
은 고양이의 사진을 실었다. 내용에서 고양이는 거의 언급되지 않는데
도 말이다(아마 저자가 아니라 출판사가 선택한 표지 디자인일 것이다. 그러나 교수
들은 그 교과서를 선호한다. 양자 불가사의를 연상케 하는 표지가 젊은 교수들의 마음
에 들었기 때문이라고 우리는 믿는다).

몇 해 전만 해도 제안되지 않았을 터이고 제안되었더라도 자금 지원
을 받지 못했을 법한, 양자역학의 신비로운 측면에 관한 실험적 연구
들이 지금은 상당한 관심을 받고 있다. 점점 더 큰 대상을 중첩 상태에

놓는, 동시에 두 장소에 놓는 실험이 이루어지는 중이다. 오스트리아 물리학자 안톤 차일링거Anton Zeilinger는 탄소 원자 70개로 이루어진 축구공 모양의 커다란 분자 '버키볼'을 가지고 그런 중첩 실험을 해냈다. 현재 그는 중간 크기의 단백질 분자와 바이러스를 가지고 같은 실험을 준비하고 있다. 최근 학회에서 그는 '한계가 무엇입니까?'라는 질문을 받고 이렇게 대답했다. "한계는 오로지 예산뿐입니다."

전자 수십억 개가 참여하는 진정으로 거시적인 중첩은, 전자 각각이 동시에 두 방향으로 움직이는 상황을 실현함으로써 증명되었다. 원자 수천 개 각각이 몇 밀리미터 범위에 퍼져 있는 보즈-아인슈타인 응축 상태도 실현되었다. 2003년에 미국물리학회 소식지에는 '동시에 두 위치에 있는 원자 3,600개'라는 표제가 실렸다. 2007년에 『피지컬 리뷰 레터스Physical Review Letters』에 실린 한 논문의 첫 문장은 이러하다. "인공 나노전기역학 시스템(NEMS)에서 양자역학적 행동을 관찰하려는 경쟁은 우리를 양자역학의 기본 원리들에 대한 검증에 과거 어느 때보다 더 가깝게 접근시키고 있다." 요컨대 실제로 볼 일이 결코 없는 작은 대상들에서만 기괴함이 존재한다는 말로 슈뢰딩거의 염려를 물리치기가 점점 더 어려워지고 있는 것이다.

아마도 가장 받아들이기 어려운 것은, 당신의 관찰이 현재의 실재를 창조할 뿐 아니라 그 실재에 적합한 과거까지 창조한다는 주장일 것이다. 당신의 관찰로 고양이가 죽은 상태나 살아 있는 상태로 붕괴할 때, 8시간 동안 굶은 고양이에 적합한 역사나 8시간 전에 죽은 고양이에 적합한 역사도 창조된다는 주장 말이다.

양자이론의 시간 역진 측면을 검증하는 데 가장 근접한 실험은 양자 우주론자 존 휠러가 제안했고 우리가 7장에서 논한 '뒤늦은 선택 실험'이다. 그 실험은 관찰이 적합한 역사를 창조한다는 양자이론의 예측을 입증했다.

슈뢰딩거가 자신의 고양이에 대한 관심이 증가하는 모습을 보지 못하는 것은 참으로 안타까운 일이다. 자연은 우리에게 무언가 말해 주려 한다고, 물리학자들은 양자이론을 실용주의적으로 받아들이는 것 이상의 안목을 가져야 한다고 슈뢰딩거는 자각했다. 그는 다음과 같은 존 휠러의 말에 동의했을 것이다. "어딘가에서 무언가 믿기 어려운 일이 일어날 때를 기다리고 있다."

12

실재하는 세계를 찾아서
―「EPR」(Einstein, Podolsky and Rosen paper)

나는 입자가 측정에 의존하지 않는 별도의 실재성을 가져야 한다고 생각한다. 즉, 전자는 측정되고 있지 않을 때에도 스핀, 위치 등을 가진다고 말이다.
나는 내가 달을 보지 않을 때에도 달이 거기에 있다고 생각하고 싶다.
_알베르트 아인슈타인

슈뢰딩거는 작은 대상뿐 아니라 큰 대상에도 양자이론을 엄격하게 적용함으로써 고양이 이야기를 지어냈다. 그의 의도는 우리의 관찰이 우리가 경험하는 실재를 창조한다는 양자이론의 주장을 비웃는 것이었다. 그 주장은 정말 터무니없어 보인다. 실제로 법정의 피고가 판사에게 자신의 관찰이 물리적 세계를 창조한다는 믿음을 피력한다면, 판사는 피고가 미쳤다고 단정할 것이다.

물론 코펜하겐 해석은 이보다 더 미묘하다. 그 해석은 물리적으로 실재하는 세계를 부정하지 않는다. 다만, 미시 영역에 속한 대상은 관찰되기 전에는 실재성이 없다고 주장한다. 달, 의자, 고양이는 실재한다. 다른 이유는 제쳐두더라도, 거시적 대상은 고립될 수 없고 따라서 항상 관찰되기 때문에, 이것들은 실재한다. 그리고 이것으로 충분하다고 코펜하겐 해석은 주장한다. 그러나 아인슈타인은 이것으로 충분하지 않다고 판단했다.

1927년 솔베이회의에서 당시 세계에서 가장 저명한 과학자였던 아인슈타인은 갓 등장한 코펜하겐 해석에 반대했다. 그는 작은 대상들도 누가 보고 있든 말든 독립적인 실재성을 가진다는 생각을 굽히지 않았다. 양자이론이 다른 말을 한다면, 양자이론은 틀렸을 수밖에 없다고 아인슈타인은 주장했다. 코펜하겐 해석의 주역 닐스 보어가 변론에 나섰다. 아인슈타인과 보어는 남은 생애 내내 우호적인 맞수로서 논쟁을 이어갔다.

불확정성원리 벗어나기

양자이론에서 원자는 퍼진 파동이거나 응축된 입자다. 한편으로 당신이 원자가 한 상자(또는 슬릿)에서 나오는 것을 관찰하면, 당신은 원자가 온전히 한 상자에 들어 있던 응축된 대상임을 증명하는 것이다. 다른 한편으로 당신은 그 원자를 간섭무늬 형성에 참여시켜서 그것이 한 상자에 온전히 들어 있지 않고 두 상자에 두루 퍼진 대상이었음을 증명하기로 자유롭게 선택할 수도 있다. 당신은 상반된 두 상황 중 어느 것이라도 보여줄 수 있다. 이처럼 얼핏 보면 일관성이 없는 듯한 양자이론이 반박되지 않는 것은 하이젠베르크의 불확정성원리 보호 덕분이다.

상자 쌍 실험에서, 원자가 어느 상자에서 나오는지를 어떤 식으로든 관찰하면, 원자는 너무 세게 튕겨지고 그 결과로 간섭무늬는 뭉개질 것이다. 즉, 당신은 원자가 널리 퍼진 대상이었음을 증명할 수 없다.

양자이론이 비일관적이고 따라서 틀렸음을 논증하기 위해 아인슈타인은 간섭무늬 형성에 참여한 원자도 실은 한 슬릿을 통과했음을 보여주려 애썼다. 그가 성공하려면 불확정성 원리를 벗어나야 했다(역설적이게도 하이젠베르크는 아인슈타인과의 대화 덕분에 불확정성원리의 최초 단서를 발견했다고 밝혔다). 다음은 1927년 솔베이회의에서 아인슈타인이 보어를 공격하기 위해 내놓은 논증이다.

원자를 한 번에 하나씩 이중슬릿이 뚫린 차단벽으로 보내라. 차단벽은 이를테면 약한 스프링에 매달려 있어서 위아래로 움직일 수 있다. 가장 단순한 경우로, 간섭무늬의 중앙(그림12.1의 점 A)에 도달한 원자 하나를 생각해보자. 만일 그 원자가 아래 슬릿을 통과하여 그 위치에 도달했다면, 그 원자는 차단벽과 충돌하면서 위쪽으로 편향되었어야만 한다. 이 충돌의 반작용으로 그 원자는 차단벽을 아래로 튕겨냈을 것이다. 반대로 그 원자가 위 슬릿을 통과했다면, 그 원자는 차단벽을 위로 튕겨냈을 것이다.

그러므로 매번 원자 하나가 통과한 다음에 차단벽의 운동을 측정하면, 원자가 어느 슬릿을 통과했는지 알아낼 수 있을 것이다. 더구나 이 측정은 그 원자가 영사막에 도달하여 간섭무늬의 일부가 된 다음에도 할 수 있을 것이다. 따라서 관찰자는 간섭무늬를 얻으면서 또한 원자 각각이 어느 슬릿을 통과했는지 알아낼 수 있을 것이므로, 원자 각각이 두 슬릿 모두를 통과하는 파동이라면서 간섭무늬를 설명하는 양자

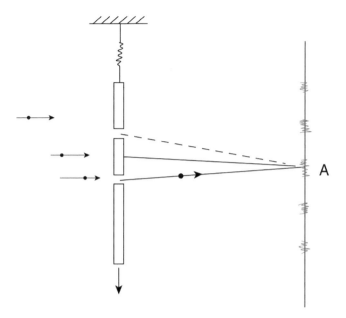

그림12.1 움직일 수 있는 이중슬릿 차단벽을 향해 원자를 한 번에 하나씩 발사한다.

이론은 틀렸다.

　보어는 아인슈타인의 논증에서 쉽게 결함을 지적했다. 아인슈타인의 논증이 타당하려면, 관찰자는 차단벽의 처음 위치와 운동을 둘 다 정확하게 알아야 한다. 그러나 불확정성원리는 대상의 위치와 운동에 대한 앎의 정확성을 제한한다. 간단한 대수학을 통해 보어는 이중슬릿 차단벽의 위치 및 운동에 대한 앎의 부정확성이 충분히 커서 아인슈타인의 논증이 유효하지 않음을 보여줄 수 있었다.

　3년 후 역시 솔베이회의에서 아인슈타인은 또 다른 상보 쌍인 시간과 에너지에 관한 불확정성원리를 반박하는 사고 실험을 제안했다. 그는 광자가 상자를 벗어난 시점과 광자의 에너지를 둘 다 얼마든지 정확하게 측정할 수 있음을 보여주려 했다. 그는 광자 하나를 상자 안에서 앞뒤 벽에 부딪히며 왕복운동하게 하자고 제안했다. 그리고 상자에 시계를 설치하여 특정 시점에 상자의 문이 자동으로 열려 광자가 상자를 벗어날 수 있게 만들면, 광자가 상자를 벗어나는 시점을 정확하게 측정할 수 있을 것이었다. 또 광자가 들어 있을 때와 없을 때 상자의 질량을 측정하고, $E = mc^2$을 이용하면 전체 시스템의 에너지 변화를, 따라서 광자의 에너지를 정확히 알아낼 수 있을 것이었다. 이렇게 에너지와 시간을 임의로 정확하게 측정할 수 있다면, 불확정성원리는 깨진 셈일 것이다.

이 사고 실험은 보어를 하룻밤을 꼬박 새우며 고민하게 했다. 그러나 이튿날 보어는 아인슈타인이 그 자신의 일반상대성이론을 간과했음을 보여줌으로써 아인슈타인을 난처하게 만들었다. 상자의 질량을 측정하려면, 상자가 지구 중력장 안에서 운동하는 것을 허용해야 한다. 그런데 상자가 운동하면 일반상대성이론에 따라서 시계의 작동 속도가 변화한다. 이 변화가 충분히 크기 때문에, 아인슈타인의 사고 실험은 불확정성원리를 위반하는 결과를 산출하지 못한다. 몇 년 뒤에 보어는 아인슈타인이 제안한 상자 안의 광자 사고 실험을 볼트와 너트까지 세밀하게 그림으로 표현하여 자신의 승리를 되새겼다. 이 그림으로 그는 양자 실험을 다룰 때는 실제로 사용되는 거시적 장치를 구체적으로 고려해야 한다는 점을 생생하게 보여주었다.

여러 사람들이 아인슈타인의 사고 실험들을 반박한 보어의 논리에

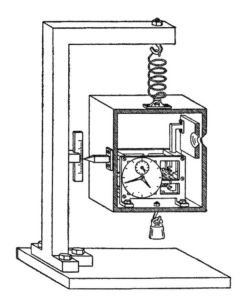

그림12.2 아인슈타인의 상자 안 광자 사고실험을 표현한 보어의 그림. 하퍼콜린스출판사 제공

의문을 제기했다. 10장에서 '충분히 무겁기 때문에 그것들의 상대적 위치와 속도를 완전히 고전적으로 다뤄도 되는 강체들'을 측정 장치로 사용해야 한다는 취지로 보어가 한 말을 우리는 인용했다. 보어가 거시적인 이중슬릿 차단벽과 그 자신이 그린 광자 상자에 양자역학적 불확정성을 적용한 것은 거시적인 측정 장치를 '완전히 고전적으로 다뤄야' 한다는 그의 요구와 조화를 이룰 수 있을까?

적어도 보어는 양자이론이 원리적으로 작은 대상뿐 아니라 큰 대상에도 적용된다는 것에 동의하는 듯하다. 단지 모든 실용적인 맥락에서만, 큰 대상들은 고전적으로 행동한다. 그럼에도 보어의 반박은 아인

그림12.3 1930년 솔베이회의에서 아인슈타인과 보어. 파울 에렌페스트 촬영.
닐스 보어 자료보관소 제공.

슈타인에게 양자이론이 최소한 일관적이며 양자이론의 예측들이 항상 옳을 것이라는 확신을 심어주었다. 겸손해진 아인슈타인은 학회에서 집으로 돌아와 그의 중력이론인 일반상대성이론에 집중했다. 혹은 적어도 보어는 그렇게 생각했다.

마른하늘에 날벼락

그것은 틀린 생각이었다. 아인슈타인은 양자이론의 결함을 지적하려는 노력을 포기하지 않았다. 4년 후(1935년), 아인슈타인과 그의 젊은 동료들인 보리스 포돌스키Boris Podolsky와 나탄 로젠Nathan Rosen이 쓴 논문 한 편이 코펜하겐에 도착했다. 보어의 한 지인은 이렇게 말했다. "이 강력한 습격은 우리에게 마른하늘에 날벼락과 같았다. 보어는 대단한 충격을 받았다. …… 내가 아인슈타인의 논증을 보어에게 보고하자마자, 다른 모든 일은 내팽개쳐졌다."

오늘날 '아인슈타인, 포돌스키, 로젠'을 뜻하는 약자 'EPR'을 붙여서 「EPR」 논문으로 불리는 그 논문은 양자이론이 틀렸다고 주장하지 않았다. 다만 불완전하다고 주장했다. 「EPR」은 양자이론이 물리적으로 실재하는 세계를 기술하지 않는다고 주장했다. 양자이론이 관찰자의 실재 창조를 필요로 하는 것은 단지 양자이론이 불완전하기 때문이라고 「EPR」은 지적했다.

「EPR」은 당신이 어떤 대상의 속성 하나를 전혀 관찰하지 않고도 알 수 있다는 것을 보여주고, 따라서 그 속성은 관찰자가 창조한 것이 아니라고 주장했다. 그 속성은 관찰자가 창조하지 않았다는 의미에서 물리적 실재였다. 만일 양자이론이 그런 물리적 실재들을 포함하지 않는다면, 양자이론은 불완전한 이론일 것이었다. 이제부터 「EPR」 논증과 유사한 고전적 논증을 살펴보자. 아인슈타인은 이 논증을 단서로 삼아 「EPR」 논증에 도달했다.

똑같은 열차 차량 두 개가 걸쇠로 연결되어 있고 둘 사이에 압축된 스프링이 설치되어 있다고 해보자. 걸쇠를 갑자기 제거하면, 두 차량은 서로 반대 방향으로 똑같은 속력으로 운동할 것이다. 그림12.4 왼쪽의 앨리스는 오른쪽의 밥보다 차량들의 출발점에 좀 더 가까운 위치에 있다. 그녀는 자기 앞을 지나는 차량의 위치를 관찰함으로써 밥을 향해 이동한 차량(밥의 차량)의 위치를 즉시 알아낸다. 앨리스는 밥의 차량에 어떤 영향도 끼치지 않았다. 그녀는 그 차량의 위치를 창조하지 않았다. 밥은 아직 자신의 차량을 관찰하지 않았다. 그러므로 밥도 그 차

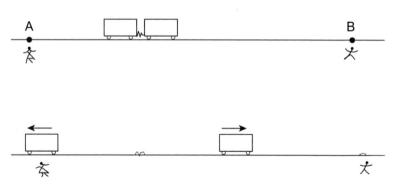

그림12.4 EPR 논증과 유사한 고전적 논증이 언급하는 상황

량의 위치를 창조하지 않았다. 요컨대 밥의 차량의 위치는 관찰자에 의해 창조되지 않았다. 그러므로 그것은 물리적 실재다. (십년 전의 물리학자라면 이런 이야기를 할 때 '관찰자 A'와 '관찰자 B'라고 언급했겠지만, 오늘날에는 더 친근한 '앨리스'와 '밥'이 선호된다.)

이 앨리스-밥 이야기의 결론은 시시할 정도로 자명하다. 그러나 차량들을 원자들로 대체하면 사정이 달라진다. 양자이론은 원자를 널리 퍼진 파동 묶음으로 기술한다. 원자가 특정 위치에 존재한다는 것은 그 위치에서 원자가 관찰되기 전에는 실재가 아니다.

안타깝게도 쉽게 가시화되는 열차 차량 상황을 양자 상황으로 변환하는 것을 방해하는 문제가 하나 있다. 불확정성원리는 차량들의 처음 속력과 위치를 정확하게 아는 것을 금지한다. 그러므로 우리는 정교하지만 가시화하기 어려운 「EPR」의 수학적 논증을 건너뛰고 데이비드 봄이 개발한 「EPR」 논증의 편광된 광자 버전으로 직행하려 한다. 편광된 광자들을 살펴보는 것이 가치 있는 또 하나의 이유는, 「EPR」 유형의 실험들에 의해 드러나는 신비로운 양자 효과는 광자들에서 가장 간단하게 관찰되기 때문이다. 우리는 다음 장에서 그런 양자 효과들을 살펴볼 것이다. 그전에 먼저 아인슈타인이 그 효과들을 '도깨비 같다'고 여긴 이유를 알 필요가 있다.

이어지는 몇 쪽에서 우리는 편광된 빛과 광자에 관한 물리학을 어느 정도 설명할 것이다. 이 설명은 더 나중에 심오한 「EPR」 논증을 간략하게 제시하기 위한 준비 과정이다. 「EPR」이라는 제목이 붙은 절이 나올 때까지의 내용을 대충 읽더라도, 아인슈타인이 제시한 논증의 핵심을 이해하는 데 지장이 없을 것이다.

편광된 빛

기억하겠지만, 빛은 전기장(그리고 자기장)의 파동이다. 빛의 전기장은 빛의 이동 방향에 수직인 임의의 방향을 가리킬 수 있다. 그림12.5의 그림에서, 빛은 왼쪽 아래에서 오른쪽 위로 이동하고, 전기장의 방향은 수직 방향이다. 이런 빛을 '수직으로 편광된' 빛이라고 한다. 아래 그림은 수평으로 편광된 빛 파동을 보여준다. 빛의 편광 방향은 전기장의 방향과 같다. 이제부터 우리는 '편광 방향'을 간단히 '편광'이라고만 표현할 것이다.

당연한 말이지만, 수직 방향과 수평 방향은 서로 수직이라는 점 외에

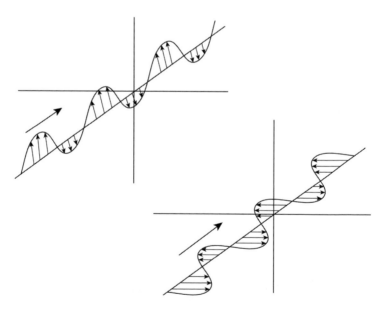

그림12.5 수직으로 편광된 빛과 수평으로 편광된 빛

는 특별할 것이 없다. '수직'과 '수평'은 약속에 따른 어법일 뿐이다.

태양이나 전구에서 나온 빛(정확히 말하면 대부분의 빛)의 전기장은 무작위한 방향으로 진동한다. 그런 빛을 '편광되지 않은 빛'이라고 한다. 일부 물질들은 특정 방향으로 편광된 빛만 통과시킨다. 그런 편광 물질로 선글라스의 렌즈를 만들면 수평한 도로 표면이나 수면에서 반사되어 대체로 수평으로 편광된 빛의 투과를 막아 눈부심을 줄일 수 있다. 하지만 우리가 이야기하려는 것은 다른 유형의 편광기다.

가장 정밀한 실험에 쓰이는 편광기는 프리즘 두 개로 만든 투명한

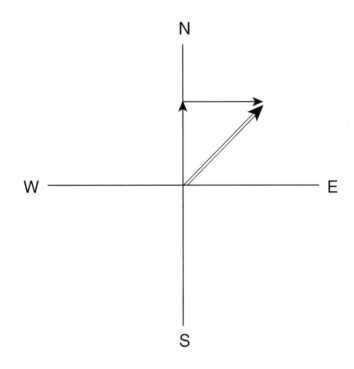

그림12.6 동북쪽으로 이동하기는 북쪽으로 이동하기와 동쪽으로 이동하기의 합이다.

육면체다. 우리는 그것을 '편광기'라고 부를 것이다. 이런 편광기는 상이한 편광의 빛을 상이한 경로로 보낸다. '편광기 축'이라는 특정 방향에 평행하게 편광된 빛은 경로1(D1)로, 편광기 축에 수직으로 편광된 빛은 경로2(D2)로 보낸다.

편광기 축에 수직이거나 평행이 아닌 방향으로 편광된 빛은 수직 편광 성분과 평행 편광 성분의 합으로 간주할 수 있다(동북쪽으로 이동하기를 동쪽으로 이동하기와 북쪽으로 이동하기의 합으로 간주할 수 있는 것과 마찬가지다). 그런 빛의 평행 성분은 경로1로, 수직 성분은 경로2로 나아간다. 빛의 편광이 편광기 축과 평행한 방향에 가까울수록, 더 많은 빛이 경로1로 나아간다.

편광된 광자

빛은 광자들의 흐름이다. 광자 탐지기는 개별 광자들을 초당 수백만 개씩 셀 수 있다. 참고로 우리의 눈은 초당 광자 몇 개가 흘러가는 정도의 어스름한 빛을 감지할 수 있다.

편광기 축에 평행하게 편광된 빛은 평행-편광 광자들의 흐름이다. 그 광자들은 경로1로 나아가 그 경로에 놓인 광자 탐지기에 기록된다. 한편, 경로2에 놓인 탐지기는 편광기 축에 수직으로 편광된 광자들을 기록한다. 편광되지 않은 평범한 빛의 광자들은 무작위한 편광을 지녔다. 그런 광자는 편광기를 거쳐 경로1의 탐지기에 기록되거나 경로2의 탐지기에 기록된다. 그림12.7은 광자를 점으로, 광자의 편광을 양방향

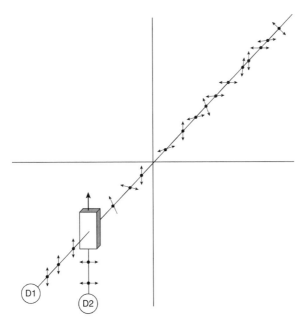

그림12.7 무작위하게 편광된 광자들이 편광기에 의해 분류된다.

화살표로, 편광기를 상자로, 탐지기들을 D1과 D2로 표현한 것이다.

　편광기 축에 평행이거나 수직으로 편광되지 않은 광자는 어떻게 될까? 그런 광자는 특정 확률로 경로1 탐지기에서 기록되거나 경로2 탐지기에서 기록된다. 예컨대 편광기 축과 45도를 이루는 편광을 지닌 광자는 양쪽 탐지기에서 기록될 확률이 똑같이 1/2이다. 편광이 편광기 축에 평행한 방향에 가까울수록, 광자가 경로1 탐지기에서 기록될 확률이 높아진다.

　방금 우리는 편광이 편광기 축에 평행이거나 수직이 아닌 광자가 실제로 두 경로 중 하나로 나아간다는 말을 조심스럽게 피했다. 실제로 그런 광자는 동시에 두 편광을 지니고 두 경로로 나아가는 중첩 상태에 처한다. 예컨대 편광기 축과 45도를 이루는 편광을 지닌 광자는 동등한 정도로 두 경로로 나아간다.

그러나 우리는 그런 식으로 쪼개진 광자를 결코 보지 못한다. 탐지기는 온전한 광자 하나를 기록하여 '딸깍' 소리를 내거나, 아무 소리도 내지 않음으로써 탐지기에 도달한 광자가 하나도 없음을 알려준다. 동시에 두 경로에 있는 광자는 우리의 상자 쌍 실험에서 동시에 두 상자에 있는 원자와 유사하다.

우리는 광자가 중첩 상태로 두 경로 모두에 있었음을 간섭실험으로 보여줄 수 있다. 두 경로에 탐지기 대신 거울과 또 하나의 편광기를 설치하면, 갈라진 평행 성분과 수직 성분을 재조합하여 원래의 광자를 복원할 수 있다. 이때 한쪽 경로의 길이를 조절하면, 복원된 광자의 편광이 달라진다. 이 결과는 탐지기에 의해 관찰되기 전에 광자 각각이 양쪽 경로 모두에 있었음을, 두 편광을 모두 지닌 중첩 상태였음을 보여준다.

광자 탐지기가 광자를 기록한다는 말은 코펜하겐 해석을 바탕에 깐 표현이다. 거시적인 광자 탐지기를 관찰자로 간주하는 표현이니까 말이다. 탐지기가 특정 경로에 광자가 있음을 기록하면, 중첩 상태는 붕괴한다. 남는 것은 탐지기에 기록된 광자뿐이다.

아인슈타인은 실험 결과들을 당연히 받아들였다. 그러나 그는 광자가 관찰되기 전에는 특정 편광을 지니지 않았었다는 해석을 받아들이지 않았다. 요컨대 중첩 상태를 받아들이지 않았다. 「EPR」은 광자 각각의 편광이 관찰에 의존하지 않는 물리적 실재로서 존재해야 한다고 논증했다. 그 논증을 살펴보기 전에, '쌍둥이 상태twin state' 광자들이 무엇인지 알아보아야 한다.

쌍둥이 상태 광자들

들뜬 상태의 원자는 경우에 따라 바닥 상태로 복귀할 때 양자뜀을 잇따라 두 번 하면서 광자 두 개를 방출할 수 있다(그림 12.8). 공간의 방향은 어느 것도 특별하지 않으므로, 방출되는 광자의 편광은 무작위할 것이다. 그런데 결정적으로 중요한 점이 있다. 어떤 특수한 원자 상태들에서 이런 2단 양자뜀이 일어나면, 잇따라 방출되어 반대 방향으로 날아가는 두 광자가 항상 동일한 편광을 나타낸다. 이 광자들은 이른바 '쌍둥이 상태'에 있다. 예를 들어 왼쪽으로 날아가는 광자가 수직 편광을 지녔음이 관찰되면, 오른쪽으로 날아가는 쌍둥이도 수직 편광을 지녔을 것이다.

쌍둥이 상태 광자들이 항상 동일한 편광을 나타내는 이유는 중요하지 않다(그 이유는 각운동량 보존과 관련이 있다. 쌍둥이 상태 광자들이 방출될 때, 최초 원자상태와 최종 원자상태는 각운동량이 동일해야 한다). 중요한 것은 그 광자들의 편광이 항상 동일하다는 것을 증명할 수 있다는 점뿐이다.

이를 증명하기 위해 앨리스와 밥의 이야기로 돌아가자. 이번에는 열차 차량들 대신에 광자들이 등장하는데, 이 실험은 실제로 이루어졌다. 그림12.9에서처럼 왼쪽의 앨리스와 오른쪽의 밥 사이에 쌍둥이 상태 광자들을 방출하는 원천이 있다. 두 사람은 편광기 축을 동일한 방

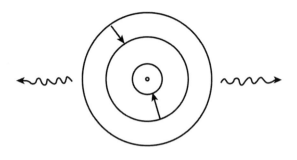

그림 12.8 광자 두 개가 잇따라 방출되는 상황

향으로 놓고 쌍둥이 상태 광자의 편광을 관찰한다. 그림에서는 두 편광기의 축이 똑같이 수직 방향으로 놓여 있다. 두 사람 각자의 경로1 탐지기와 경로2 탐지기는 무작위하게 '딸깍' 소리를 내어, 무작위하게 편광된 쌍둥이 상태 광자들이 도착했음을 기록한다. 이때 앨리스가 자신의 경로1 탐지기가 광자를 기록하는 것을 관찰하면, 밥은 항상 그 광자의 쌍둥이를 자신의 경로1에서 발견한다. 앨리스가 자신의 경로2 탐지기가 광자를 기록하는 것을 관찰할 때마다, 밥은 그 광자의 쌍둥이를 경로2에서 발견한다.

우리는 그림12.9에서 원천에서 방출된 광자들에 화살표를 달지 않았다. 왜냐하면 쌍둥이 상태 광자들은 단지 서로 동일한 편광을 지녔을 뿐, 특정 편광을 지니지는 않았기 때문이다. 그림12.7에서 우리가 광자들에 화살표를 단 것은, 그 광자들을 방출하는 원자들을 거시적인 전구 필라멘트의 일부로 간주했기 때문이다. 그 원자들은 거시적인 대상에 의해 '관찰'되었고, 따라서 그 원자들이 방출하는 광자들의 편광도 관찰되었다. 반면에 여기에서 쌍둥이 상태 광자들은 기체 속의 고

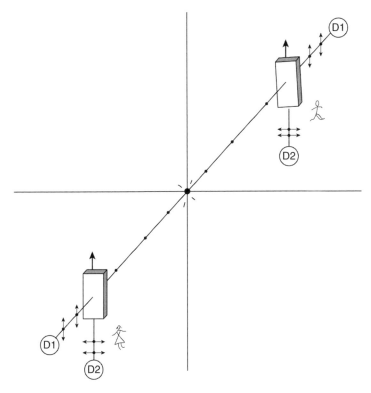

그림12.9 앨리스와 밥과 쌍둥이 상태 광자들

립된 원자들에서 방출되므로 어떤 거시적 대상과도 접촉하지 않았다.

쌍둥이인 광자들이 항상 동일한 편광을 나타내는 것은 예사로운 일처럼 보일 수도 있다. 그러나 그것은 기이한 일이다. 왜 그런지, 비유를 들어 설명하겠다. 일란성 쌍둥이들이 동일한 눈동자 색깔을 나타내는 것은 놀라운 일이 아니다. 쌍둥이들은 눈동자 색깔이 동일하도록 창조되었으니까 말이다. 그러나 다른 속성으로 쌍둥이들이 매일 신는 양말의 색깔을 생각해보자. 두 쌍둥이가 서로 멀리 떨어져 살고 서로의 양말 선택에 관한 정보를 전혀 얻지 못하는데도 한 명이 녹색 양말을 선택하는 날마다 다른 한 명도 녹색 양말을 선택한다면, 이것은 기이한 일이다. 왜냐하면 쌍둥이들은 매일 신는 양말 색깔이 동일하도록 창조되지는 않았기 때문이다. 다시 쌍둥이 상태 광자들로 돌아가자.

앨리스와 밥 사이의 거리는 아주 멀고, 앨리스와 광자 원천 사이의 거리는 밥과 광자 원천 사이의 거리보다 약간 짧다고 가정하자. 그러면 앨리스에게 날아온 광자(앨리스의 광자)가 먼저 탐지될 것이다. 그 광자가 경로1로 나아갈지, 아니면 경로2로 나아갈지는 완전히 무작위하게 결정된다. 그러나 만일 앨리스의 광자가 경로1 탐지기에서 기록되면, 그것의 쌍둥이는 항상 밥의 경로1 탐지기에서 기록될 것이다.

앨리스의 광자와 밥의 광자는 원천에서 출발하여 반대 방향으로 광속으로 이동했으므로, 둘 사이의 거리는 이들의 이동 시간 동안 빛이 주파할 수 있는 거리의 두 배다. 따라서 어떤 물리적 힘도 두 쌍둥이 광자를 연결할 수 없다. 요컨대 앨리스의 광자의 무작위한 편광이 먼저 탐지된 사건이 밥의 광자에 물리적인 영향을 미칠 수는 없다. 그렇다면, 어떻게 밥의 광자는 앨리스의 광자가 지닌 무작위한 편광을 순간적으로 획득한 것일까?

기이한 것은 쌍둥이 상태 광자들이 동일한 편광을 나타낸다는 사실이 아니다. 그 광자들이 동일한 편광을 갖도록 창조되었을 뿐 아니라 동일한 특정 편광을 갖도록 창조되었다고 생각할 수도 있으니까 말이다. 아닌 게 아니라 쌍둥이 소년들은 동일한 눈동자 색깔을 갖도록 창조되었을 뿐 아니라 동일한 특정 눈동자 색깔(이를테면 파란색)을 갖도록 창조되었지 않은가.

기이한 것은 쌍둥이 상태 광자들이 동일한 편광을 나타낸다는 사실에 대한 양자이론의 설명이다. 양자이론에 따르면, 어떤 속성도 관찰되기 전에는 물리적으로 실재하지 않는다. 고립된 채로 광자들을 방출한 원자는 쌍둥이 상태 광자들의 특정 편광을 기록하지('관찰하지') 않았다. 따라서 특정 편광은 물리적 실재로서 존재하지 않았다. 따라서 앨리스가 자신의 광자의 편광을 관찰하기 전에는, 밥의 광자는 편광을 갖지 않았다. 그러나 멀리 떨어진 앨리스가 관찰을 한 직후에 밥의 광자는 순간적으로, 어떤 물리적 힘의 관여도 없이, 앨리스의 광자와 똑같은 편광을 획득한다. 기이하기 이를 데 없는 일이다.

양자이론에 관한 아인슈타인의 어록에서 가장 많이 인용되는 것은 '신은 주사위놀이를 하지 않는다'라는 쉽게 이해할 수 있는 말이지만, 그가 정말로 못마땅하게 여긴 것은 양자이론이 물리적 실재를 부정한다는 점이었다. 이 장의 맨 앞에 인용한 '나는 내가 달을 보지 않을 때에도 달이 거기에 있다고 생각하고 싶다'라는 이해하기 그리 쉽지 않은 아인슈타인의 말은 그의 진지한 반발을 간결하게 표현한다. 아인슈타인은 관찰자에 대해 독립적인 실제 세계를 옹호했지만 혁명에 대한 마음은 열려 있었다. 그는 이렇게 썼다.

실제 세계가 어떤 지각 행위에 대해서도 독립적으로 존재한다는 전제는 물리학의 기본이다. 그러나 우리는 이 전제가 옳은 것인지는 알 수 없다.

「EPR」

'마른하늘에 날벼락'처럼 코펜하겐에 도착한 「EPR」 논문의 제목은
「물리적 실재에 대한 양자역학의 기술은 완전하다고 할 수 있을까?Can
Quantum-Mechanical Description of Physical Reality Be Considered Complete?」였다(역사가들은
이 제목에 정관사 'the'가 등장하지 않는 이유를 논문 작성자 포돌스키의 모국어인 폴
란드어에 관사가 없다는 것에서 찾는다).

「EPR」 논문은 두 입자의 위치와 운동량에 관한 복잡한 논증을 펼친
다. 그러나 우리는 그 논증을 광자들이 등장하는 더 간단하고 현대적
인 형태로 바꿔서 논할 것이다.

양자이론에 따르면, 쌍둥이 상태 광자들은 동일한 편광을 가진다.
그러나 그 광자들의 특정 편광은 물리적으로 실재하는 속성이 아니다.
그럼에도 양자이론은 완전한 이론, 즉 물리적으로 실재하는 속성들을
모두 기술하는 이론이라고 주장되었다.

이런 완전성 주장을 반박하기 위해 「EPR」은 '물리적으로 실재하는'
속성이 무엇인지 이야기해야 했다. 실재에 대한 정의는 예나 지금이나
논쟁을 일으키는 철학적 사안이다. 「EPR」은 물리적 실재가 갖춰야 할
최소한의 조건을 제시했다. 이어서 만일 그 조건을 갖춘 물리적 실재
가 양자이론에 의해 기술되지 않는다면, 양자이론은 불완전하다고 논
증했다. 다음은 EPR이 제시한 실재의 정의다.

만일 우리가 시스템을 어떤 식으로도 교란하지 않으면서 어떤 물리량
의 값을 확실히 예측할 수 있다면, 그 물리량에 대응하는 물리적 실재

의 요소가 존재한다.

다른 말로 표현해보자. 만일 대상을 관찰하지 않아도 대상의 물리적 속성을 알 수 있다면, 그 속성은 관찰에 의해 창조된 것일 수 없다. 그 속성이 관찰에 의해 창조되지 않았다면, 그 속성은 관찰 이전에 물리적 실재로서 존재했어야 한다.

양자이론은 이런 의미에서 실재하는 물리적 속성을 단 하나도 수용하지 않는다. 그러므로 「EPR」은 관찰 이전에 물리적으로 실재하는 속성을 하나만 보여주면 양자이론의 불완전성을 증명할 수 있었다.

「EPR」이 보여준 속성은 쌍둥이 광자들 중 하나의 특정 편광이었다. 그들은 그 특정 편광이 관찰 이전에 실재로서 존재했음을 논증했다. 이제부터 그 논증을 간략하게 재구성하자. 이 재구성은 사실상 우리가 쌍둥이 상태 광자들을 논할 때 이미 이루어졌지만 말이다.

다시 앨리스와 밥으로 돌아가자. 앨리스는 쌍둥이 광자 원천에 밥보다 더 가까이 있다. 따라서 앨리스는 밥보다 먼저 광자를 받는다. 그녀가 광자의 편광이 수직인 것을 관찰한다고 해보자. 즉, 그녀의 광자가 경로1로 나아간다고 가정하자. 그 즉시 그녀는 아직 밥에게 날아가는 중인 쌍둥이 광자가 수직 편광을 지녔음을 안다. 그 광자가 밥의 편광기에 도달하면 경로1로 나아갈 것임을 안다.

한편, 밥은 자신에게 날아온 광자를 상자 쌍으로 포획할 수 있을 것이다. 한 상자는 경로1에 설치하고, 다른 상자는 경로2에 설치해서 말이다. 그가 광자를 포획하고 나면, 앨리스는 밥에게 전화를 걸어서 그가 어느 상자에서 광자를 발견하게 될지를 확실하게 알려줄 수 있을 것이다.

앨리스가 자신의 광자를 관찰하는 사건은 밥의 광자에 어떤 물리적 영향도 미칠 수 없다. 밥의 광자는 광자 원천에서 출발하여 광속으로 밥을 향해 날아간다. 아무것도 광속보다 더 빨리 이동할 수 없으므로, 앨리스가 보낸 무언가가 밥의 광자를 따라잡는 것은 불가능하다. 앨리스는 밥의 광자를 관찰할 수 없다. 또한 앨리스가 자신의 광자를 관찰할 때, 밥의 광자는 아직 밥에게 도달하지 않은 상태다. 따라서 밥도 자신의 광자를 관찰할 수 없다.

요컨대 앨리스가 자신의 광자를 관찰한 순간, 앨리스도 밥도 다른 누구도 밥의 광자의 편광을 관찰하지 않았다. 그럼에도 앨리스는 그 관찰되지 않은 편광을 확실히 안다.

바로 이것이다! 앨리스는 밥의 광자의 편광을 관찰하지 않아도 확실히 안다. 어느 누구도 관찰하지 않더라도, 확실히 안다. 「EPR」의 실재 기준에 따르면, 이 앎은 밥의 광자의 편광이 물리적 실재라는 것을 뜻한다. 그런데 양자이론은 이 물리적 실재를 수용하지 않으므로 불완전하다고 「EPR」은 주장했다. 「EPR」은 완전한 이론이 가능하다는 믿음을 피력하면서 논문을 마무리했다. 완전한 이론은 합당한 세계상을, 관찰에 대해 독립적으로 존재하는 세계의 그림을 제공할 것이라고 그들은 믿었다.

「EPR」에 맞선 보어의 대응

코펜하겐 해석을 개발하고 거의 10년이 지나 「EPR」 논문을 받았을 때 보어는 「EPR」이 문제 삼은 양자이론의 함의를 아직 깨닫지 못한 상태였다. 관찰 그 자체가 멀리 떨어진 물리적 시스템에 어떤 물리적 교란도 없이 즉시 영향을 미칠 수 있음을 양자이론이 함축한다는 것을 보어는 몰랐다.

보어는 아인슈타인이 보낸 '마른하늘에 날벼락'을 심각한 도전으로 인정했다. 그는 여러 주 동안 온 힘을 다해 대응책을 모색했다. 몇 달 뒤, 보어는 「EPR」 논문과 똑같이 「물리적 실재에 대한 양자역학의 기술은 완전하다고 할 수 있을까?」라는 제목이 붙은(보어 역시 'the'를 배제했다) 논문을 발표했다. 제목으로 쓰인 질문에 대한 「EPR」의 대답은 '아니다'인 반면에 보어의 대답은 확실하게 '그렇다'였다. 「EPR」의 과학적 문제 제기에 맞선 보어의 논문은 대체로 철학적이다. 그는 '물리적 실재에 대한 우리의 태도를 근본적으로 개정'할 필요성을 지적하면서 「EPR」을 반격했다.

다음은 보어의 긴 논문에서 한 대목을 발췌한 것이다. 보어가 펼친 복잡한 논증의 정수를 이 대목에서 읽어낼 수 있다.

아인슈타인과 포돌스키, 로젠이 제시한 물리적 실재의 기준은 '시스템을 어떤 식으로도 교란하지 않으면서'라는 표현의 의미와 관련해서 불명확하다. 물론 방금 고찰한 것과 같은 사례에서는, 탐구되는 시스템이 측정 절차의 마지막 결정적 단계에서 역학적으로 교란될 가능성은 없다. 그러나 그 단계에서조차도, *시스템의 미래 행동에 관해서 할 수 있는 예측들의 유형을 결정짓는 조건들에 영향이 미칠 가능성이 본질적으로 있다. 이 조건들은 '물리적으로 실재한다'는 술어를 붙이기에 적합한 임의의 현상의 기술에 본래적으로 포함되는 요소이므로, 위에 언급한 저자들의 논증은 양자역학의 기술이 본질적으로 불완전하다는 그들의 주장을 정당화하지 못함을 알 수 있다.*

「EPR」을 반박하면서 보어는 그들이 제시한 논증의 논리를 흠잡지 않았다. 보어는 그들의 출발점을, 그들이 제시한 물리적 실재의 조건을 거부했다.

「EPR」의 실재 조건은, 만일 두 대상이 서로에게 물리적 힘을 가하지 않는다면, 한 대상에게 일어나는 일은 어떤 식으로도 다른 대상을 '교란'할 수 없음을 암묵적으로 전제한다. 구체적으로 앨리스와 밥의 쌍둥이 상태 광자들을 생각해보자. 앨리스는 자신의 광자를 관찰함으로써, 자신으로부터 광속으로 멀어지는 밥의 광자에 물리적 힘을 가할 수 없다. 그러므로 「EPR」에 따르면, 앨리스는 밥의 광자에 아무 영향도 미칠 수 없다.

보어는 앨리스의 관찰에 의해 밥의 광자가 '역학적으로' 교란될 수는 없음에 동의했다(보어가 말하는 '역학적'은 모든 물리적 힘을 아우른다). 그럼에도 그는, 물리적 교란은 없더라도, 앨리스의 관찰이 멀리 떨어진 밥의 광자에 일어나는 일에 즉각적으로 '영향'을 미친다고 주장했다. 보어에 따르면, 이 영향 미침은 「EPR」의 실재 조건을 위반하는 교란이다. 자신의 광자가 예컨대 수직으로 편광된 것을 앨리스가 관찰한 다음에야 비로소 밥의 광자는 수직 편광을 가진다.

어떻게 앨리스의 관찰이 밥의 광자에 영향을 미칠까? 먼 곳, 심지어 머나먼 은하에서 일어난 일이 즉각적으로 여기에서 어떤 일을 유발할 수 있을까? 엄밀히 말하면, 앨리스의 관찰이 밥의 광자에 '작용했다'거나 밥의 광자의 행동을 '일으켰다'는 표현은 부적절하다. 왜냐하면 이 영향 관계는 물리적 힘과 무관하기 때문이다. 그러므로 우리는 보어의 신비로운 표현을 그대로 받아들여, 앨리스가 밥의 광자의 행동에 '영향을 미쳤다'고 말하기로 하자.

앨리스는 밥의 광자에 즉각 영향을 미쳤지만, 밥에게 광속보다 빠르게 정보를 전달할 수는 없다. 밥은 항상 수직이나 수평으로 무작위하게 편광된 광자들을 본다. 나중에 앨리스와 밥이 만나 각자의 관찰 결과를 비교할 때, 비로소 그들은 앨리스가 수직 (또는 수평) 편광 광자를 볼 때마다 밥도 수직 (또는 수평) 편광 광자를 보았음을 알게 된다.

이런 '비물리적인' 영향 관계에도 불구하고 양자이론을 변호하기 위해 보어는 나중에 과학의 목표를 재정의했다. 그가 정의한 새 목표는 자연을 설명하는 것이 아니라 다만 우리가 자연에 관해서 무슨 말을 할 수 있는지를 기술하는 것이다. 아인슈타인과 벌인 논쟁의 초기에 보어는, 임의의 관찰이 대상을 충분히 많이 교란하기 때문에 어떤 식으로도 양자이론을 반박할 수 없게 된다는 논증으로 양자이론을 방어했다. 이 논증을 '물리적 교란설doctrine of physical disturbance'이라 한다. 반면에 앨리스의 관찰은 단지 밥의 광자에 대해서 무엇을 말할 수 있는지만 변화시키므로, 「EPR」에 맞선 보어의 대응은 '의미론적 교란설 doctrine of semantic disturbance'로 불린다.

무슨 얘긴지 도통 혼란스러운가? 그건 당연하다!「EPR」논증과 그에 맞선 보어의 대응을 제대로 설명하면서 혼란스럽거나 불가사의한 인상을 풍기지 않기는 불가능하다.

아인슈타인은 보어의 대응을 일축했다. 그는 저 바깥에 실제 세계가 존재한다는 주장을 굽히지 않았다. 그가 보기에 과학의 목표는 단지 자연에 관해서 우리가 무슨 말을 할 수 있는지를 이야기하는 것이 아니라 자연을 설명하는 것이어야 마땅했다. 광자가 특정 편광을 나타내는 것은 실제로 그 편광을 지녔기 때문이라고, 대상들은 관찰에 대해 독립적으로 물리적 속성들을 가진다고 아인슈타인은 주장했다. 만일 양자이론이 그런 (나중에는 '숨은 변수'라고 불리기도 한) 속성들을 포함하지 않는다면, 그가 보기에 양자이론은 불완전했다. 아인슈타인은 보어가 말한 원격 '영향 미침'을 '마력voodoo force'이요 '도깨비 같은 작용'이라며 조롱했다. 그는 그런 것을 세계의 작동 방식으로 받아들일 수 없었다. 아인슈타인은 이렇게 말했다. "신은 미묘하지만 악의적이지 않다."

우리는 다음을 간과하지 말아야 한다.「EPR」실험을 실제로 했다면, 보어와 아인슈타인은 결과에 동의했을 것이다. 즉, 우리가 기술한 앨리스와 밥의 관찰 결과에 동의했을 것이다. 그들은 다만 그 결과를 다르게 해석했을 것이다. 이런 이유 때문에, 아무도「EPR」실험을 실제로 하지 않았다. 모든 물리학자는 그 실험의 결과가 어떨지 알았다. 아인슈타인-보어 논쟁은 '단지 철학적인' 논쟁으로 여겨졌다.

아인슈타인은 양자이론에 대한 의심을 끝내 버리지 않았다. 보어는 철저한 양자이론 옹호자였다. 우리는 아인슈타인과 보어가 각자의 철학적 입장을 그토록 집요하게 고수한 이유를 생각해보아야 마땅하다. 빛이 광자들의 흐름이라는 젊은 아인슈타인의 제안을 물리학계가 거의 20년 동안 배척했음을 상기하라. 그 제안은 '무모하다'는 평가를 받았다. 대조적으로, 양자 효과에 관한 젊은 보어의 제안은 즉각적인 호응과 찬사를 불러왔다. 이들이 과학자 경력의 초기에 양자이론과 관련해서 겪은 상반된 경험은 이들이 평생 동안 양자이론에 대해서 취한 태도에 얼마나 큰 영향을 미쳤을까?

아인슈타인은 물리학자들이 「EPR」에 맞선 보어의 반론을 배척하리라고 생각했다. 그러나 그것은 틀린 생각이었다. 양자이론은 너무나 잘 작동했다. 양자이론은 빠르게 진보하는 물리학과 그것의 실용적 응용의 토대였다. 현장의 물리학자들은 철학적 사안을 고민할 의향이 거의 없었다. 1935년에 출판된 「EPR」 논문은 그 후 30년 동안 잊혀지다시피 했다. 그 논문은 일 년에 고작 한 번꼴로 인용되었다. 그러나 (다음 장에서 다룰) 벨의 정리가 나오면서 사정이 달라졌다. 2002년에서 2006년 사이에 「EPR」 논문은 한 해에 200번 넘게 인용되었다. 지금도 갈수록 더 많은 관심을 받는 「EPR」 논문은 아마 20세기 전반기에 출판된 물리학 논문 가운데 가장 많이 인용되었을 것이다.

「EPR」 논문 발표 후 20년을 더 사는 동안 아인슈타인은 양자이론이 불완전하다는 확신을 확고하게 유지했다. 그는 동료들에게 '오래된 하나'의 비밀을 파헤치기를 포기하지 말라고 촉구했다. 그러나 정작 그 자신은 포기했을 수도 있다. 동료에게 보낸 편지에서 그는 이렇게 썼다. "나는 또 다른 생각을 가지고 있다. 신은 악의적일지도 모른다."

　「EPR」논문에서 동기를 얻어 실행한 실험들은 아인슈타인이 못마땅하게 여긴 '도깨비 같은 작용'이 실제로 존재함을 증명했다. 오늘날 그 작용은 '얽힘entanglement'이라고 불린다. 산업계의 연구소들은 얽힘을 양자컴퓨터의 기초로서 연구한다. 그럼에도 얽힘은 여전히 도깨비 같다. 다음 장에서 우리는 얽힘을 논할 것이다.

13

도깨비 같은 작용―벨의 정리

그대, 별을 성가시게 하지 않으면서 꽃을 깨울 수는 없나니
_프란시스 **톰슨**

물리학자들은 「EPR」 논문이나 보어의 대응에 거의 관심을 두지 않았다. 양자역학이 완전한지 여부는 그리 중요하지 않았다. 양자역학은 유효했다. 틀린 예측을 한 번도 하지 않았고 실용적인 성과를 풍부하게 냈다. 원자가 관찰되기 전에 '물리적 실재성'을 지니든 말든, 그게 무슨 상관이란 말인가! 현장의 물리학자들은 대답할 수 없는 '단지 철학적일 뿐인 질문'에 할애할 시간이 거의 없었다.

「EPR」 논문 발표 직후, 물리학자들은 제2차 세계대전에 관심을 쏟으며 레이더, 근접 신관proximity fuse, 원자폭탄을 개발했다. 이어서 정치 사회적으로 '반듯한' 1950년대가 찾아왔다. 당시의 순응적 분위기에서 아직 정년 보장을 얻지 못한 물리학자가 양자역학에 대한 정통 해석을 진지하게 의문시한다는 것은 자신의 경력을 위대롭게 만드는

것을 의미했다. 심지어 오늘날에도 최선의 방법은 '생업'으로 주류 물리학의 과제를 탐구하면서 추가로 양자역학의 의미를 탐구하는 것이다. 그러나 존 벨John Stewart Bell이 정리 하나를 증명한 이래로 양자역학의 의미에 대한 물리학자들의 관심은 특히 젊은 세대를 중심으로 증가하는 중이다.

벨의 정리는 '20세기 후반기의 가장 심오한 발견'으로 일컬어졌다. 그 정리는 물리학으로 하여금 양자역학의 기괴함을 생생하게 대면하게 했다. 벨의 정리와 관련 실험들은 '단지 철학적일 뿐'이라고 여겨진 질문의 답이 실험실에서 나오게 만들었다. 오늘날 우리는 아인슈타인이 '도깨비 같은 작용'이라고 부른 것이 정말로 존재함을 안다. 심지어는 우리 은하의 가장 먼 구석에서 일어나는 사건이 즉시 당신의 집 마당에서 일어나는 일에 영향을 미칠 수도 있다. 서둘러 강조하는데, 그런 영향 미침은 일상의 복잡한 상황에서는 감지되지 않는다.

그럼에도 「EPR」-벨 영향 미침' 또는 '얽힘'이라 불리는 그 현상은 엄청난 성능의 컴퓨터를 가능케 할 잠재력을 지녔기 때문에 현재 기업 연구소들의 관심을 받고 있다. 얽힘을 기초로 삼은 가장 안전한 암호 기술이 이미 개발되었다. 벨의 정리는 양자역학의 토대에 대한 관심을 되살렸다. 또한 물리학과 의식의 만남을 극적으로 보여준다.

존 스튜어트 벨

존 벨은 1928년 북아일랜드 벨파스트에서 태어났다. 가족 중에는 중

그림13.1 존 벨.ⓒ 레나테 베르틀만 작 (1980), Springer Verlag 출판사 제공

등교육을 받은 사람조차 없었지만, 벨의 어머니는 '일요일마다 정장을 입을 수 있는' 윤택한 삶에 이르는 방편으로 공부를 장려했다. 벨은 열심히 공부하는 학생이 되었고, 그 자신의 평가로는 '언제나 가장 똑똑한 학생이었던 것은 아니지만 최상위 서너 명 안에 들었다' 지식에 굶주린 벨은 다른 소년들과 밖에서 노는 대신에 도서관에서 시간을 보냈다. 자신이 '함께 어울리는 성격이었더라면, 사교적으로 더 능숙했더라면' 친구들과 놀았을 것이라고 벨은 말한다.

벨은 일찍부터 철학에 매력을 느꼈다. 그러나 어느 철학자의 주장이나 다른 철학자의 주장과 상반된다는 것을 발견하고는 '합당하게 결론에 도달할 수 있는' 분야인 물리학으로 관심을 옮겼다. 벨은 벨파스트의 퀸즈대학에서 물리학을 공부했다. 양자역학 강의에서 그는 철학적 측면에 가장 많은 관심을 기울였다. 그가 보기에 강의들은 양자역학의 실용적 측면에 과도하게 집중했다.

그럼에도 그는 기술자와 거의 같은 일을 하는 입자가속기 설계자가 되었고, 결국 제네바의 유럽원자핵공동연구소(CERN)에 취직했다. 하지만 그는 이론물리학 분야에서도 중요한 연구를 했다. 그는 동료 물리학자 매리 로스와 결혼했다. 부부는 각자 독립적으로 연구했지만, 벨은 자신의 논문들을 훑어보면 '모든 곳에서 아내가 보인다'고 말한다.

유럽원자핵공동연구소에서 벨은 주류 물리학에 집중했다. 그것이 동료들이 원하는 바였고 그가 스스로 느끼기에 그의 소임이었다. 벨은 양자역학의 기괴함에 대한 관심을 여러 해 동안 억눌렀다. 그러다가 1964년에 안식년을 얻은 그는 마침내 억눌러온 관심을 추구할 기회를 잡았다. 벨은 이렇게 말했다. "나를 아는 사람들로부터 멀리 떨어진 덕분에 더 많은 자유를 얻었다. 그래서 양자에 관한 질문들에 어느 정도 시간을 할애했다." 이때 그가 이룩한 기념비적인 업적을 오늘날 우리는 '벨의 정리'라고 부른다.

나(브루스 로젠블룸)는 1989년에 시칠리아 에리체에서 벨의 연구를 주제로 열린 작은 학회에 참석하러 가는 길에 존 벨과 함께 택시를 타고 대화를 나눴다. 그 학회에서 벨은 아일랜드풍의 목소리와 재치있는 연설을 통해 풀리지 않은 양자 불가사의의 깊이를 확고하게 강조했다. '모든 실용적인 목적에서for all practical purposes'를 뜻하는 그의 유명한 약자 FAPP를 크고 굵은 글씨로 칠판에 적은 그는 FAPP-함정에 빠지지 말라고, 양자 불가사의와 관련해서 단지 모든 실용적인 목적에 적합할 뿐인 해를 받아들이지 말라고 경고했다. 당시에 산타크루즈 소재 캘리포니아대학 물리학과의 학과장이었던 나는 벨을 우리 학교로 초대했고, 벨은 머뭇거리며 초대를 수락했다. 그러나 존 벨은 이듬해 갑자기 사망했다.

벨의 동기

기억하겠지만 「EPR」은 양자이론의 모든 예측이 옳음을 인정했다. 그들이 문제 삼은 것은 양자이론의 완전성이었다. 양자이론에서 관찰자에 의해 창조된 실재가 등장하는 것은 양자이론이 물리적으로 실재하는 속성들, 즉 '숨은 변수들'을 누락하기 때문이라고 그들은 주장했다. 「EPR」의 논증은 오직 물리적인 힘만 대상에 영향을 미칠 수 있다는 암묵적인(그들이 보기에 '자명한') 전제를 출발점으로 삼았다. 물리적 효과는 광속보다 더 빠르게 전달될 수 없으므로, 두 대상이 멀리 떨어져 있으면, 빛이 두 대상 사이를 주파하는 시간보다 더 짧은 시간 안에 한 대상의 행동이 다른 대상에 영향을 미칠 수는 없다. 요컨대 「EPR」의 논증은 분리성separability을 전제했다.

「EPR」에 맞서서 보어는 분리성을 부정했다. 그는 한 대상에게 일어난 일이 즉시 다른 대상의 행동에 '영향을 미칠' 수 있다고 주장했다. 두 대상을 연결하는 물리적 힘이 없더라도 말이다. 아인슈타인은 보어가 말한 '영향 미침'을 '도깨비 같은 작용', 원래의 독일어로는 'spukhafte Fernwirkung(도깨비 같은 원격 작용)'이라며 조롱했다.

30년 동안 어떤 실험 결과도 아인슈타인의 주장(물리적으로 실재하는 숨은 변수)이 옳은지, 아니면 보어의 주장(즉각적인 '영향 미침')이 옳은지 판가름하지 못했다. 게다가 물리학자들은 숨은 변수를 포함한 이론에서 양자이론의 예측들을 끌어내는 것은 불가능하다고 주장하는 어느 수학 정리를 암묵적으로 받아들였다. 그 정리는 아인슈타인의 숨은 변수 주장을 일축했다

안식년의 자유를 누리며 이런 문제들을 탐구하던 벨은 숨은 변수를 부정하는 그 수학 정리의 반례를 발견하고 깜짝 놀랐다. 그는 12년 전에 데이비드 봄이 숨은 변수를 포함하면서 양자역학의 예측들을 산출하는 이론을 개발했음을 발견했다. 벨은 이렇게 말했다. "나는 불가능한 일이 실현된 것을 보았다."

벨은 숨은 변수를 부정하는 정리의 어디에 결함이 있는지 발견한 뒤에 곰곰이 생각했다. 숨은 변수는 허용될 뿐 아니라 정말로 존재할까?

관찰에 대해 독립적으로 실재하는 속성들을 포함한 세계는 양자이론이 기술하는 세계와 어떻게 다를까? 벨은 물리학자들이 하는 양자역학 계산들이 실제로 무엇을 의미하는지 이해하고 싶었다. 그는 이렇게 썼다. "자전거의 원리를 몰라도 자전거를 탈 수 있다. …… 마찬가지 방식으로 우리는 이론물리학을 한다. 하지만 나는 우리가 하는 일이 정말로 무엇인지 알고 싶다."

벨의 정리

「EPR」의 논증은 양자이론의 예측을 문제 삼지 않았다. 그들은 실험 결과를 가지고 양자이론에 도전하지 않았다. 하지만 벨은 달랐다. 그는 관찰 독립적 실재와 분리성을 포함한 임의의 세계에서 참이어야 하는, 실험적으로 검증 가능한 예측을 도출했다. 양자이론은 그런 실재와 분리성을 부정한다. 벨이 도출한 검증 가능한 예측은 실험을 통해 쓰러뜨리려고 만든 '허수아비'였다. 그 허수아비가 실험을 통한 검증을 견뎌낸다면, 양자이론이 틀렸음이 증명될 것이었다.

이제부터 벨의 정리를 아주 간단히 설명하겠다. 우리 세계가 물리적으로 실재하며 관찰에 의해 창조되지 않는 속성들을 지녔다고 가정하자. 더 나아가, 한 대상에게 일어난 일이 즉시 다른 대상에 영향을 미칠 수 없도록 두 대상을 떼어놓을 수 있다고 가정하자. (우리는 이 두 가지 가정을 간단히 '실재성 전제'와 '분리성 전제'라고 부를 것이다.) 이 두 가지 (고전물리학은 긍정하지만 양자이론은 부정하는) 전제만을 기초로 삼아서 벨은 어떤 관찰 가능한 양들이 다른 관찰 가능한 양들보다 더 클 수 없다는 결론을 도출했다. 실험을 통해 검증 가능하며 실재성과 분리성을 지닌 임의의 세계에서 참이어야 하는 이 결론을 일컬어 '벨의 부등식'이라고 한다.

만일 벨의 부등식이 거짓인 상황이 하나라도 존재한다면, 그 결론의 논리적 기초가 된 두 전제(실재성과 분리성) 중에서 적어도 하나는 틀렸을 수밖에 없다. 그러므로 만일 우리의 실제 세계에서 벨의 부등식이 깨진다면, 이 세계에는 실재성과 분리성을 모두 지닌 대상이 존재할 수 없다고 판단할 수 있다. (벨은 양자이론의 예측대로 자신의 부등식이 깨지리라고 예상했다.)

벨의 부등식 검증에 가장 흔하게 쓰이는 관찰 가능한 양들은, 두 편광기가 서로 다른 각도로 놓여 있을 때 쌍둥이 상태 광자들이 서로 다른 편광을 나타내는 비율이다. 하지만 우리는 일단 더 일반적인 이야기를 하기로 하자.

우리는 지금 상당히 추상적인 논의를 하고 있다. 실재성과 분리성(또는 그 반대인 '보편적 연결성')은 철학자들과 신비주의자들이 수천 년 동안 다뤄온 주제다. 양자역학은 우리로 하여금 이 주제들을 정면으로 직시하게 한다. 벨의 정리는 이 주제들을 검증할 수 있게 해준다.

우리가 '합당한reasonable' 세계라고 부르고자 하는 세계에서 대상들은 물리적으로 실재하는 (관찰에 의해 창조되지 않은) 속성들을 가진다. 더 나아가 합당한 세계에서 대상들은 분리될 수 있다. 즉 대상들은 오로지 물리적 힘을 통해서만 영향을 주고받고, 물리적 힘은 광속보다 더 빨리 전달될 수 없다(무한히 빨리 전달되는 '도깨비 같은 작용'은 없다). 고전물리학이 기술하는 뉴턴식 세계는 이런 의미에서 합당한 세계다. 양자물리학이 기술하는 세계는 합당한 세계가 아니다. 벨의 정리는, 단지 우리 세계에 대한 양자이론의 기술만 합당하지 않은 것이고 실제로 우리세계는 합당한지 여부를 판가름할 수 있게 해준다.

단도직입적으로 말하겠다. 실제로 수행된 실험들에서 벨의 부등식은 깨졌다. 즉 우리의 실제 세계가 실재성과 분리성을 지녔다는 전제에서 틀린 예측이 도출되었음이 밝혀졌다. 벨이 예상한 대로 그의 허수아비는 쓰러졌다. 결론적으로 우리 세계는 실재성과 분리성을 둘 다지니지는 않았다. 이런 의미에서 우리 세계는 '합당하지 않은' 세계다.

우리는 '실재성'이 없는 세계가 무엇을 의미하는지 이해하지 못함을 즉시 시인한다. 심지어 우리는 '실재성'이 무엇을 의미하는지도 이해하지 못한다. 실제로 벨의 정리에 실재성 전제가 필요한지 여부는 논쟁거리로 남아 있다. 그러나 지금 우리는 그 논쟁을 다룰 필요가 없다. 우리는 벨의 부등식을 도출하기 위하여 곧이곧대로 실재하는 세계를 전제할 것이다. 더 나중에 우리의 현실 세계에서 벨 부등식 위반의 귀결들을 논할 때, 우리는 대부분의 물리학자가 암묵적으로 받아들이는 '실재'의 정의를 제시할 것이다. 그때 우리는 기이하게 연결된 세계를 대면하게 될 것이다.

벨 부등식 도출

우리는 쌍둥이 상태 광자들과 유사한 대상들을 가지고 벨 부등식을 도출하려 한다. 우리는 그 대상들을 '포톤foton'이라고 부를 것이다. 우리의 쌍둥이 상태 포톤들 각각은 물리적으로 실재하는 편광 각도를 지녔다. 그 편광 각도를 간단히 '편광'이라고 부르기로 하자. 또한 쌍둥이 포톤들은, 한 포톤에 일어나는 일이 다른 포톤에 즉시 영향을 미칠수 없도록, 분리될 수 있다. 우리의 포톤들은 양자이론이 기술하는 광자들과 명백히 다르다. 양자이론은 이런 실재성과 분리성을 부정한다.

우리의 실제 세계에서 가이거계수기로 하여금 '딸깍' 소리를 내게하는 광자들은 우리의 포톤들처럼 양자이론이 부정하는 실재성과 분리성을 지녔을까? 이 질문은 실제 광자들을 이용한 실험을 통해 대답해야 한다.

구체적인 논의를 위해 우리는 구체적인 역학적 모형을 제시할 것이다. 그러나 우리의 논리는 이 역학적 모형에 전혀 의존하지 않는다. 우리의 논리는 오로지 포톤 각각이 지닌 편광의 실재성과 쌍둥이 포톤들의 상호분리성에만 의존한다. 벨의 수학적 도출은 완전히 일반적이었다. 그의 도출에서는 광자조차 언급되지 않았다.

원하는 독자는 우리의 벨 부등식 도출을 건너뛰고 그냥 결과만 받아들여도 좋다. 그래도 책의 나머지 내용을 이해하는 데 큰 지장은 없을 것이다. 일단 한번 신속하게 읽고자 하는 독자라면 충분히 건너뛰어 그림13.6과 '우스꽝스러운 이야기'가 나오는 대목(292쪽)으로 넘어가도 좋다.

명시적인 모형

그림13.2, 13.3, 13.4, 13.5는 구체적인 역학적 장면을 보여준다. 포톤의 편광을 실감나게 표현하기 위해 우리는 포톤을 막대로 나타냈다. 막대가 놓인 각도는 포톤의 편광을 나타낸다. 포톤을 막대로 표현하다 보니 어쩔 수 없이 편광 이외의 속성들도 함께 표현되었는데, 그 속성들, 예컨대 막대의 길이나 굵기는 우리의 도출과 무관하다. 중요한 것은 오로지 물리적으로 실재하는 포톤의 편광뿐이다. 이것이 우리의 실재성 전제다. 포톤의 편광은 포톤이 '편광기'에 도달한 다음에 어느 경로로 나아갈지를 결정한다.

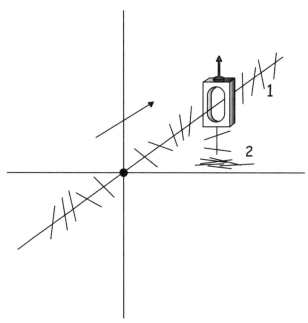

그림13.2 막대 포톤과 타원형 구멍이 뚫린 편광기 모형

이 역학적 모형에서 '편광기'는 타원형 구멍이 뚫린 판이다. '편광기 축'은 타원의 장축과 일치한다. 편광기 축(의 방향)과 비슷한 편광을 지닌 포톤은 편광기를 통과하여 경로1로 나아갈 것이다. 반면에 편광기 축과 비슷하지 않은 편광을 지닌 포톤은 편광기에 부딪혀 경로2로 나아갈 것이다.

원리적으로 볼 때 이 역학적 모형은 실제 편광된 빛의 모든 행동을 설명할 수 있겠지만, 반드시 그럴 필요는 없다. 우리의 논리는 포톤들의 실재성과 분리성에만 의존한다.

우리는 앨리스와 밥이 등장하는 사고 실험 네 가지를 기술할 것이다. 그 실험들은 12장에서 본 「EPR」 실험과 매우 유사하다(실제로 용어를 느슨하게 사용하는 사람들은 벨의 정리를 증명하는 실험을 'EPR 실험'이라 부르기도 한다). 그러나 큰 차이가 있다. 「EPR」 실험에서는 아인슈타인의 '숨은 변수' 이론과 보어의 '영향 미침' 이론이 동일한 실험 결과를 예측했다. 보어와 아인슈타인의 견해는 실험 결과의 해석에서만 엇갈렸다. 반면에 우리의 모형과 실제 벨 정리 실험에서는 아인슈타인의 '숨은 변수' 이론이 예측하는 결과와 보어의 '영향 미침' 이론이 예측하는 결과가 서로 다르다.

우리의 실험들에서 앨리스와 밥 사이에는 포톤 원천이 놓여 있고, 거기에서 쌍둥이 포톤들이 방출되어 서로 반대 방향으로 날아간다. 두 쌍둥이 포톤의 편광은 무작위지만 서로 동일하게 결정된다. 쌍둥이 상태 포톤들은 서로에게서 광속으로 멀어지므로, 포톤들이 각자의 편광기에 도달하는 두 시점 사이의 시간 동안 어떤 물리적인 작용도 한 실험자에서 출발하여 다른 실험자에 도달할 수 없다. 그러므로 한 편광기에서 포톤에게 일어나는 일은 다른 편광기에서 쌍둥이 포톤에게 일어나는 일에 영향을 미칠 수 없다. 이것이 우리의 분리성 전제다.

「EPR」 실험에서와 마찬가지로 앨리스와 밥은 쌍둥이 포톤들의 도착 시점을 근거로 그것들이 쌍둥이임을 확인하며, 포톤 각각이 경로1에 놓인 탐지기에서 기록되는지 아니면 경로2에 놓인 탐지기에서 기록되는지 관찰한다.

실험1

첫째 실험에서는 원래 「EPR」 실험에서와 마찬가지로 앨리스와 밥이 각자의 편광기 축을 수직으로 설정한다. 그들은 각자의 경로1 탐지기가 포톤을 기록할 때마다 기록지에 '1'을 적고, 경로2 탐지기가 포톤을 기록할 때마다 '2'를 적는다. 결국 그들 각자는 1과 2가 무작위하게 늘어선 수열을 얻는다.

수많은 포톤들을 기록한 후, 앨리스와 밥은 서로 만나서 각자 얻은 결과를 비교한다. 그들은 각자 얻은 수열이 서로 동일함을 발견한다. 밥의 포톤이 경로1로 나아갔을 때는 앨리스의 쌍둥이 포톤도 경로1로 나아갔고, 밥의 포톤이 경로2로 나아갔을 때는 앨리스의 쌍둥이 포톤도 경로2로 나아갔다. 이 결과는 거의 동시에 도착한 포톤들이 쌍둥이임을 입증한다.

앨리스와 밥은 이런 완벽한 일치를 예상했다. 예상대로 두 쌍둥이

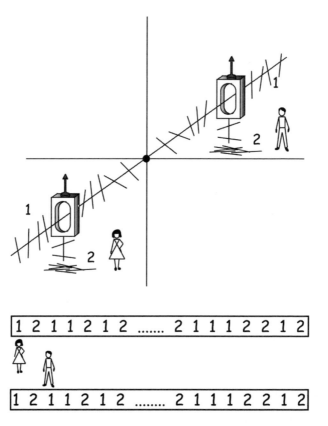

그림13.3 실험1: 편광기들이 같은 각도로 놓여 있고, 앨리스와 밥은 동일한 데이터를 얻는다.

포톤은 정말로 동일한 편광을 지녔음이 밝혀졌다. 이 모형에서 포톤들은 역시나 동일한 편광을 지닌 채로 창조되었던 것이다(반면에 양자이론에서는 편광이 관찰자에 의해 창조된다. 따라서 두 관찰자가 얻은 결과의 일치를, 한 광자에 대한 관찰이 멀리 떨어진 쌍둥이 광자에 즉각적으로 발휘한 '영향'을 통해 설명할 수밖에 없다).

실험2

이 실험은 앨리스가 자신의 편광기를 작은 각도만큼 돌려놓았다는 점만 다를 뿐, 나머지는 실험1과 동일하다. 그 각도를 θ(그리스어 철자 '세타')라고 하자. 밥의 편광기 축은 실험1에서와 마찬가지로 수직이다.

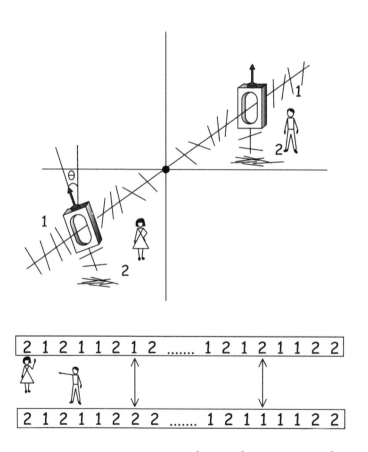

그림13.4 실험2: 앨리스의 편광기를 약간 돌려놓아 두 실험자의 데이터가 불일치하게 만든다.

이번에도 두 실험자는 1과 2가 무작위하게 늘어선 수열을 얻는다. 포톤들의 편광은 앨리스가 새롭게 선택한 편광기 축의 영향을 받지 않는다. 따라서 앨리스가 편광기 축을 돌려놓지 않았다면 편광기를 통과하여 경로1로 나아갔을 광자들 중 일부는 이제 경로2로, 경로2로 나아갔을 광자들 중 일부는 이제 경로1로 나아갈 것이다. 우리의 분리성 전제에 따라서 밥의 포톤은 앨리스가 편광기 축을 돌려놓은 것이나 그 편광기에 도달한 쌍둥이 포톤이 어느 경로로 나아갔는지에 영향을 받지 않는다.

실험을 마치고 앨리스와 밥이 만나서 데이터를 비교하니, 불일치가 발견된다. 예를 들어 앨리스가 편광기를 그냥 놔뒀더라면 경로1로 갔을 포톤이 경로2로 간 경우에 불일치가 발생했다. 그런 경우에 밥의 쌍둥이 포톤은 아랑곳없이 경로1로 갔다. 각도 θ가 작으면, 이런 불일치 사례의 비율도 작을 것이다. 앨리스가 편광기를 돌려놓은 탓에, 그녀에게 날아간 포톤들 전체의 5퍼센트가 뒤바뀐 운명을 맞이했다고 가정하자. 즉, 앨리스가 5퍼센트의 불일치를 유발했다고 말이다.

실험3

이 실험은 밥의 편광기를 각도 θ만큼 돌려놓았고 앨리스의 편광기를 원래대로 수직으로 놓았다는 점만 다를 뿐, 실험2와 동일하다. 이 상황은 실험2의 상황과 대칭이므로, 통계적 오차를 무시할 수 있을 만큼 많은 포톤 쌍들을 기록한다면, 불일치율은 이번에도 5퍼센트일 것이다.

실험4

이번에는 앨리스와 밥이 모두 각자의 편광기를 각도 θ만큼 돌려놓는다. 만일 이들이 편광기를 같은 방향으로 돌려놓는다면, 상황은 편광기들을 돌려놓지 않았을 때와 똑같을 것이다. 두 편광기가 같은 각도로 놓였을 테니까 말이다. 따라서 새로운 실험을 원하는 앨리스와 밥은 서로 반대 방향으로 θ만큼 편광기를 돌려놓는다.

앨리스는 편광기를 θ만큼 돌려놓음으로써 자신에게 날아오는 광자들의 행동을 실험2에서와 똑같은 정도로 변화시킨다. 다시 말해 그녀는 자신에게 날아오는 광자들의 5퍼센트가 뒤바뀐 운명을 맞이하게 만든다. 대칭적인 상황이므로 밥도 마찬가지다. 밥도 반대편으로 편광기를 θ만큼 돌려놓음으로써 자신에게 날아오는 광자들의 5퍼센트가 뒤바뀐 운명을 맞이하게 만든다.

앨리스가 5퍼센트 포톤들의 행동을 변화시키고 밥도 그렇게 하므로, 또한 모든 변화 각각은 두 실험자가 데이터를 비교할 때 불일치로 나타날 수 있으므로, 우리는 이 실험에서의 불일치율을 최대 10퍼센트로 예상할 수 있을 것이다. 통계적으로 충분히 큰 포톤 집단으로 실험을 한다면, 불일치율은 절대로 10퍼센트보다 더 클 수 없다.

그러나 불일치율이 10퍼센트보다 작을 수는 있다. 왜 그럴까? 일부 쌍둥이 상태 포톤 쌍은 앨리스와 밥의 편광기 회전으로 인해 두 쌍둥이가 다 뒤바뀐 운명을 맞을 수 있다. 그럴 경우 두 쌍둥이의 행동은 동일해질 것이고, 따라서 불일치가 기록되지 않을 것이다.

그런 이중 행동 변화의 예로 편광이 거의 수직인 쌍둥이 포톤 쌍을

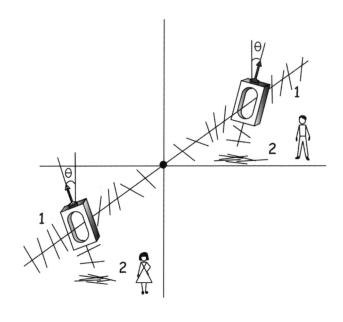

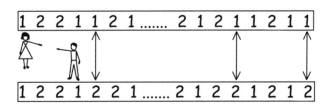

그림13.5 실험4: 앨리스와 밥의 편광기를 둘 다 돌려놓아 데이터의 불일치가 발생하게 만든다.

생각해보자. 앨리스와 밥의 편광기 축이 원래대로 수직을 유지했더라면, 이 포톤들은 둘 다 경로1로 나아갔을 것이다. 만일 앨리스와 밥이 각자의 편광기를 실험4에서처럼 서로 반대 방향으로 돌려놓는다면, 이 쌍둥이 포톤 쌍은 둘 다 경로2로 나아갈 것이다. 따라서 두 실험자는 이 이중 변화를 불일치로 기록하지 못할 것이다.

이런 이중 변화들 때문에, 앨리스와 밥이 실험4에서 각자 얻은 결과를 비교하면, 불일치율은 앨리스만 편광기를 돌려놓을 때의 불일치율 5퍼센트에 밥만 편광기를 돌려놓을 때의 불일치율 5퍼센트를 더한 값보다 작을 가능성이 높다. 요컨대 실험4에서 불일치율은 10퍼센트 미만일 가능성이 높다. 통계적으로 충분히 큰 포톤 집단으로 실험을 한다면, 불일치율은 10퍼센트보다 클 수 없다.

바로 이것이다! 우리는 다음과 같은 벨 부등식을 도출했다.

두 편광기를 (서로 반대 방향으로) θ만큼 돌려놓았을 때 불일치율은 한 편광기만 θ만큼 돌려놓았을 때의 불일치율의 두 배보다 작거나 같다.

공간의 어떤 방향도 특별하지 않으므로, 두 편광기를 서로 반대 방향으로 θ만큼 돌려놓는 것은 한 편광기만 2θ만큼 돌려놓는 것과 다름없다. 따라서 첫째 실험에서는 한 편광기를 θ만큼 돌려놓고 둘째 실험에서는 2θ만큼 돌려놓는 방법으로도 동일한 부등식을 증명할 수 있다. 이 경우에 벨 부등식은 다음과 같은 명제로 표현될 것이다.

2θ만큼의 회전이 산출하는 불일치율은 θ만큼의 회전이 산출하는 불일치율의 두 배를 넘을 수 없다.

우리의 벨 부등식 도출이 실재성과 분리성만을 전제했음을 강조하기 위하여 이제부터 일부러 우스꽝스러운 이야기를 하려 한다. 막대처럼 생긴 포톤과 타원형 구멍 편광기를 상상하는 대신에, 포톤 각각을 거기에 탄 '포톤 조종사'가 조종하고, 편광기는 '방향'을 지시하는 화살표 신호등이라고 상상해보자. 포톤 조종사는 '포톤'을 신호등에 맞게 경로1이나 경로2로 몰고 가라고 명령하는 문서를 지니고 있다. 이경우에, 문서에 인쇄된 상태로 물리적으로 실재하는 그 명령은 숨은 변수에 해당한다. 이 조종사의 누나는 다른 쌍둥이 포톤을 조종한다. 그녀는 남동생의 행동과 무관하게 자신의 신호등에 이르러 남동생이 지닌 것과 똑같은 명령에 따라 행동한다. 이 모형도 벨 부등식에 맞는 결과를 산출한다. 필요한 전제는 실재성과 분리성뿐이다.

그런데 실제 실험 데이터가 우리가 방금 도출한 벨 부등식을 위반했다고 가정해보자. 바꿔 말해서 실험실에서 실제 쌍둥이 상태 광자들을 가지고 실험을 했더니, 두 편광기를 모두 돌려놓았을 때의 불일치율이 한 편광기만 돌려놓았을 때의 불일치율의 두 배보다 더 크게 나왔다고 해보자. 이런 결과가 나올 수 없다고 말하는 벨 부등식은 실재성과 분리성만을 전제로 도출되었으므로, 벨 부등식 위반은 실제 세계에서 이 두 전제 중 적어도 하나가 틀렸음을 의미할 것이다. 즉, 우리의 실제 세계에 실재성이 없거나, 분리성이 없거나, 실재성과 분리성이 둘 다 없음을 의미할 것이다. 곧 보겠지만, 벨 부등식 위반 사례가 하나라도 있다면, 예컨대 실제 쌍둥이 상태 광자들이 벨 부등식을 위반한다면, 그것은 그런 광자들과 상호 작용할 가능성이 있는 모든 것에 실재성이나 분리성이 없음을 의미한다. 그리고 원리적으로 만물이 그런 광자들과 상호 작용할 가능성이 있다(우리가 말하는 '실제 세계'는 우리가 살고 있고 우리가 다루는 광자들이 속해 있는 이 현실 세계를 뜻한다).

만약에 벨 부등식이 위반되지 않는다면, 그 위반을 예측하는 양자이

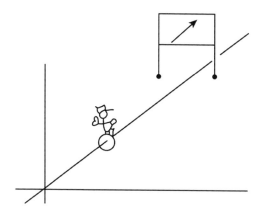

그림13.6 포톤 조종사

론은 반증될 것이다. 그렇더라도 실재성이나 분리성에 관해서는 아무 것도 증명되지 않을 것이다. 왜냐하면 틀린 전제들에서 옳은 예측이 나올 수도 있기 때문이다. 실제로 일부 상황들에서는 벨 부등식이 위반되지 않는다. 그러나 벨 부등식이 위반되는 상황이 하나라도 있다면, 우리의 실제 세계가 실재성과 분리성을 둘 다 갖추고 있음을 부정하기에 충분하다.

검증 실험

1965년에 벨의 정리가 발표되었을 때, 물리학자가 양자이론을 의문시하거나 심지어 코펜하겐 해석이 모든 철학적 문제를 해결했음을 의심하는 것은 가벼운 이단 행위에 해당했다. 그럼에도 1960년대 후반에 컬럼비아대학 물리학과 대학원에 다니던 존 클로저John Clauser는 호기심을 품었다.

박사후 연구원이 되어 버클리에서 찰스 타운스Charles Townes와 함께 전파천문학을 연구하던 클로저는 벨 부등식을 검증하겠다는 포부를 밝혔다. 타운스는 클로저를 천문학 연구에서 해방시켰을 뿐 아니라 재정적으로 계속 지원하기까지 했다. 클로저와 한 대학원생은 빌린 실험 장비를 이용하여, 서로 다른 각도로 놓인 편광기들과 쌍둥이 상태 광자들을 가지고, 방금 우리가 '불일치율'이라고 부른 것을 측정했다. 그들은 사실상 우리가 서술한 실험1, 2, 3, 4를 했다. 그리고 벨의 부등식이 위반되는 것을 발견했다. 그 위반은 양자이론이 예측하는 대로였다.

흔히 저질러지는 말실수를 피하기 위해, 우리는 벨의 '부등식'이 위반되었다는 점을 강조하고자 한다. 벨의 '정리', 즉 실재성과 분리성을 전제로 벨의 부등식을 도출하는 과정은 검증 실험에 의존하지 않는 수학적 증명이다.

양자이론의 예측은 정확히 무엇일까?

양자이론은 벨 부등식이 얼마만큼 위반될지를 예측하는데, 그 위반 정도를 알려면 상당히 복잡하고 우리의 현재 논의와 그다지 관련이 없는 계산이 필요하다. 그러나 이 대목을 더 파고들고 싶은 독자를 위해 약간의 설명을 덧붙이겠다. 다음 단락을 건너뛰고 싶은 독자는 그렇게 해도 좋다.

빛을 전자기장으로 간주하는 반(半) 고전적 계산은, 벨 부등식의 의미를 확립하는 데 필요한 광자 상관photon correlation을 다룰 수 없음에도 불구하고, 옳은 불일치율 값을 산출한다. 우리는 긴 설명을 생략하고 다음 사실들만 언급하겠다. (1) 광자 하나가 예컨대 수직으로 놓인 앨리스의 편광기를 통과한 것을 앨리스가 관찰한다는 것은, 그 광자의 쌍둥이가 밥의 편광기에서 수직 편광을 나타낼 것임을 의미한다. (2) 밥의 편광기를 통과하지 못하는 빛의 세기(또는 광자들)의 비율, 곧 불일치율은 그의 편광기 축에 수직인 전기장 성분의 제곱에 비례한다. (3) 이 비율은 밥의 편광기 축과 앨리스의 편광기 축 사이의 각도 θ의 사인값의 제곱에 비례한다(말뤼스의 법칙Malus's law). 요컨대 실제로 관찰되는 불일치율, 그리고 양자이론으로 계산한 불일치율은 $\sin^2(\theta)$에 비례한다. (4) 그렇다면 우리가 도출한 벨 부등식은 다음과 같다. $2\sin^2(\theta) \geq \sin^2(2\theta)$. $\theta = 22.5°$, $2\theta = 45°$로 놓으면, 이 부등식은 $0.3 \geq 0.5$가 된다. 전혀 틀린 부등식인 것이다. 결론적으로 실제 세계에서는 벨의 부등식이 심하게 위반될 수 있다. 거듭 말하지만, 이 단락은 건너뛰어도 무방하다.

실험 결과의 핵심

클로저의 실험 결과는 이른바 '국소 실재성', 또는 '국소 숨은 변수'

를 배제했다. 우리 세계의 속성들이 관찰에 의해 창조된 실재성만 갖는다는 것, 또는 평범한 물리적 힘을 통한 연결 이외의 연결이 존재한다는 것, 또는 이것들이 둘 다 참이라는 것을 그 결과는 보여주었다.

클로저는 이렇게 썼다. "양자역학을 뒤엎겠다는 나의 헛된 희망은 데이터에 의해 산산이 부서졌다." 오히려 그는 양자이론이 예측하는 벨 부등식 위반을 입증했다. 그의 실험은 양자역학에 대한 공격 중에서 수십 년을 통틀어 가장 강력한 것이었다. 그러나 양자역학은 그 공격을 버텨내고 살아남았다.

우리는 과학 이론이 옳다는 것을 결코 확실히 알 수 없다. 언젠가 더 나은 이론이 양자이론을 대체할 수도 있다. 그러나 그런 더 나은 이론이 나온다면, 그 이론도 양자이론과 마찬가지로 실재성과 분리성을 둘 다 갖지는 않은 세계를 기술해야 한다는 사실을 우리는 안다. 클로저의 실험 결과가 나오기 전에는, 우리는 이 사실을 알 수 없었다.

1970년대 초에 양자역학의 토대에 관한 클로저의 탐구는 불행하게도 거의 모든 곳에서 아직 제대로 된 물리학으로 취급되지 않았다. 클로저가 학자로서 구직 활동에 나섰을 때(그는 우리의 직장인 산타크루즈 소재 캘리포니아대학 물리학과에도 지원했다) 그의 업적은 업신여김을 당했다. 그의 성취를 이해하지 못하는 사람들의 전형적인 반응은 이랬다. "이 사람의 업적은 양자이론이 옳다는 걸 확인한 게 다잖아. 아니, 그걸 누가 모르나?" 클로저는 물리학자로서 일자리를 구했지만 거기에서는 그의 실험으로 물꼬가 트인 광범위한 연구에 참여할 수 없었다.

10년 후, 프랑스의 알랭 아스펙트Alain Aspect가 클로저의 벨 부등식 검증 실험을 개량했다. 극도로 빠른 전자장치를 이용하여 아스펙트는,

한 광자가 탐지된 때와 그 쌍둥이가 탐지된 때 사이의 시간이 한 탐지기에서 다른 탐지기까지 빛이 이동하는 시간보다 더 짧음을 확실히 보여주었다. 따라서 어떤 물리적 힘도 광속보다 빨리 전달될 수 없으므로, 한 광자가 관찰된 사건이 그 쌍둥이에게 물리적으로 영향을 미쳤을 가능성은 없음이 증명된 셈이었다. 이 성취로 클로저의 실험에 남아 있던 틈이 메워졌다. 클로저가 사용했던 전자장치는 충분히 빠르지 않았다.

아스펙트에 따르면, 그가 벨에게 자신의 계획을 말했을 때, 벨의 첫 질문은 이것이었다. "정년 보장은 받으셨나요?" 당시에 양자역학의 토대에 관한 탐구는 10년 전보다는 더 낮게 평가받았지만 과학자로서 경력을 생각할 때 여전히 섣불리 선택할 수 없었다. 결국 아스펙트가 얻은 실험 결과는 클로저의 실험에 남아 있던 틈을 메웠을 뿐 아니라, 벨 부등식이 정확히 양자이론의 예측대로 위반된다는 것을 충격적일 정도로 강력하게 입증했다. 존 벨이 일찍 죽지 않았다면, 벨과 클로저와 아스펙트는 공동으로 노벨상을 받았을 만하다.

그러나 아스펙트의 실험 결과가 이야기의 끝은 아닐 것이다. 벨의 말을 들어보라.

그것은 매우 중요한 실험이다. 어쩌면 우리는 걸음을 멈추고 한동안 그 실험을 생각해야 할 것이다. 그러나 나는 그 실험이 끝이 아니기를 진심으로 바란다. 양자역학의 의미에 대한 탐구는, 우리가 그 탐구의 가치에 동의하든 말든, 계속되어야 하고 실제로 계속될 것이라고 나는 생각한다. 왜냐하면 많은 사람들이 느끼는 매혹과 혼란이 그 탐구를 지속시키기에 충분할 만큼 크기 때문이다.

벨의 예언 이후 20여 년이 지난 지금, 활발하게 이루어지는 양자역학의 의미에 대한 탐구는 벨의 통찰이 옳았음을 입증한다.

벨 부등식 위반의 귀결

실재성

우리 논의에서 '실재성'은, 관찰에 의해 창조되지 않았으며 물리적으로 실재하는 속성들이 존재한다는 것을 의미하는 축약 표현이다. 양자이론은 이런 실재성을 수용하지 않는다. 물리적 실재의 본성은 적어도 기원전 400년경 플라톤의 시대 이래로 논의되어 왔다. 또한 지금도 논의되고 있다. 특히, 벨의 정리가 실재성을 전제하는지 여부가 논쟁거리다(실재성이 벨 정리의 전제가 아니라면, 검증 실험의 결과는 실재성과 분리성의 공존을 배제하는 것이 아니라 꼭 집어서 분리성을 배제할 것이다).

[이 단락은 전문적인 세부사항이므로 건너뛰어도 좋다. 벨의 수학적 도출에 등장하는 기호 λ(그리스어철자 '람다')는, 과거에 존재했으며 앨리스의 위치와 밥의 위치 중 한 곳에는 영향을 미치지 않으면서 다른 곳에는 영향을 미칠 수 있었던 모든 것을 나타낸다. 만일 λ가 날아오는 광자의 실제 편광도 포함한다면, 특정된specific 대상의 속성들의 실재성은 벨 정리의 전제일 것이다.

그러나 만일 λ가 관찰의 모든 가능한 측면들(예컨대 편광기들의 상태)을 포함하지만 개별 속성으로서의 광자의 편광은 포함하지 않는다면, 특정된 대상에 적용된 실재성 전제는 부정 가능하다. 우리의 비유적인 벨 부등성 도출에서 앨리스와 밥은 포톤 편광 각도를 관찰했는데, 거기에서 대상들은 곧이곧대로 실재했다.]

실재성 논쟁을 이해하기 위해, 일단 완전한 분리성을 전제해보자. 즉, (광속보다 빠른 '영향 미침'까지 포함해서) 앨리스의 어떤 활동도 밥의 편광기에서 나오는 결과에 영향을 끼칠 수 없다고 전제하자. 또한「EPR」의 정신에 부합하는 물리적 실재의 정의를 받아들이기로 하자. 그 정의는 이러하다. 만일 어떤 대상의 한 속성을 관찰하지 않고 알 수 있다면, 그 속성은 관찰에 의해 창조되지 않은 것이고 따라서 물리적 실재로서 존재한다.

이 같은 물리적 실재 정의는 나름의 철학적 입장을 바탕에 깔고 있다. 그러나 어떤 정의든지 그럴 수밖에 없다. 아무튼 대부분의 물리학자들(또한 아마도 대부분의 사람들)은 이 정의를 암묵적으로 받아들인다.

이제 약간의 논리가 필요하다. (1) 분리성을 전제하면, 그리고 실험1의 실제 세계 버전에서 나온 결과를 감안하면,「EPR」식 실재성이 입증된다. (2) 실험2, 3, 4의 실제 세계 버전들은 실제 세계에 실재성과 분리성이 둘 다 존재할 수 없음을 입증한다. 그런데 (1)에 따라서, 분리성이 있으면 실재성도 있어야 한다. 그러나 (2)에 따라서, 분리성과 실재성이 둘 다 있을 수는 없다. 그러므로 우리는 실제 세계에서 분리성을 배제한다.

분리성

우리 논의에서 '분리성'은, 대상들을 떼어놓아서 한 대상에게 일어나는 일이 다른 대상에게 일어나는 일에 영향을 미칠 수 없게 만들 수 있다는 것을 의미하는 축약 표현이다. 분리성이 없으면, 한 장소에서 일어나는 일이 먼 곳에서 일어나는 일에 즉시 영향을 미칠 수 있다. 대상들을 연결하는 물리적 힘이 없더라도 말이다. 양자이론이 예측하는 이런 기이한 영향 관계를 보어는 '영향 미침influence'으로 규정하며 받아들였다. 그러나 아인슈타인은 실재하는 물리적 힘의 개입 없이 일어나는 이 작용을 '도깨비 같은 작용'으로 규정했다.

우리의 실제 세계가 분리성을 지니지 않았다는 것은 현재 일반적으로 받아들여진다. 비록 이해하기 힘든 미스터리로서 받아들여지는 것이기는 하지만 말이다. 원리적으로 한 번이라도 상호작용한 임의의 대상들은 영원히 얽힌다. 따라서 한 대상에게 일어나는 일은 다른 대상에 영향을 미친다. 지금까지 실험들은 그런 영향이 100킬로미터 넘게 떨어진 곳에도 미침을 보여주었다. 양자이론은 이런 연결성을 온 우주로 확장한다. 양자컴퓨터 설계자들은 양자컴퓨터 원형에 쓰이는 거시적인 논리 요소들 사이에서 거의 이런 영향 미침이 일어남을 보여주었다.

양자적 연결성은 적어도 원리적으로는, 미시 영역을 넘어 거시 영역까지 확장될 수 있다. 임의의 두 대상, 예컨대 쌍둥이 광자 두 개 사이에 분리성이 없다는 것이 밝혀지면, 분리성의 보편적 부재가 입증된다. 예컨대 슈뢰딩거의 '극악무도한 장치'를 생각해보자. 우리는 그 장치를 약간 변형하여, 쌍둥이 광자 하나가 고양이 상자에 진입했을 때, 그 광자가 수직 편광을 나타내면 시안화수소가 방출되고 수평 편광을 나타내면 방출되지 않게 만들 수 있다. 이 경우에 고양이의 운명은 먼 곳에서 쌍둥이 광자가 관찰되는 사건에 의해 결정될 것이다. 물론 그 쌍둥이 광자의 편광은 무작위하므로, 고양이의 운명도 무작위하다. 원격 조종 따위는 없다.

우리가 쌍둥이 상태 광자들을 언급하는 것은 그 상황이 서술하기 쉽고 실험적으로 검증할 수도 있기 때문이다. 또 슈뢰딩거의 고양이를 언급하는 것은 그 상황이 비록 실현하기는 사실상 불가능하지만 서술하기 쉽기 때문이다. 그러나 원리적으로 한 번이라도 상호작용한 임의의 두 대상은 영원히 얽힌다. 한 대상의 행동은 즉시 다른 대상에 영향을 미친다. 한 대상의 행동은 그것과 얽혀 있는 모든 것의 행동에 즉시 영향을 미친다. 진정한 의미에서 거시적인 대상은 고립되기가 거의 불가능하므로 신속하게 주위의 모든 것과 얽힌다. 이런 복잡한 얽힘의 효과는 일반적으로 탐지하기가 불가능하다. 그럼에도 원리적으로 보편적 연결성이 존재한다. 우리는 그것의 의미를 아직 이해하지 못했다. 우리는 정말로 '모래 알갱이 하나에서 세계를 볼' 수 있다.

무한히 빠른 양자적 영향 미침(얽힘)은, 어떤 물리적 효과도 광속보다 빨리 전달될 수 없다고 못박는 특수상대성이론과 상충할까? 특수상대성이론은 물리학 대부분의 기초이고, 모든 검증 실험의 결과는 그 이론의 예측과 정확히 일치한다. 그럼에도 분리성의 부재는 특수상대성이론의 바탕에 깔린 일부 전제들을 위태롭게 만들지도 모른다. 예컨대 최근에 『사이언티픽 아메리칸』에 실린 한 기사의 표제는 '특수상대성 이론을 위협하는 양자'였다. 어쨌거나 한 관찰자에게서 다른 관찰자에게로 정보나 메시지나 인과적 효력이 광속보다 빠르게 전달될 수는 없다. 밥은 1과 2가 무작위하게 늘어선 수열을 기록할 뿐이다. 밥과 앨리스가 각자의 데이터를 비교할 때 비로소 그들은 「EPR」–벨 상관EPR–Bell correlation을 확인할 수 있다.

「EPR」 실험(또는 실험1)을 논할 때 우리는 앨리스가 먼저 관찰하고 밥의 광자(또는 포톤)에 영향을 미친다고 말했다. 일부 학생들은 이렇게 묻는다. "앨리스와 밥이 동시에 관찰을 하면 어떻게 되나요?" 특수상대성이론에 따르면, 앨리스와 밥에 대하여 상대적으로 운동하는 일부 관찰자가 보기에는, 먼저 관찰하는 사람이 앨리스가 아니라 밥일 것이다. 양자이론이 말해 주는 것은 단지, 편광기를 같은 각도로 놓은 두 관찰자는 동일한 편광을 관찰하리라는 것, 그리고 편광기를 서로 다른 각도로 놓은 두 관찰자는 데이터에서 어느 정도의 상관을 확인하리라는 것뿐이다.

귀납과 자유의지

양자적 연결성은 과거에 물리학의 영역을 벗어난다고 여겨졌던 주제들에 대한 탐구를 회피할 수 없게 만든다. 벨의 정리는 고전물리학의 어느 내용보다 더 명시적으로 귀납 추론의 타당성에 기초를 두고 심지어 '자유의지'에 기초를 둔다.

귀납 추론의 고전적인 예를 들어보자. "우리가 본 까마귀는 모두 검다. 그러므로 우리는 모든 까마귀는 검다고 믿는다." 이 추론은, 만약에 우리가 다른 까마귀 집합을 관찰하기로 선택했더라도, 우리는 까마귀들이 모두 검다는 것을 발견했을 것임을 전제한다. 엄밀히 말하면, 관찰되지 않은 까마귀는 모두 녹색일 수도 있는데도 말이다. 바꿔 말해서 귀납 추론은, 우리가 관찰하기로 선택한 까마귀들이 모든 까마귀를 대표한다고 전제한다. 귀납과 자유의지는 밀접한 관련이 있다.

특수한 사례들에서 일반적인 결론으로 나아가는 귀납 추론은 논리적 문제를 안고 있다. 귀납 추론의 타당성을 뒷받침하는 유일한 논증은 그 추론이 이제껏 (특수한 사례들에서) 유효했다는 점뿐이다. 그러나 이 논증이 다름 아닌 귀납 추론이다! 오래 전부터 알려진 대로, 귀납 추론의 타당성을 뒷받침하는 유일한 논증은 귀납 추론의 타당성을 전제하므로 귀납 추론은 엄밀한 의미에서 논리적으로 타당하지 않다. 그럼에도 모든 과학은 귀납을 기초로 삼는다. 우리는 특수한 사례들을 근거로 삼아서 일반적인 규칙을 정식화한다. 또한 우리는 귀납 추론에 기대어 우리의 삶과 사회를 운영한다. (예컨대 만약에 내가 점심을 먹지 않았다면, 지금 나는 배가 고플 것이다. 혹은 만약에 그가 방아쇠를 당기지 않았다면, 그는 지금 감옥에 가지 않았을 것이다. 우리는 이런 진술들이 타당함을 인정한다. 왜냐하면 이것들은 과거에 타당했기 때문이다.)

우리의 상자 쌍 실험에서는, 우리가 상자 들여다보기 실험이나 간섭 실험을 하기로 선택한 특정 상자 쌍 집합이 모든 상자 쌍들을 대표한다고 전제하는 대목에서 귀납 추론이 개입했다. 우리는 상반된 두 상황 중 어느 것이라도 증명하기로 선택할 수 있었다고 전제했다. 그렇게 우리가 실제로 한 실험이 아닌 다른 실험을 선택할 수도 있었다고 전제했기 때문에, 불가사의가 발생했다. 우리는 우리에게 자유의지가 있다고, 우리의 선택은 상자 쌍 집합에 '실제로' 들어 있는 것에 의해 미리 결정되지 않았다고 전제했다.

앨리스-밥 이야기에서, 또한 실제 쌍둥이 상태 광자 실험들에서 귀납 전제는, 특정 각도로 놓인 편광기에 의해 관찰된 광자들이 실험에 등장하는 모든 광자들을 대표한다는 것을 함축한다. 예컨대 우리는 앨리스와 밥(또는 클로저나 아스펙트)이 실제로 실험2에 쓰인 광자들을 가지고 실험4를 하기로 자유롭게 선택할 수도 있었다고 암묵적으로 전제한다. 그리고 만일 그렇게 했더라면, 그들은 실제 상황에서와 마찬가지로 벨 부등식 위반을 보았을 것이라고 말이다. 우리는 이 세계가 공모를 꾸미지 않는다고, 벨의 정리 실험자들의 자유로운 선택은 특정 광자들과 연계되어 있지 않다고 전제한다. 실험자의 자유의지는 대개 자명하다고 여겨지기 때문에 간과된다. 그러나 그것은 특수한 실험 결과에 대한 일반적 설명을 추구하는 모든 과학 연구에서 근본적인 전제다. 비록 증명할 수 없는 전제더라도 말이다. (한마디 덧붙이자면, 우리는 우리의 의지가 자유로움을 의식적으로 경험함으로써만 우리의 자유의지에 대해서 알게 된다.)

실제로 하지 않은 실험을 생각하는 것은 그 자체로 무의미하다고, 우리가 그런 실험을 할 수도 있었다는 의식적인 지각은 무의미하다고 주장함으로써 양자 불가사의를 회피할 수도 있을 것이다. 그러나 이런 식의 자유의지 부정은, 우리의 선택은 우리 뇌의 전기화학에 의해 결정된다는 생각을 넘어선다. 이 부정은 완전히 결정론적이고 공모적인 세계를, 자유로운 듯한 우리의 선택이 외부의 물리적 상황과 일치하도록 프로그램된 세계를 함축한다. 이 세계가 정말로 그런 결정론적, 공모적 세계라면, 우리가 할 수도 있었던 실험을 거론하는 것은 무의미할 것이다. 이런 식으로 양자 불가사의를 회피하는 입장은 '반사실적 확실성'을 부정한다.

벨은 이런 논리적 가능성이 있음을 인정했지만 이것을 해결로 간주하지는 않은 듯하다.

> 설령 편광기 각도들이 스위스 국립 복권 기계에 의해 선택되거나, 정교한 컴퓨터 프로그램에 의해, 또는 겉보기에 자유의지를 지닌 물리학자에 의해, 또는 이 모든 것들의 조합에 의해 선택되더라도, 측정 결과들에 영향을 미치는 어떤 요인들이 그 각도들에도 중요한 영향을 미칠 가능성을 확실히 우리는 배제할 수 없다. 그러나 이런 식으로 양자역학적 상관을 설명하는 것은 빛보다 빠른 인과작용을 통해 설명하는 것보다 훨씬 더 납득하기 어려울 것이다. 이런 설명이 옳다면, 분리된 듯한 세계의 부분들은 공모적으로 얽힐 것이고, 자유로운 듯한 우리의 의지는 그런 부분들과 얽힐 것이다.

아인슈타인을 위하여 벨은 울리나?

벨은 아인슈타인과 보어가 모두 죽은 뒤에 자신의 정리를 내놓았다.

보어는 당연히 양자이론에 부합하는 실험 결과를 예측했을 것이다. 하지만 아인슈타인이 벨의 증명을 보았다면 무엇을 예측했을지는 불분명하다. 아인슈타인은 양자이론의 예측이 항상 옳을 것임을 믿는다고 말했다. 하지만 예측된 결과가 그 자신이 '도깨비 같은 작용'이라고 조롱한 것이 실재한다는 증명이라면, 아인슈타인은 어떤 기분일까? 그는 여전히 서로 떨어진 대상들은 빛보다 빠른 연결에 의해 영향을 주고받을 수 없다고 주장할까?

벨과 클로저, 아스펙트는 아인슈타인의 「EPR」 논증은 틀렸고 보어가 옳았음을 보여주었다. 그러나 고민해 봐야 할 문제가 있다는 아인슈타인의 지적은 옳았다. 양자이론의 기괴함을 뚜렷하게 부각한 것은 아인슈타인의 공로였다. 아인슈타인의 반발은 벨의 연구를 유도했을 뿐더러 지금도 양자이론이 우리에게 강요하는 기이한 세계관을 받아들이려 애쓰는 과학자들 사이에서 호응을 얻고 있다.

벨은 이렇게 말했다.

보어와의 논쟁에서 아인슈타인은 모든 세부사항에서 틀렸다. 보어는 양자역학을 실제로 다루는 솜씨에서 아인슈타인보다 훨씬 더 나았다. 그러나 물리학의 철학에서, 물리학이 대체 무엇이며 우리가 무엇을 하고 있고 무엇을 해야 하는가에 관한 생각에서 아인슈타인은 절대적으로 존중 받을 만하다. …… 아인슈타인은 물리학을 어떻게 생각해야 하는가를 몸소 보여준 모범이라는 점을 나는 믿어 의심치 않는다.

14

실험 형이상학

이른바 지혜는 사물의 최초 원인들과 원리들을 다룬다고 다들 생각한다.
_아리스토텔레스, 『형이상학』에서

글자 그대로의 뜻이 '물리학 다음after physics'인 『형이상학Metaphysics』은 기원후 1세기의 편집자가 아리스토텔레스의 저서 『물리학』 다음에 나오는 그의 철학 저술 모음에 붙인 제목이다. 오늘날 아리스토텔레스가 살아 있다면, 그는 분명 양자역학이 세계와 우리 자신에 대해서 무슨 말을 하는가를 이해하려 애씀으로써 '최초 원인들'을 탐구할 것이다.

우리가 이 장에 붙인 제목 「실험 형이상학」은, 양자역학의 토대를 탐구하는 실험들을 논하는 내용으로, 최근에 출판된 어느 논문집의 똑같은 제목에서 따온 것이다. 그 논문집의 첫 장(존 클로저 저)의 도발적인 제목은 「작은 돌들과 살아 있는 바이러스들의 드 브로이 파동 간섭」이다. 클로저는 그런 대상들을 이용한 간섭실험을 제안한다.

어떤 이들은 원자가 속한 미시 영역은 인간이 속한 거시 영역과 크기의 등급이 아주 많이 다르기 때문에 양자역학은 인간 규모의 자연('실제로 일어나는 일')과 거의 무관하다고 주장한다. 물론 아인슈타인, 보어, 슈뢰딩거, 하이젠베르크, 기타 양자이론 개발자들의 태도는 달랐다. 그러나 세월이 흘러, 양자 불가사의는 미해결로 남아 있고 양자이론이 모든 실용적인 맥락에서 아주 잘 작동하는 상황이 되자, 초기의 고민은 사그라졌다. 하지만 분위기는 또다시 바뀌었다. 오늘날 많은 물리학자들은 우리가 진실을 근본적으로 이해하지 못했다는 것에 동의한다. 결국 같은 이야기지만, 적어도 진실에 관한 의견의 불일치가 많이 존재한다.

변화의 원인은 벨의 정리와 그것이 유발한 실험들이다. 그 실험들은 양자이론의 기괴한 예측을 입증하는 것 이상의 역할을 했다. 그 실험들은 앞으로는 어떤 이론도 우리의 실제 세계를 '합당한' 세계로 설명할 수 없음을 보여주었다. 무릇 미래의 옳은 이론이 기술하는 세계와 그곳의 대상은 실재성과 분리성을 모두 갖추지는 않아야 한다. 이 말은 원리적으로 모든 대상에 적용된다. 그렇다면 우리에게도 적용될까?

고전물리학의 관점에 선 일부 사람들은 우리가 생물학과 화학에, 따라서 결국 결정론적인 물리학에 지배되는 대상에 불과하다고 주장한다. 그러나 벨의 정리 이래로, 인간적인 요소, 예컨대 자유로운 선택은 물리학의 근본적인 질문들에서 중요한 논제로 간주된다.

실험자의 자유로운 선택은 고전물리학에도 암묵적으로 존재하지만, 자유로운 선택이라는 인간적인 요소가 문제시되는 고전물리학 실험은 존재하지 않는다. 자유로운 선택이 핵심 요소로 관여하는 양자 실험은 끝내 실현되지 않을지도 모르지만, 아래에서 논할 실험 하나는 실현 가능성이 높아지는 중이다.

이 장의 나머지 부분에서 우리는 여러 실험들과 실험 제안들을 살펴볼 것이다. 그것들은 기이한 미시 세계와 우리가 경험하는 '합당한' 거시 세계를 점점 더 긴밀하게, 그러나 불가사의하게 연결한다.

거시적인 실현

지금까지 우리가 대상이 동시에 두 장소에 있다거나 다른 대상과 얽힌다고 말할 때, 우리가 말하는 대상은 광자나 전자나 원자, 즉 거시 환경으로부터 물리적으로 고립되기에 충분할 만큼 작은 대상이었다. 최근 몇 년 동안 양자현상들은 더 큰 대상들로 확장되었고, 더 중요하게는 거시 환경과 접촉하고 있는 대상들로 확장되었다. 지금부터 이 책을 인쇄할 때까지의 기간에도 극적인 현상들이 추가로 실현되어 이 책에 보충되어야 하리라고 우리는 확신한다.

다음은 거의 거시적인 대상을 이용한 '동시에 두 장소' 실험의 초기 사례다. 1997년, 매사추세츠공과대학의 연구자들은 나트륨 원자 수백만 개로 이루어진 집단을 낮은 온도에서 '보즈-아인슈타인 응축'이라는 양자 상태에 처하게 만들었다. 그런 다음에 그들은 그 단일한 집단을 인간의 머리카락 굵기보다 더 멀리 떨어진 두 장소에 동시에 있게 만들었다. 물론 인간의 머리카락 굵기 정도면 작은 간격이다. 하지만 거시적으로 눈에 띄는 간격이다. 나트륨 원자 집단 전체가 두 장소에 있었다. 따라서 나트륨 원자 각각이 두 장소에 있었던 것이다. 거의 거시적인 대상인 그 집단이 동시에 두 장소에 있음을 증명하기 위해, 연구자들은 그런 중첩 상태를 증명하려 할 때 늘 하는 실험을 했다. 그들은 두 장소에 있는 집단을 포개서 간섭무늬를 만들어냈다.

산타바바라 소재 캘리포니아대학의 물리학자들은 2009년에 맨눈으로 볼 수 있을 만큼 큰 두 대상의 양자적 얽힘을 증명했다. 그림14.1은 고체 기판과 거기에 접촉한 알루미늄으로 이루어진 전자회로 칩을 보여준다. 가장 큰 흰색 사각 테두리는 한 변이 6밀리미터다. 회색 배경 속의 작은 흰색 사각형들은 초전도 고리superconducting loop들이고, 그 각각 안에서 전류가 흐를 수 있다. 칩을 향해 마이크로파 펄스를 발사하면 두 전류가 얽힌다. 고전적으로는, 두 고리에서 전류들의 방향은 서로 완전히 독립적이어야 한다. 그러나 마이크로파 펄스로 얽힘을 일으키면, 그 전류들은 서로 반대 방향으로 흐른다. 이것은 맨눈으로 보이는 그 대상들의 양자적 얽힘을 통해서만 설명할 수 있는 현상이다. 이런 회로들의 얽힘은 양자컴퓨터의 기초가 될 가능성이 있다.

미국국립과학기술연구소U.S. National Institute of Science and Technology의 과학자들은 2008년에 '양자컴퓨터'라고 할 만한 최초의 장치를 칩 위에 구현했다. 그 장치는 초기의 컴퓨터 회로를 닮기까지 했다. 그 장치에서, 잡힌trapped 이온들과 관련 회로는 최소 160가지 컴퓨터 연산을

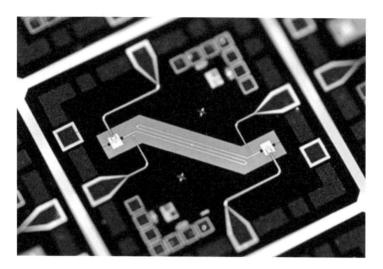

그림14.1 회색 배경 속의 작은 흰색 사각형들은 두 개의 서로 얽힌 거시적 대상이다.

수행할 수 있다. 비록 정확도는 94퍼센트에 불과하지만 말이다. 그 장치를 실용화하려면 정확도를 대폭 향상시켜야 할 것이다. 또 실용적인 양자컴퓨터는 양자적 얽힘을 통해, 즉 아인슈타인이 말한 '도깨비 같은 작용'을 통해 그런 장치들을 다수 연결해야 할 것이다. 2009년,『피직스 월드*Physics World*』는 이 양자역학적 성취를 '올해의 획기적 성과'로 선정했다.

2010년 3월『네이처 뉴스*Nature News*』에 실린 한 기사의 제목은「양자역학의 규모를 대폭 늘린 과학자들: 사상 최대의 대상을 양자상태에 놓다」이다. 기사가 언급한 대상은 길이가 100분의 1밀리미터 정도에 불과하며 길쭉하고 납작한 금속판이다. 그러나 우리는 햇살 속에서 미세한 먼지를 보는 것과 마찬가지 방법으로 그 대상을 맨눈으로 볼 수 있다. 한 끝이 고정된 채로 돌출한 그 금속판은 극도로 낮은 온도로 냉각되어 양자역학이 허용하는 최소 운동 상태에 도달했다. 즉, 사실상 모든 운동을 멈췄다. 그런 다음에 그 금속판을 '들띄워서' 그 운동 없는 상태와 진동 상태의 중첩 상태에 놓았다. 그 금속판은 움직이는 동시에 움직이지 않는 상태에 놓였던 것이다(살아 있는 동시에 죽은 고양이처럼!). 이런 거의 거시적인 중첩 상태보다 더 인상적인 것은 그 금속판이 물리적으로 고립되어 있지 않았다는 사실이다. 그것의 한 끝은 규소 덩어리에 단단히 연결되어 있었고, 그 규소 덩어리는 실험 장치와 물리적으로 연결되어 있었다. 결국 그 금속판은 나머지 세계와 연결되어 있었다. 실험을 위해서는 특정한 진동 운동을 '고립'시키는 것으로 충분했다. 반드시 물리적 대상을 고립시킬 필요는 없었다. 흔히 사람들은 거시적 환경과의 접촉은 어떤 접촉이라도 기이한 중첩을 신속하게 붕괴시킨다고 여겼다. 그러나 이제 너무 커서 고립시킬 수 없는 대상의 행동 모드들의 얽힘을 실현할 수 있을 가능성은 훨씬 더 높아졌다. 산타바바라 소재 캘리포니아대학의 과학자들이 이룬 이 성취는 『사이언스』지에 의해 2010년 '올해의 획기적 성과'로 선정되었다. 더구나 2010년이 채 끝나기도 전에 그렇게 선정되었다. 우리는 너무 늦어서 그 금속판의 그림을 이 책에 싣지 못했지만, 아래 인터넷 주소에서 그 그림을 볼 수 있다. http://www.nature. com/news/2010/100317/full/news. 2010.130.html

　　2011년, 『네이처』의 한 기사는, 연구소 다섯 곳의 과학자들이 협력하여 커다란 유기 분자들을 가지고 간섭실험을 해냈다고 보도했다. 실험에 쓰인 가장 큰 분자는 원자 430개로 이루어진 것이었다. 이것은 동시에 두 장소에 놓인 개별 대상의 크기로는 최고 기록이었다. 더구나 그 분자들이 섭씨 몇백도의 내부 온도를 지닌 것들이었다는 사실은, 위치 파동함수들이 내부 열운동과의 결합에 의해 반드시 결어긋남을 겪는 것은 아님을 보여주었다. 이 결론은 생물학적 시스템에서 양자현상을 보여줄 수 있을 가능성을 높여준다. 기사의 저자는 이 연구의 철학적 의미를 간과하지 않았다. 그는 이 연구에 사용된 분자를 '현재까지 실현된 가장 뚱뚱한 슈뢰딩거의 고양이'라고 칭했다.

거시적인 제안

사실상 거시적인 대상들의 얽힘을 실현하거나 그런 대상들을 동시에 두 장소에 놓는 것에 관한 제안들은 풍부하다. 일부 제안은 이를테면 중력파를 예민하게 포착하는 것과 같은 더 나아간 목적을 염두에 둔다. 흔히 제안의 동기는 양자이론의 기괴함을 과거보다 더 도발적인 수준으로 보여주는 것이다.

2003년에 발표된 논문 「거울의 양자적 중첩을 향하여」에서 옥스퍼드대학과 산타바바라 소재 캘리포니아대학의 과학자들은 논문 제목이 함축하는 결과를 주장한다. 즉, '최첨단 기술들을 사용하면' 거울을 양자적 중첩 상태에 놓을 수 있다고 주장한다. 그들이 말하는 거울은 아주 작지만 맨눈으로 볼 수 있다. 그 거울은 아주 작은 막대에 설치되고, 그 막대는 간섭계의 한 팔의 끝에 설치된다. 양자적 중첩 상태는, 거울이 중첩 상태에 놓이고 이어서 원래 상태로 복귀하는 동안 간섭무늬가 사라졌다가 다시 나타나는 것을 통해 확인된다. 이 제안의 실현 가능성을 검증하기 위해 2006년에 이루어진 실험들에서 현재의 기술로 이 제안을 비록 가까스로이긴 하지만 실현할 수 있다는 결론이 나왔다.

2008년, 라이프니츠와 포츠담의 막스플랑크중력물리학연구소의 물리학자들은 '무거운 거시적 거울' 두 개의 얽힘을 10년 안에 실현할 수 있을 것이라는 계산 결과를 내놓았다. 그들은 일반상대성이론이 예측하고 있지만 아직 관찰되지 않은 중력파를 탐지하기 위해 제작된 간섭계의 서로 수직인 양팔 각각에 설치된 거울을 분석했다. 그런 중력파 간섭계들은 현재 가동되고 있으며 무게가 몇그램부터 40킬로그램까지 나가는 거울들을 사용한다.

미국물리학협회American Physical Society가 펴내며, 폭넓은 관심을 끄는 주요 물리학 성과를 대중에게 알리는 『피지컬 리뷰 포커스Physical Review Focus』는 2008년에 「슈뢰딩거의 북Schrödinger's Drum」이라는 제목의 논문을 게재했다. 이 제목은 당연히 슈뢰딩거의 고양이를 염두에 둔 것이다. 논문에는 '고양이' 대신에 한 변이 1밀리미터로 사실상 거시적인 질화규소silicon nitride 막이 등장하는데, 그 막은 북의 막처럼 자유롭게 진동할 수 있으며 에너지가 아주 낮은 양자상태로 냉각된다. 현재 여러 연구소의 과학자들이 그런 막에 대해서 논하고 있다. 특히 흥미로운 한 실험에서는 그런 막 한 쌍이 얽혀서 한 막에 대한 관찰이 즉시 다른 막에 영향을 미치게 될 것이다. 두 막을 연결하는 물리적 힘이 없는데도 말이다.

생물학에서 양자현상?

이 절의 제목에 붙은 물음표는, 따뜻하고 습한 생물학적 환경과의 접촉은 양자적 중첩이나 얽힘을 불가능하게 할 것이라는 우리 물리학자들의 선입견을 반영한다. 그런 선입견에도 불구하고, 생물학적 시스템의 한 측면을 나머지 전체로부터 충분히 분리하는 것이 어쩌면 가능할 것이다. 앞에서 언급한 작은 금속판에서는 그런 분리가 실제로 이루어졌다. 하지만 그 금속판은 극히 낮은 온도로 냉각되어야 했다. 그래야만 진동하는 원자들이 중첩 상태를 교란하지 않기 때문이다. 극히 낮은 온도는 많은 원자로 이루어진 대상에서 양자효과를 실현하려면 일반적으로 필요한 조건이다. 낮은 온도는 모든 생물학적 과정을 배제할 것이다. 그러나 열운동으로부터의 분리를 생각해볼 수 없는 것은 아니다. 수천 헤르츠로 진동하는 따뜻한 바이올린 현을 고전적인 유사 사례로 들 수 있다. 따뜻하고 습한 생물학적 환경에서의 양자적 얽힘은 믿기 어려운 현상이지만, 양자 불가사의보다는 덜 직관에 반하지 않은가?

생물학적 과정에서 양자현상을 실현하는 정도가 아니라 생물학적 유기체를 가지고 양자현상을 실현하자는 한 제안은 철학적 문제들을 일으킬 수 있다. 2009년, 가르힝 소재 막스플랑크연구소와 바르셀로나 광자과학연구소Institut de Ciencies Fotoniques(ICFO)의 과학자들은 살아 있는 유기체들을 중첩 상태에 놓는 것, 구체적으로 동시에 두 장소에 놓는 것을 제안했다. 그들의 구상은, 독감 바이러스를 광학적으로 들뜨우는 것, 다시 말해 빛 펄스를 이용하여 중첩 상태에 놓는 것, 그리고 이어서 반사된 빛을 통해 그 중첩 상태를 확인하는 것이다. 그들은 이 제안을 더 큰 유기체들을 가지고도 실현할 수 있다고 주장한다. 예컨대 이 실험에 필요한 낮은 온도와 진공에서 생존할 수 있는 완보동물(일명 '물곰')을 가지고도 실현할 수 있다고 말이다. 그들은 자신들의 연구가 '양자역학에서 생명과 의식의 역할을 비롯한 근본적인 질문들에 실험적으로 접근하기 위한 출발점'이라고 여긴다.

광합성의 놀라운 효율을 양자적 결맞음coherence을 통해 설명한다는 것은 새로운 발상이 아니다. 그러나 2010년에 토론토대학의 화학자들은 조류(藻類)가 빛을 수확하기 위해 양자적 결맞음을 이용한다는 실험적 증거를 제시했다. 광합성에 관여하는 특수한 단백질들은 들어오는 광자를 흡수하여 전자를 더 높은 에너지 상태로 들뜨워서 전자를 '광시스템들photosystems'로 전달하는 일련의 과정을 개시한다. 이 과정에서 전자의 에너지는 탄수화물을 창조하기 시작한다. 고전적인 관점에서 보면, 전자는 무작위한 뜀뛰기를 통해 광 시스템들을 찾아간다. 그러나 실험에서 확인되는 광합성의 높은 효율은 전자 확률 파동이 여러 경로들을 동시에 검토하고 붕괴하여 최선의 경로를 찾는다는 것을 시사한다. 이를 증명하기 위해 그 화학자들은 레이저 펄스로 단백질들을 들띄우고 또 다른 레이저 펄스로 전자들의 이동을 관찰했다.

제네바대학과 브리스틀대학의 연구자들이 2009년에 내놓은 분석은 벨 부등식 위반을 입증하는 양자 실험들을 한쪽 탐지기를 인간의 눈으로 대체하고도 할 수 있음을 보여준다. 인간의 눈은 단일 광자를 신뢰할 만하게 탐지하지 못하므로, 쌍둥이 상태의 광자 두 개 중 하나는 유도 방출을 통한 복제를 거쳐서 증폭된다. 이 분석에 담긴 주장은 미시적인 시스템 두 개만 서로 얽힐 수 있는 것이 아니라, 미시적인 대상과 거시적이고 인간적인 시스템도 서로 얽힐 수 있다는 것이다. 게다가 연구자들은 통상적인 예측과 달리 광자가 환경으로 유실되더라도 그런 얽힘이 가능하다고 믿는다.

2009년 미국『국립과학아카데미 회보Proceedings of the National Academy of Science』에 실린 한 논문의 제목은 「생리학에서 양자의 기괴함」이다. 다음은 그 논문의 인용이다. "현대 분자생물학자 대부분이 양자역학을 보는 시각은 이신론자들이 신을 보는 시각과 유사하다. 양자역학은 단지 무대를 설치할 뿐이고, 그 다음에는 고전적으로 이해 가능하고 대체로 결정론적인 장면들이 펼쳐진다." 이어서 그 논문은 대부분 최근에 이루어졌으며 주류 견해에 반발하는 논문 10여 편을 소개한다. 그 논문들은 생물학적 시스템(주로 광합성과 시각 시스템)에서 양자 결맞음 효과들, 즉 중첩과 얽힘이 일어난다는 증거를 제시한다.
생물학적 시스템의 하나인 인간의 뇌에서 더욱더 기괴한 양자현상들이 일어난다고 제안하는 로저 펜로즈Roger Penrose의 논문과 헨리 스탭 Henry Stapp의 논문은 17장에서 다룰 것이다. 이 두 논문은 의식에 초점을 맞춘다.

상식을 넘어서

상호작용하는 두 대상은 어떤 것들이든 얽힌다. 그 다음에는 두 대상이 아무리 멀리 떨어져 있더라도 한 대상에 일어나는 모든 일은 즉각 다른 대상에 영향을 미친다. 이 사실은 미시적인 입자 쌍을 대상으로 삼은 실험에서 광범위하게 입증되었고, 심지어 거의 거시적인 장치들에서도 입증되었다. 얽힌 대상들이 또 다른 대상들과 얽히면, 얽힘은 복잡해진다. 거시적 대상과 상호작용하고 나면, 무릇 얽힘은 모든 실용적인 맥락에서 완전히 사라진다. 그러나 만물은 적어도 간접적으로 상호작용해 왔으므로, 어떤 의미에서는 원리적으로 보편적 연결성이 존재한다. 당신은 당신이 마주친 모든 사람과 양자역학적으로 얽혀 있다는, 추측컨대 더 강렬하게 마주친 사람과 더 많이 얽혀 있을 것이라는 주장이 제기되었다. 당연한 말이지만, 이 주장은 증명 가능한 범위를 훨씬 벗어나고 따라서 무의미하다. 복잡한 얽힘은 사실상 얽힘이 아니다.

그러나 최근의 연구들은 얽힘이 통상적인 계산이 함축하는 것보다 더 오래 지속됨을 시사한다. 한 예로 새들이 나침반으로 활용할 가능성이 있는 자기장에 반응하는 특정 분자에서 전자들은 예상보다 10배에서 100배나 오랫동안 얽힌 상태를 유지한다. 양자 효과의 존속에 대한 오늘날의 견해들은 너무 비관적일지도 모른다. 양자 효과의 이론적 한계에 관한 오류들의 역사는 열린 마음가짐을 제안한다.

예컨대 양자 정보이론가 세스 로이드Seth Lloyd는 2008년에 얽힘이 결어긋남을 겪은 뒤에도 '양자 혜택들'이 존속하는 것을 발견했다. 이 예상 밖의 효과는 대상을 쌍둥이 상태 광자들로 비춤으로써 더 정확하게 볼 가능성을 열어줄지도 모른다는 주장이 제기되었다. 우리는 광자 쌍 각각에서 광자 하나를 저장해 두고 나머지 하나로 대상을 비춘 다음에, 반사된 광자들을 저장된 쌍둥이 짝들과 맞춰볼 수 있을 것이다. 이 때 짝이 없는 광자는 우연히 끼어든 광자이므로 제쳐놓고, 대상에서 반사된 광자들만 정확하게 추려낼 수 있을 것이다. 이 방법은 대상에 비춘 광자들과 대상의 상호작용의 결과로 그 광자들과 쌍둥이 짝들의 얽힘이 결어긋남을 겪더라도 유효할 가능성이 있다. 로이드는 '양자 조명의 효과를 완전하게 얻으려면 모든 얽힘이 파괴되어야 한다는 것'을 발견하고 놀랐다. 다른 물리학자들은 로이드의 계산을 검토하고 그것이 옳음을 확인한 다음에야 의심을 거뒀다.

특정 위치 없이 중첩 상태에 있는 대상이 거시적 대상과 만나면, 원래 대상의 중첩 파동함수는 특정 위치로 붕괴한다. 이와 유사하게, 광자가 수직으로 놓인 편광기와 만나고 뒤이어 가이거계수기와 만나면, 가이거계수기의 반응 여부가 광자의 편광이 수직인지 여부를 알려준다. 이것이 모든 실용적인 맥락에서 확실히 참인 코펜하겐 해석이다.

그런데 우리는 코펜하겐 해석이 정말로 참임을 어떻게 알까? 사람이 관찰하기 이전에 가이거계수기는 반응했으면서 또한 동시에 반응하지 않은 중첩 상태에 놓일 수도 있지 않을까? 그렇지 않다고 어떻게 확신할 수 있을까? 이것은 어리석은 질문이다. 그러나 이 질문의 답이 무엇인지를 실험으로 알아낼 수는 없다.

이와 관련된 또 하나의 질문은 이것이다. 우리가 서술한 벨 정리 실험의 실제 버전에서 앨리스의 겉보기에 자유로운 편광기 각도 선택이 밥의 겉보기에 자유로운 편광기 각도 선택과 진정으로 무관하다는 것을 우리는 절대적으로 확신할 수 있을까? 이 무관성은 벨 정리, 그리고 벨 부등식 위반을 증명하는 실험들이 결정적으로 의존하는 전제다.

실제 실험실에서 이루어지는 실험에서, 앨리스와 밥 사이의 거리는 겨우 몇 미터일 수밖에 없다. 앨리스의 위치에서의 편광기 각도 선택이 밥의 위치에서의 선택에 물리적인 영향을 미칠 수 없음을 절대적으로 확신할 수 있으려면, 빛이 두 위치 사이의 몇 미터를 주파하는 데 걸리는 시간보다 더 짧은 시간 간격으로 두 사람의 선택이 이루어져야 할 것이다. 즉, 밥은 앨리스의 선택 후 1마이크로초보다 훨씬 더 짧은 시간 안에 선택을 해야 할 것이다.

그러나 인간은 그렇게 신속하게 선택할 수 없다. 실제 실험들에서는 '앨리스'와 '밥' 대신에 빠른 전자장치들이 선택을 했다. 우리는 그런 전자장치가 내린 두 번의 선택이 진정으로 상호 독립적임을 절대적으로 확신할 수 있을까? 그 장치들의 과거 역사 때문에 그 두 번의 선택이 서로 관련되어 있을 가능성을 완전히 배제할 수는 없다. 물론 그런 관련성은 믿기 어렵고 존재 가능성이 희박하다. 그러나 이 실험들이 요구하는 해석도 믿기 어렵기는 마찬가지다.

우리가 가장 확실하게 독립적이라고 믿는 선택은 우리 자신의 의식적이고 자유로운 선택이다. 그리고 우리는 그런 자유의지를 동료 인간들에게, 앨리스와 밥에게 부여한다. 그러므로 이상적인 「EPR」-벨 실험에서는 전자장치들이 아니라 인간들이 편광기 각도를 선택하는 것이 바람직하다. 그러나 그러려면 앨리스가 결정을 내리는 데 걸리는 1초 남짓의 시간 동안, 그녀가 자신의 선택을 어떤 식으로도 밥에게 알리지 않는다는 것을 절대적으로 확신할 수 있도록 실험을 설계해야 한다. 이상적인 실험에서는 앨리스가 무엇을 관찰하기로 선택하는지가 밥이 무엇을 관찰하기로 선택하는지에 영향을 미칠 가능성을 봉쇄하는 것이 바람직하다.

광자 탐지기 구실을 하는 두 인간 관찰자가 서로 소통할 가능성을 봉쇄하기 위하여 (2003년 노벨물리학상 수상자) 앤서니 레깃Anthony Leggett은 두 관찰자 사이의 거리를 빛이 (또는 임의의 물리적 상호작용이) 주파하는 데 1초가 걸릴 만큼으로 설정할 수 있을 것이라고 제안했다. 즉, 29만 9,000킬로미터로 설정할 수 있을 것이라고 말이다. 이것은 먼 거리지만 지구에서 달까지 거리(약 40만 킬로미터)보다 짧다. 우리는 우주인 두 명을 29만9000킬로미터 간격으로 배치하고 벨 정리 실험을 할 수 있다. "언젠가는 그런 실험이 이루어지리라고 나는 믿어 의심치 않는다." 안톤 차일링거Anton Zeilinger는 이렇게 말했다. 차일링거는 버키볼을 동시에 두 장소에 놓는 데 성공한 인물이다.

우리는 비물질적인 '영향 미침'을 마음 편히 받아들이지 못한다. '관찰'에 의한 실재 창조도 마찬가지고, 역사 창조는 확실히 그렇다. 언젠가 실험 형이상학에서 오늘날의 양자이론을 능가하는 설명이 나올지도 모른다. 그러나 차일링거는 이렇게 경고한다. "새로운 이론은 훨씬 더 기괴할 것이다. …… 지금 양자역학을 공격하는 사람들은 그때가 되면 새삼 양자역학을 갈망하게 될 것이다." 존 벨의 말처럼 우리는 아마 '깜짝 놀라게' 될 것이다.

15

이게 뭐지?-양자 불가사의에 대한 해석

당신은 여기에서 무언가 일어나고 있음을 알지만, 그것이 무엇인지는
모른다.
_밥 딜런

거의 모든 양자역학 해석이 고전적인 유형의 세계가 출현하는 데 필요
한 '관찰자'를 마련하기 위해 의식의 존재에 다소 의지한다는 것은 충
격적인 사실이다.
_로저 펜로즈

물리학자들과 의식

이제는 과거보다 더 많은 물리학자들이 양자 불가사의를 기꺼이 직
시한다. 일부 물리학자는 양자역학이 우리에게 해주는 말을 해석하려
애쓴다. 지금은 코펜하겐 해석과 경쟁하는 해석이 여러 개나 있다. 그
런 해석들을 살펴보기에 앞서, 물리학자가 양자 불가사의에 어떻게 접
근할 수 있을지 생각해보자.

보어와 아인슈타인은 죽을 때까지 양자이론에 대한 견해가 달랐다.

보어가 보기에 양자이론과 코펜하겐 해석은 물리학의 토대로 적합했다. 아인슈타인은 '관찰'이 물리적 실재를 창조한다는 코펜하겐 해석의 입장을 거부했다. 그럼에도 불구하고 그는 코펜하겐 해석의 한 가지 목표를 받아들였다. 그 목표는 물리학이 의식을 다루지 않아도 되도록 만드는 것이었다. (우리 저자들을 포함한) 대부분의 물리학자는 의식이 물리학의 범위를 벗어나며 물리학과에서 연구할 대상이 아니라는 것에 동의할 것이다.

물리학자들이 여러 분야를 넘나드는 탐구를 몹시 싫어하는 것은 아니다. 예컨대 포식자-먹이 관계(섬에 고립된 여우들과 토끼들)에 대한 수학적 연구를 담은 유명한 논문이 『현대 물리학 리뷰Reviews of Modern Physics』에 게재되었다. 월가에서는 물리학자들이 '금융시장 분석가quant'라는 직함을 달고 차익거래arbitrage를 모형화한다. 우리 저자들 중 한 명(브루스 로젠블룸)은 생물학에 뛰어들어 동물들이 지구 자기장을 어떻게 탐지하는지 분석했다. 이런 연구들은 순조롭게 물리학의 일부로 수용된다. 반면에 의식에 대한 연구는 그렇지 않다. 이런 태도를 납득할 수 있도록 물리학을 잠정적으로 정의하자면 이렇게 할 수 있을 것이다. 물리학이란 잘 규정되고 검증 가능한 모형을 가지고 성공적으로 다룰 수 있는 자연현상들에 대한 연구다.

예를 들어 물리학은 원자와 단순한 분자를 다룬다. 한편, 화학은 모든 분자를 다루는데, 대부분의 분자에 속한 전자들의 분포는 너무 복잡해서 잘 규정할 수 없다. 쉽게 규정되는 생물학적 시스템은 물리학자가 연구할 수도 있을 것이다. 그러나 복잡한 유기체의 기능은 물리학자의 연구 영역이 아니다.

잘 규정되고 검증 가능한 모형을 가지고 성공적으로 다룰 수 없는 모든 것은 물리학의 범위를 벗어난 대상으로 신속하게 낙인찍힌다. 우리는 16장에서 의식을 다룰 때 그런 모형을 제시하지 않을 것이다. 의식과 관련해서는 그런 모형이 존재하지 않는다. 그런 모형이 개발될 때까지 의식은 물리학의 대상으로 인정받지 못할 것이다.

이 정도면 물리학과에서 의식을 연구하지 않는 이유를 충분히 밝힌 셈이다. 그러나 물리학과 의식의 만남에 관한 이야기가 일으키곤 하는 반감은 좀처럼 설명하기 어렵다. 최근에 나(프레드 커트너)는 양자 우주론자 존 휠러John Wheeler의 90세 생일을 기념하여 프린스턴대학에서 열린 학회에 참석한 후 우리 학교 물리학과에서 그 학회에 대해 보고하는 강연을 했다. 그 학회에서 우주론과 양자역학의 토대를 다룬 발표자 여러 명이 의식을 언급했다.

내가 우리 물리학과에서 그 학회와 우리의 관심사들을 이야기하자, 선배 교수 두 명이 야유를 퍼부었다. "자네 같은 사람들이 물리학을 암흑시대로 이끌고 있어!" "이런 헛소리 말고 좋은 물리학에 시간을 투자하게!" 반면에 강연을 들은 물리학 전공 대학원생들은 매혹된 듯했다.

고전물리학과 거기에 동반된 역학적mechanical 세계상은 엄밀하게 역학적인 것 외에는 어떤 것도 존재하지 않는다는 주장에 이용되어 왔다. 양자물리학은 그 주장을 반박한다. 양자물리학은 통상 물리학으로 여겨지는 것 너머, 우리가 통상 '물리적 세계'로 간주하는 것 너머의 무언가를 암시한다. 그러나 양자물리학의 범위는 바로 그런 통상적인 '물리적 세계'다. 우리는 조심스러워야 한다. 양자역학의 수수께끼들을 다루는 것은 미끄러져 넘어지기 쉬운 길을 걷는 것과 같다.

「What the #$*! Do We (K)now!?」라는 이상한 제목을 가진(비공식적으로 "왓 더 블립 두 위 노*What the Bleep! Do We Know?*"라고 불리는) 최근 영화를 『타임』지는 이렇게 소개했다. "과학 다큐멘터리와 영적인 계시가 융합된 특이한 잡종. 양자물리학에 대해서 이야기하는 박사들과 신비주의자들이 그리스 비극의 합창단처럼 등장한다." 이 영화는 특수효과를 이용하여 거시적 대상들의 양자현상을 보여준다. 예컨대 농구공의 위치 불확정성을 심하게 과장한다. 이 정도는 교육을 위한 과장으로 쉽게 이해해줄 수 있다. 또한 영화가 암시하는 양자역학과 의식의 만남도 일리가 있다. 그렇지만 이어서 영화는 과감하게 '양자 통찰quantum insights'로 도약한다. 한 여성이 우울증 약을 내던지고, 나이가 3만 5,000살인 아틀란티스 신의 '양자 채널링quantum channeling'이 나오고, 그보다 더 심한 헛소리가 이어진다.

영화를 보고 난 관객들은 무슨 생각을 할까? 그 영화가 묘사하는 '영적인 계시'를 물리학자들이 시간을 내서 탐구하는구나,라는 생각을 혹시라도 할까봐 걱정이다. 그 영화에 등장하여 신비주의적인 생각을 털어놓는 물리학자들은 물리학계에서 극소수일 뿐이다. 그렇지 않다고 생각하는 관객은 영화 때문에 착각에 빠진 것이다. 그 영화는 확실하게 미끄러져 넘어지고 말았다.

양자역학의 함의들이 선정적으로 왜곡되어 다뤄지는 것을 막는 방법은 물리학자들이 특히 개념과 원리를 다루는 물리학 수업에서 더 열린 태도로 양자 불가사의를 논의하는 것이라고 우리는 믿는다. 우리 물리학자들이 감추고 싶은 비밀을 감추고만 있는 것은 사이비 과학자들의 활갯짓을 용인하는 것이다.

왜 해석이 필요한가?

  믿음직한 친구가 당신에게 터무니없는 이야기를 한다면, 당신은 그의 진의가 무엇인지 해석하려 애쓸 것이다. 믿음직한 물리학 실험들이 우리에게 터무니없는 듯한 이야기를 한다. 따라서 우리는 그 실험 결과들의 참된 의미가 무엇인지 해석하려 애쓴다. 실험 결과에 대해서는 완벽하게 의견이 일치하지만, 그것의 의미에 대해서는 공통 의견이 없다. 현재 여러 해석들이 경쟁하고 있다. 그 해석들 각각은 양자의 기괴함을 드러낸다. 코펜하겐 해석은 물리학자들이 적어도 모든 실용적 맥락에서 그 기괴함을 무시하고 물리학의 업무에 종사할 수 있게 해준다. 대부분의 물리학자가 그 해석을 받아들이는 것은 납득할 만한 일이다. 그러나 자연이 우리에게 하는 말을 이해하려는 노력은 가치가 있다. 존 벨은 이렇게 말했다.

  모든 실용적인 맥락에서 불필요하다 할지라도, 무엇에서 무엇이 나오는지 아는 것은 좋지 않은가? 예컨대 양자역학을 엄밀하게 정식화할 수 없다는 것이 밝혀졌다고 가정해보자. 모든 실용적인 목적을 초월한 정식화를 시도한 결과, 부동의 손가락이 집요하게 양자역학 바깥을, 관찰자의 정신을, 힌두교 경전을, 신을, 또는 훨씬 더 온건하게 중력을 가리킨다는 것이 밝혀졌다고 해보자. 그러면 아주, 아주 재미있지 않겠는가?

오늘날 모든 실용적 목적을 넘어선 양자이론 해석은 갈수록 더 많이 연구되고 논쟁이 활발한 분야다. 비록 거기에 참여하는 물리학자들은 전체의 극히 적은 일부에 불과하지만 말이다. 현재 제시된 해석들은 양자역학이 우리 세계에 관해서 무엇을 알려주느냐는 질문에 제각각 다른 대답을 내놓는다. 때로는 여러 해석들이 동일한 말을 다양한 용어로 하는 듯하다. 혹은 두 해석이 서로 모순되는 것 같을 때도 있다. 하지만 이것은 문제가 되지 않는다. 과학 이론은 검증 가능해야 하지만, 해석은 그럴 필요가 없다. 모든 '해석들'은 동일한 실험적 사실들을 전제한다.

대부분의 해석은 양자역학이 결국 의식적인 관찰의 문제와 만난다는 것을 암묵적으로 인정한다. 그러나 그런 해석들도 대개는 물리학자들이 인간 관찰자에 대해 독립적인 물리적 세계를 다뤄야 한다는 생각을 출발점으로 삼는다.

예컨대 머리 겔만Murray Gell-Mann은 양자물리학을 다룬 대중적인 글을 다음과 같이 시작한다. "추측컨대 우주는 어느 외딴 행성에서 인간이 진화하여 우주의 역사를 연구하는지 여부에 대해서 전혀 무관심할 것이다. 우주는 물리학자들의 관찰과 상관없이 양자역학적 물리학 법칙들을 따른다." 고전물리학을 다루는 글이었다면, 겔만은 물리학 법칙들이 인간 관찰자에 대해 독립적이라는 것을 추측이라는 단서를 달지 않고 그냥 전제로 삼았을 것이다.

모든 각각의 해석은 기괴한 세계관을 펼쳐놓는다. 그럴 수밖에 없다. 우리는 이론 중립적인 실험적 사실들에서 양자역학의 기괴함을 두 눈으로 똑똑히 목격했다. 그 사실들에 대한, '닥치고 계산해!'를 넘어선 해석은 기괴할 수밖에 없다.

우리가 논할 해석들은 상세한 수학적 논리적 분석을 동반하지만, 우리는 그것들 각각을 전문적이지 않은 몇 단락으로 소개하려 한다. 우리는 코펜하겐 해석에 대한 오늘날의 세 가지 대안(결어긋남 해석, 여러 세계 해석, 봄의 해석)을 조금 더 상세하게 다룰 것이다. 이 해석들에 대한 충실한 이해가 그 다음 내용을 파악하는 데 필수적인 것은 아니다. 우리는 다만 양자 실험에서 나온 사실들이 다양한 시각으로 해석되고 있음을 보여주고 싶을 따름이다. 각 해석이 어떻게 물리학과 의식의 만남을 불가피하게 만드는지, 그럼에도 어떻게 물리학과 의식의 진지한 관계를 요구하기를 회피하는지 주목하라(혹시 자신이 좋아하는 해석이 누락되었다고 느끼는 독자가 있다면, 너그러운 양해를 바란다).

현재 경쟁 중인 열가지 해석

코펜하겐 해석

물리학의 정통 입장인 코펜하겐 해석은 우리를 포함한 물리학자들이 양자이론을 가르치고 활용하는 방식이다. 우리는 이미 10장 전체를 코펜하겐 해석에 할애했으므로 여기에서는 긴 설명을 하지 않겠다. 표준적인 코펜하겐 해석에서는, 관찰이 미시 세계의 물리적 실재를 창조한다. 그러나 모든 실용적인 맥락에서, 우리는 거시적인 측정 장치, 예컨대 가이거계수기를 '관찰자'로 간주할 수 있다.

코펜하겐 해석은 미시 세계에는 양자물리학을 적용하고 거시 세계에는 고전물리학을 적용하라는 실용적인 지침으로 양자 불가사의에 대처한다. 우리는 아마도 미시 세계를 절대로 '직접' 보지 못할 것이므로, 우리는 미시 세계의 기괴함을 그냥 무시할 수 있고, 따라서 물리학과 의식의 만남을 무시할 수 있다. 그러나 갈수록 더 큰 대상에서 양자의 기괴함이 관찰되고 있는 오늘날에는 그렇게 무시하기가 점점 더 어려워지고 있으며, 그에 따라 다른 해석들이 번성하고 있다.

극단적인 코펜하겐 해석

아게 보어Aage Bohr(닐스 보어의 아들이며 역시 노벨물리학상 수상자다)와 올레 울프벡Ole Ulfbeck은 코펜하겐 해석이 어정쩡하다고 주장한다. 표준 코펜하겐 해석은 관찰자의 실재 창조가 미시 세계에 국한된다고 봄으로써 물리학과 의식의 만남을 무시할 수 있게 해준다. 아게 보어와 울프벡은 미시 세계의 존재를 대놓고 부정한다. 이들이 보기에 원자는 존재하지 않는다.

아게 보어와 울프벡은 자신들의 견해가 보편적으로 타당하다고 여기지만 그 견해를 우라늄 덩어리의 변화 및 그것과 상관된 가이거계수기의 반응을 가지고 설명한다. 일반적으로 우리는 우라늄 원자핵이 무작위하게 알파입자(헬륨 원자핵)를 방출하면서 토륨 원자핵으로 변한다고 여긴다. 코펜하겐 해석에 따르면, 알파입자의 널리 퍼진 파동함수는 모든 실용적인 맥락에서 가이거계수기에 의해 특정 위치(가이거계수기가 알파입자를 발견한 위치)로 붕괴한다.

아게 보어와 울프벡은 그런 '모든 실용적인 맥락에서' 해결책을 받아들일 수 없다는 입장이다. 그들은 당당하게 문제에 맞서서 원자 규모의 대상들은 전혀 존재하지 않는다고 주장한다. 변화한 우라늄 조각과 반응한 가이거계수기 사이의 공간을 어떤 것도 가로지르지 않았다고 말이다. 의식 있는 관찰자가 경험한 가이거계수기의 '딸깍' 소리는 멀리 떨어진 우라늄 조각의 변화와 상관된 '진정으로 우연한genuinely fortuitous' 사건이며, 그 상관을 매개하는 알파입자 따위는 없다고 아게 보어와 울프벡은 주장한다.

그들의 말을 들어보자.

따라서 입자를 공간 속의 대상으로 여기는, 고전물리학에서 유래한 생각은 제거된다. …… 진정으로 우연한 딸깍 소리는 기존 양자역학의 결론처럼 계수기에 진입한 입자에 의해 산출되는 것이 아니다. …… 시공 속의 거시적 사건으로부터 아래로 이어진 경로, 표준 양자역학에서는 입자들의 영역으로 이어진 그 경로는 실은 딸깍 소리 너머로 뻗어나가지 않는다.

따라서 화학자, 생물학자, 기술자가 광자, 전자, 원자, 분자를 언급할 때, 그들은 물리적 실재성이 없는 모형을 다루고 있을 뿐이다. 전구와 당신의 눈 사이 공간을 가로지르는 광자는 없다. 돛에 부딪혀 배를 움직이는 공기 분자들은 없다.

결어긋남 해석과 결어긋난 역사 해석

몇 년 전만 해도 물리학자들은 중첩 상태 파동함수를 관찰된 단일 실재로 만드는 관찰 과정을 기술할 때 '붕괴'라는 단어를 사용했다. 그러나 오늘날의 물리학자는 '붕괴' 대신에 '결어긋남decoherence'이라는 단어를 쓰기도 한다. 결어긋남이란, 미시 대상의 파동함수가 거시 환경과 상호작용하여 우리가 실제로 관찰하는 결과를 산출하는 과정을 말한다. 코펜하겐 해석이 신비로운 파동함수 '붕괴'의 탓으로 돌린 이 과정은 오늘날 잘 연구되어 있다. 결어긋남을 중심에 놓은 해석, 줄여서 결어긋남 해석은 코펜하겐 해석의 확장이라고 할 수 있다.

우리의 상자 쌍 실험을 생각해 보자. 한 원자의 파동함수가 동시에 두 상자 안에 있다고 해보자. 이제 우리는 한 상자에 난 투명한 창을 통해 광자 하나를 집어넣는다. 만일 원자가 그 상자에 들어 있다면, 광자는 원자에 부딪혀 새로운 방향으로 튕겨질 것이다. 만일 원자가 다른 상자에 들어 있다면, 광자는 방향 변화 없이 곧장 전진할 것이다. 그런데 원자는 정말로 동시에 두 상자에 들어 있으므로, 광자는 위의 두 행동을 모두 한다. 즉, 원자의 파동함수가 광자의 파동함수와 얽힌다. 이때 광자는 두 상자에 들어 있는 원자의 파동함수 부분들 사이의 위상 관계를phase relation 무작위하게 교란한다. 그 다음에 두 상자에서 나온 원자 파동함수 부분들은 영사막의 다른 위치에서 상쇄간섭을 일으킨다. 따라서 간섭무늬가 형성되지 않는다.

요컨대 광자의 파동함수와 얽힌 파동함수를 지닌 원자들은 간섭무늬 형성에 참여하지 못한다. 그런 원자들의 위상은 뭉개진다. 바꿔 말해서 '결어긋남'을 겪는다. 그런 원자들은 영사막에서 균일한 분포를 형성할 것이다. 간섭무늬가 형성되지 않으면, 원자들 각각이 동시에 두 상자에 들어 있었다는 증명은 이루어질 수 없다.

그런데 만일 문제의 광자들이 다른 대상들과 상호작용하지 않는다면, 그런 광자들과 상자 쌍들을 가지고 까다로운 2체 간섭실험을 함으로써, 원자 각각이 정말로 두 상자에 들어 있었고 광자 각각이 원자와 충돌하는 행동과 빈 상자를 통과하는 행동을 둘 다 했음을 보여줄 수 있을 것이다.

그러나 그 광자들이 상자를 통과하여 거시 환경과 만난다고 해보자. 열운동의 무작위성을 전제하면, 광자가 상자에서 나온 때부터 모든 실용적인 맥락에서 간섭실험이 불가능해질 때까지의 극도로 짧은 시간을 계산할 수 있다. 그 시간 이후에는 양자 불가사의를 보여줄 수 없다. 결어긋난 원자 파동함수들을 평균하면, 원자 각각이 온전히 한 상자나 다른 상자에 들어 있을 고전형classical-like(고전적 확률과 유사한) 확률을 구하는 방정식을 얻을 수 있다. 검증 실험을 해보면, 큰 분자 규모 대상들의 결어긋남 속도(rate)는 결어긋남 이론의 계산과 정확하게 일치한다.

이처럼 의식이 있든 없든 간에 어떤 관찰자도 언급할 필요가 없기 때문에, 어떤 이들은 결어긋남 해석이 관찰자 문제를 해결한다고 주장한다. 다른 이들은 그 주장에 근본적인 논리적 결함이 있다고 지적한다. 방금 언급한 고전형 확률은 여전히 관찰될 것의 확률이다. 그 확률은 실제로 존재하는 대상에 관한 진정으로 고전적인 확률이 아니다. 그렇다면 결어긋남 해석은 양자 불가사의에 대한 해결책으로서 단지 모든 실용적인 맥락에서 타당할 뿐이다. 결어긋남 해석의 주요 개발자인 W. H. 주렉w.H.Zurek은 그 해석이 적어도 궁극적으로는 의식과 만난다고 인정한다.

> 이 질문(단 하나의 실재를 지각하는 것에 관한 질문)에 대한 완전한 대답은 의심할 바 없이 '의식'의 모형을 포함해야 할 것이다. 왜냐하면 우리의 질문은 '우리가' 여러 대안들 가운데 하나만 '의식한다'는 우리(관찰자)의 인상과 관련이 있기 때문이다.

결어긋남 해석을 확장한 '결어긋난 역사' 해석은 양자이론을 과감하게 온 우주에, 우주의 시작부터 끝까지 적용한다. 초기 우주에는 관찰자가 없었고, 우주 외부의 관찰자는 언제나 없다. 우주는 만물을 포함하니까 말이다. 우주의 무한한 복잡성을 다룰 수는 없으므로, 우리는 특정 측면들만 다루고 나머지에 대해서는 평균값을 취한다.

이 해석이 어떻게 작동하는지를 어렴풋하게나마 알기 위해, 상자 쌍을 향해 이동하는 원자가 훨씬 더 가벼운 원자들로 이루어진 옅은 기체를 통과한다고 가정해보자. 우리의 원자는 이동 중에 살짝살짝 튕겨지므로 두 경로를 크게 벗어나지 않는다. 그러나 각 경로에 있는 파동함수 부분들은 충돌 때마다 위상이 조금씩 변하여 결국 모든 실용적 맥락에서 간섭실험이 불가능할 정도로 결어긋남을 겪는다. 이제 모든 가능한 충돌 연쇄들에 대응하는 어마어마하게 많은 가능 역사들을 평균함으로써, 우리는 개략적인 역사 두 개를 얻는다. 그 역사들 각각은 원자가 각 상자에 들어 있는 것에 대응한다. 이제 우리는 그 두 역사 가운데 하나만 실제 역사이고 다른 하나는 단지 가능하기만 했던 역사라고 주장한다.

머리 겔만과 제임스 하틀James Hartle은 이 해석을 제시하면서 IGUS(정보 수집 활용 시스템Information Gathering and Utilizing System)의 진화를 논한다. 추측컨대 IGUS는 결국, 최소한 자유의지에 대한 의식적인 착각을 지닌 관찰자일 것이다.

여러 세계 해석

여러 세계 해석은 양자이론의 말을 곧이곧대로 받아들인다. 코펜하겐 해석은 관찰이 원자의 파동함수를 단일한 상자 안으로 신비롭게 붕괴시키고 슈뢰딩거의 고양이를 살아 있거나 죽은 상태로 붕괴시킨다고 말하는 반면, 여러 세계 해석은 붕괴 따위는 없다고 단언한다. 양자이론은 고양이가 살아 있는 동시에 죽어 있다고 말한다. 그 말 그대로다! 슈뢰딩거의 고양이는 한 세계에서는 살아 있고 또 한 세계에서는 죽어 있다.

휴 에버렛Hugh Everett은 1950년대에 우주론자들이 온 우주의 파동함수를 다룰 수 있게 하려고 애쓰는 와중에 여러 세계 해석의 실마리를 잡았다. 파동함수를 붕괴시키는 '관찰자'가 불필요한 다수 세계 해석은 양자역학에 의해 기술되는 물리적 우주에 의식을 포함시키는 그럴 듯한 전략으로 양자 불가사의를 해결한다고 자처한다.

여러 세계 해석에서 당신은 보편 파동함수의 일부다. 우리의 상자 쌍 실험을 생각해보자. 당신은 한 상자를 들여다봄으로써 원자의 중첩 상태와 얽힌다. 즉, 당신은 그 상자 안에서 원자를 보았고 또한 그 상자 안에서 아무것도 보지 못한 중첩 상태에 처한다. 이제 두 개의 당신이 평행한 두 세계 각각에 하나씩 존재한다. 당신 각각의 의식은 다른 '당신'을 알지 못한다. 다른 한편 또 다른 평행 세계에 있는 또 다른 '당신'은 상자를 들여다보는 대신에 간섭실험을 한다. 이 기괴한 생각은 우리의 실제 경험과 전혀 상충하지 않는다.

관찰자가 두 명 이상인 상황을 생각해보기 위해 슈뢰딩거의 고양이로 돌아가자. 밥이 멀리 떨어져 있는 동안 앨리스가 상자를 들여다본다. 한 세계의 앨리스('앨리스1'이라고 하자)는 살아 있는 고양이를 본다. 다른 세계의 앨리스('앨리스2')는 죽은 고양이를 본다. 이때 밥 역시 두 세계에 다 있다. 그러나 밥1과 밥2는 사실상 동일하다. 밥1이 앨리스1을 만난다면, 그는 굶주린 고양이에게 줄 우유를 가지러 가는 그녀를 도울 것이다. 밥2는 죽은 고양이를 매장하는 앨리스2를 도울 것이다. 거시적 대상들인 앨리스2와 밥1은 서로 다른 세계에 존재하며 모든 실용적인 맥락에서 절대로 서로 만나지 않는다.

벨의 정리와 그 덕분에 가능해진 실험들 이후, 우리는 우리의 실제 세계가 어쩌면 실재성을 가질 수 없고 분리성은 확실히 가질 수 없음을 안다. 여러 세계 해석에서는 분리성이 존재하지 않는다. 앨리스가 살아 있는 고양이를 발견하는 세계에서 밥은 앨리스의 발견과 동시에 고양이가 살아 있는 세계의 인물이 된다. 또한 여러 세계 해석에서는 단일한 실재가 없는 것이 분명하다. 단일한 실재가 없다는 것은 실재가 없다는 것과 마찬가지인 듯하다.

여러 세계 해석은 정서적 반응을 강렬하게 일으킨다. 어느 학술서 저자는 그 해석을 '방탕한' 해석이라며 비난하고 그 해석의 제안자를 '줄담배를 피우고 최고급 승용차를 몰고 다니는 억만장자 무기 연구 분석가'에 비유한다(여러 세계 해석을 제안할 당시에 에버렛은 일개 대학원생에 불과했다). 반면에 양자컴퓨팅의 선구자로 꼽히는 한 인물은 여러 세계 해석을 다음과 같이 평가했다. "아주 많은 측면에서 기존의 어떤 세계관보다 더 이치에 맞으며, 요새 과학자들 사이에서 너무 흔하게 세계관의 대용물 구실을 하는 냉소적 실용주의보다는 확실히 더 이치에 맞는다."('냉소적 실용주의'는 코펜하겐 해석을 군말 없이 수용하는 태도를 뜻하는 것이 분명하다.)

오늘날 많은 양자 우주론자들은 초기 우주 연구를 위해 여러 세계 해석을 즐겨 받아들인다. 그들은 관찰자 문제를 무시할 수 있다. 초기 우주에는 관찰자가 없었다. 또 우주는 모든 것을 포함하므로, 정의상 외부 '환경'으로부터 격리되어 있다. 따라서 결어긋남은 거론할 필요가 없다. 우리의 동료인 어느 양자 우주론자는, 자신은 여러 세계 해석을 좋아하지 않지만 그나마 그 해석을 가장 선호한다고 말한다.

여러 세계 해석이 미해결로 남겨두는 문제가 하나 있다. 관찰이란 무엇일까? 언제 세계가 둘로 갈라질까? 두 세계로 갈라짐은 추측컨대 그냥 하나의 표현 방식에 불과할 것이다. 무한히 많은 세계들이 끊임없이 창조될까?

어쨌거나 여러 세계 해석은 코페르니쿠스가 시작한 일을 엄청나게 확장한다. 코페르니쿠스는 우리를 우주의 중심에서 쫓아내고 광활한 우주 속의 미세한 점으로 격하시켰다. 이제 여러 세계 해석은 우리가 경험하는 세계를 모든 세계들의 극히 작은 한 부분으로 격하시킨다. 그러나 '우리'는 많은 세계들에 존재한다. 이제껏 진지하게 제안된 것 중에 가장 기괴한 실재관인 여러 세계 해석은 철학적 사변과 과학소설을 위한 매혹적인 발판이기도 하다.

주고받음 해석

주고받음 해석transactional interpretation은 파동함수가 시간을 따라 미래로 진화하는 것뿐 아니라 시간을 거슬러 과거로 진화하는 것도 허용함으로써 슈뢰딩거의 고양이와 보편적 연결성이 일으키는 직관적 위협에 대처한다. 요컨대 이 해석에서는 미래가 과거에 영향을 미친다. 따라서 당연히 사건을 바라보는 방식도 다르다.

다음은 주고받음 해석을 제안한 존 크레이머John Cramer가 제시한 예다.

우리가 어둠 속에 서서 100광년 떨어진 별을 바라볼 때, 별에서 나와서 100년 동안 이동하여 우리 눈에 도달하는 뒤처진retarded 빛 파동만 있는 것이 아니다. 우리의 눈 속에서 일어난 흡수 과정에 의해 산출되어 100년 거슬러 오른 과거에 도달하는 앞서간advanced 파동도 있다.

이 두 파동에 의해 완성되는 주고받음 덕분에 별이 우리를 향해 빛을 낼 수 있는 것이다.

이렇게 시간을 거슬러 오르는 접근법은 여전히 의식 있는 관찰자를 배제하지 못하지만, 결과적으로 양자 불가사의는 겉보기에 단일한 미스터리로 뭉뚱그려진다.

봄의 해석

젊은 괴짜 물리학자 데이비드 봄은 1952년에 '불가능한 일'을 해냈다. 숨은 변수 이론이 실험 결과들과 상충한다고 말하는, 오랫동안 옳다고 여겨져 온 어느 정리의 반례를 제시한 것이다. 봄의 반례는 숨은 변수들(표준 양자이론 정식화에 등장하지 않는 양들)을 포함한 해석을 가지고 양자이론의 모든 예측을 재현했다. 봄의 '숨은 변수들'은 입자들의 실제 위치였다. 존 벨은 봄의 연구에서 자극을 받아, 숨은 변수가 없다는 그 증명에 수학적 결함이 있음을 발견하고 결국 벨의 정리에 도달했다.

봄은 정치적으로도 괴짜였다. 그가 미국 하원 반미활동위원회에서의 증언을 거부한 후, 프린스턴대학은 그를 해고했고, 그는 미국에서 다른 학문적 일자리를 구할 수 없었다.

봄의 해석의 출발점은 입자들의 초기 분포가 평균적으로 슈뢰딩거 방정식이 요구하는 분포와 같다는 전제다. 이어서 그는 간단명료한 수학을 통해서, 입자들에 작용하여 그것들이 계속 슈뢰딩거 방정식을 따르게 만드는 '양자 힘quantum force'을 도출한다. 양자 힘은 일반적으로 '양자 퍼텐셜quantum potential'이라고 불린다.

양자 퍼텐셜은 강제로 떠민다기보다는 안내한다. 봄은 유사한 예로 선박을 이끄는 전파 신호를 든다. 양자이론에 내재하는 보편적 연결성은 이 해석에서 전면에 부각된다. 한 대상이 경험하는 양자 퍼텐셜은, 그 대상과 한 번이라도 상호작용한 적이 있는 모든 대상들, 그리고 그 대상들과 한 번이라도 상호작용한 적이 있는 모든 대상들의 현재 위치에 의존한다. 원리적으로 우주에 있는 모든 것과의 상호작용에 의존하는 셈이다. 봄의 양자 퍼텐셜은 보어의 '영향 미침'(아인슈타인이 말한 '도깨비 같은 작용')과 같은 구실을 한다.

봄의 해석은 물리적으로 실재하며 완벽하게 결정론적인 세계를 기술한다. 한 순간의 보편적 양자 퍼텐셜은 '초결정론적' 세계를 요구한다. 양자 무작위성은 단지 우리가 모든 입자 각각의 처음 위치와 속도를 알 수 없기 때문에 나타난다. 코펜하겐 해석에서와 달리, 설명되지 않은 파동함수 붕괴는 없다. 여러 세계 해석에서와 달리, 설명되지 않은 의식의 분열은 없다. 어떤 이들은 봄의 해석이 양자역학의 관찰자 문제를 해결하거나 적어도 뉴턴물리학에서처럼 무해한 문제로 만든다고 주장한다.

그러나 봄 자신을 비롯한 여러 사람들의 견해는 다르다. 그저 쌍을 이룬 두 상자 중 하나에 들어갈 뿐인 뉴턴의 원자와 달리, 봄의 원자는 한 상자에 들어가면서 또한 다른 상자의 위치를 '안다'. 거시적인 상자 쌍은 양자 퍼텐셜을 통해 나머지 세계와 항상 순간적으로 소통해왔다.

따라서 더 먼저 원자를 방출한 거시적 장치와도 소통했고, 따라서 날 아오는 원자와도 소통했다. 양자 퍼텐셜은 처음부터 이 모든 것들을 연결하고, 따라서 심지어 이 원자가 나중에 형성될 임의의 간섭무늬 속 어디에 도달할 것인지도 결정한다. 실험 장치들을 배치한 인간도 (역시 하나의 물리적 대상일 것이므로) 양자 퍼텐셜에 영향을 미친다(또한 양자 퍼텐셜의 영향을 받을까?).

여러 세계 해석과 마찬가지로 봄의 해석에서는 붕괴가 없으므로, 실제로 관찰되지 않은 것에 대응하는 파동함수 부분은 영원히 존속한다. 우리는 슈뢰딩거의 고양이가 살아 있는 것을 발견할 수도 있다. 그러나 고양이가 죽었고 발견자가 고양이를 매장할 가능성에 대응하는 파동함수 부분은 계속 존속한다. 우리는 모든 실용적인 맥락에서 이 파동함수 부분을 무시해도 된다. 왜냐하면 그 부분은 환경과 얽혀 있기 때문이다. 그러나 이 해석에서 그 부분은 실재하며, 적어도 원리적으로는 미래의 귀결들을 가진다.

봄은 물리학과 의식의 만남을 인정했다. 봄과 베이실 힐리Basil Hiley는 양자이론에 관한 매우 전문적인 양자이론 책『분할되지 않은 우주The Undivided Universe』를 함께 써서 1993년에 출간했다. 제목에서부터 양자이론이 미시 영역뿐 아니라 거시 영역에도 적용됨을 강조하는 그 책의 한 구절을 인용하겠다.

이 책 전체에 일관된 우리의 입장은, 의식을 개입시키지 않아도 양자이론을 이해할 수 있다는 것, 또한, 적어도 당분간의 물리학 연구에 국한해서 말하자면, 의식을 개입시키지 않는 것이 아마도 최선의 접근법이라는 것이다. 그러나 의식과 양자이론이 모종의 의미에서 연관되어 있다는 직관은 좋은 직관인 듯하다.

아인슈타인이 나(브루스 로젠블룸)와 동료 대학원생에게 양자역학에 대한 자신의 문제의식을 이야기하려 애쓰던 그때, 그는 이런 말도 했었다. "데이비드 봄이 훌륭한 일을 했어요. 하지만 그건 내가 그에게 말한 일이 아니에요." 양자역학을 공부하면서 그런 문제의식을 가져본 적이 없던 우리는 아인슈타인이 무슨 이야기를 하는지 몰랐다. 그가 봄에게 무슨 말을 했느냐고 물었더라면 좋았을 텐데, 그러지 못해서 못내 아쉽다.

이타카 해석

뉴욕 주 이타카 소재 코넬대학의 데이비드 머민David Mermin은 스스로 '이타카 해석'이라고 명명한 것을 제안한다. 그는 두 가지 '주요 수수께끼'를 지적한다. 그것들은 양자이론에서만 등장하는 객관적 확률, 그리고 의식이라는 현상이다.

고전적 확률은 주관적이며 당사자의 무지가 어느 정도인지 알려준다. 반면에 양자적 확률은 객관적이며 누구에게나 동일하다. 상자 쌍에 들어 있는 원자에 관한 양자적 확률은 특정인의 불확실한 앎을 나타내는 것이 아니라 누구나 관찰하게 될 결과의 개연성을 나타낸다. 이타카 해석은 객관적 확률을 더 환원할 수 없는 원초 개념primitive concept으로 삼는다. 그리고 양자역학의 수수께끼들을 객관적 확률이라는 단일한 수수께끼로 환원한다.

이타카 해석에 따르면, 양자역학이 우리에게 해주는 말은 다음과 같다. "상관은 물리적으로 실재하지만, 상관된 대상들은 실재하지 않는다." 예컨대 관찰되지 않은 쌍둥이 상태 광자들은 특정 편광을 지니지 않지만 동일한 편광을 지닌다. 오로지 두 편광의 상관(즉, 동일함)만이 물리적 실재다. 두 편광 자체는 물리적 실재가 아니다. 다른 예로, 만일 두 원자의 위치가 얽혀 있다면, 오직 두 원자 사이의 거리만 실재할 뿐, 각 원자의 위치는 실재하지 않는다.

우리가 거시적인 장치로 광자의 편광을 관찰하는데, 광자의 편광 상태는 두 가지가 가능하고, 우리의 장치는 그 두 가지 상태 각각에 반응하여 서로 다른 눈금을 나타낸다고 해보자. 이때 우리가 이 장치를 양자역학적으로 취급한다면, 이 장치는 광자의 편광과 단지 상관되기만 한다. 따라서 양자이론에 따르면, 장치의 눈금은 두 경우를 모두 나타내야 한다. 그러나 우리는 항상 눈금이 한 경우나 다른 경우를 나타내는 것을 본다. 왜 그럴까?

다음 인용문은 머민의 이타카 해석이 이 수수께끼를 어떻게 다루는지 보여준다.

내가 장치의 눈금을 바라보면, 나는 그 눈금이 무엇을 나타내는지 안다. 터무니없이 미묘하고 절망적으로 접근하기 어려운 광역 시스템 상관은 나와 연결될 때 완전히 사라지는 것이 틀림없다. 이런 사라짐이 일어나는 것은 의식이 양자역학으로 다룰 수 있는 현상의 범위를 벗어나기 때문인지, 혹은 의식이 무한히 많은 자유도를 지녔거나 자기 고유의 특수한 초선택super-selection 규칙들을 지녔기 때문인지는 내가 주제넘게 억측할 문제가 아닐 것이다. 그러나 이것은 의식에 관한 수수께끼다. 이 수수께끼를, 의식 없는 세계에서의 하위 시스템 상관들을 다루는 이론으로서의 양자역학을 이해하려는 노력과 뒤섞지 말아야 한다.

이타카 해석은 양자 불가사의를 객관적 확률의 문제로 국한하기 위해 물리학과 의식의 만남에서 한발 물러난다. 그러면서 의식을 '물리적 실재'보다 더 큰 '실재'에 귀속시킨다. 이타카 해석에 따르면, 물리학은 적어도 지금은 '물리적 실재'만 다뤄야 한다. 양자 불가사의에 대한 이 겸허한 해석은 단지 미스터리를 인정할 뿐이다.

양자 정보 해석

양자컴퓨팅 연구자들 사이에서 호응을 얻은 한 해석을 '양자 정보 해석'이라고 부를 수 있을 것이다. 이 해석에 따르면, 파동함수는 단지 물리적 시스템에 대한 가능한 측정들에 관한 정보를 표현할 뿐이다. 따라서 실제 물리적 시스템과 파동함수를 동일시하지 말아야 한다. 심지어 파동함수는 물리적 시스템을 기술하지도 않는다.

이 해석에서 파동함수, 혹은 양자 상태는 단지 관찰들의 상관을 계산하기 위한, 처음 측정을 근거로 나중 측정 결과를 예측하기 위한 간결한 수학적 도구일 뿐이다. 요컨대 양자 상태는 객관적, 물리적 사물이 아니라 단지 앎knowledge이다. 이 해석은, 상관에 초점을 맞추는 이타카 해석과, 물리법칙의 목적은 '단지 우리 경험의 다양한 측면들 사이의 관계를 가능한 한 밝혀내는 것'이라는 보어의 말로 대변되는 코펜하겐 해석의 한 버전을 혼합한 것이라고 할 수 있다.

양자 정보 해석은, 양자 상태가 단지 가능한 관찰들에 대한 앎일 뿐이라고 한정함으로써, 의식과의 만남을 회피한다. 그리하여 어떤 의미에서는, 양자이론을 단지 의식에 관한 이론으로 한정한다.

양자 논리학 해석

양자 불가사의는 우리가 할 수도 있었지만 하지 않은 실험들에 대한 생각 때문에 발생한다. 양자 논리학은 실제로 하지 않은 행위에 대한 고려의 유의미성을 부정한다. 즉, 반사실적 확실성을 부정한다. 요컨대 양자 논리학은 논리학 규칙들을 양자이론에 맞게 개정함으로써 불가사의를 '해소한다.'

양자 논리학은 흥미로운 지능 훈련이며 일부 양자이론가들의 입장이기도 하다. 그러나 논리학 규칙들을 적당히 고치면 어떤 관찰 결과라도 '설명'할 수 있으므로, 양자 논리학은 양자 측정 문제에 대한 만족스러운 해결책이 되기 어렵다.

게다가 의식적인 경험 세계에서 우리는 우리가 하거나 하지 않은 행위의 대안들을 고려해야 한다. 반사실적 확실성에 대한 부정은 우리 뇌의 전기화학이 우리의 선택을 전적으로 결정한다는 의미의 '자유의지' 부정에 머물지 않는다. 반사실적 확실성에 대한 부정은 겉보기에 자유로운 우리의 선택이 외부의 물리적 상황과 완벽하게 상관되어 있을 것을 요구한다. 그런 완벽한 상관이 성립한다면, 우리는 완벽하게 결정론적인 세계 안의 로봇과 다름없을 것이다. 13장에서 인용한 존 벨의 말을 써먹자면, 양자 불가사의에 대한 해결책으로서 반사실적 확실성에 대한 부정은 그 불가사의 자체보다 '더 납득하기 어렵다.'

GRW 해석

왜 큰 대상들이 중첩 상태로 발견되는 일은 전혀 없는지를 설명하기 위하여 기라르디Ghirardi, 리미니Rimini, 웨버Weber는 이른바 'GRW 해석'에서 슈뢰딩거 방정식을 수정하여 파동함수가 이따금씩 무작위하게 붕괴하게 만든다. 원자 규모의 대상들에서는 그런 파동함수 붕괴가 10억 년에 한 번 정도 일어난다.

이 정도로 드문 붕괴는 10억 년보다 훨씬 더 짧은 시간 동안 수행되는, 고립된 원자들을 이용한 간섭실험에 영향을 미치지 않을 것이다. 반면에 큰 대상 속의 원자 하나가 근처의 원자들과 접촉하고 있는 경우를 생각해보자. 예컨대 살아 있음과 죽어 있음의 중첩 상태에 처한 슈뢰딩거의 고양이 속 원자 하나를 생각해보자. 그 원자는 인근 원자들과 얽힐 테고, 그 원자들을 통해 고양이를 이루는 다른 모든 원자들과 얽힐 것이다. 이때 한 원자가 중첩 상태에서 무작위하게 붕괴하여 특정한 한 상태에 처하면, 고양이 전체가 살아 있는 상태나 죽은 상태로 붕괴할 것이다. 그런데 고양이를 이루는 원자들은 무수히 많으므로, 원자 하나는 10억 년에 한 번만 붕괴하더라도, 무수히 많은 원자들 가운데 적어도 하나는 거의 매순간 붕괴할 것이다. 따라서 고양이는 살아 있음과 죽어 있음의 중첩 상태에 아주 잠깐 동안만 머물 수 있다.

엄밀히 말하면, GRW 제안은 양자이론에 대한 해석이 아니다. 왜냐하면 양자이론의 수정을 제안하기 때문이다. 그 수정을 받아들이면, 우리가 지각하는 거시적 대상들은 모든 실용적인 맥락에서뿐 아니라 원리적으로도 완벽하게 확정된 상태에 놓이게 된다. 이런 결과에 만족하는 이들도 있을 것이다.

그러나 GRW 현상의 실험적 증거는 아직 없다. 게다가 큰 분자들을 이용한 실험들에서 고전형classical-like 확률로의 전이가 결어긋남 계산에 맞게 일어나는 것이 확인됨에 따라, GRW 현상이 나타날 수 있는 한계점이 점점 더 큰 대상 쪽으로 이동하고 있다. 결과적으로 그 한계점보다 더 작은 대상들의 실재성과 실험에서 입증된 그것들의 분리성 결여는 불가사의로 남을 것이다.

펜로즈의 해석과 스탭의 해석

로저 펜로즈의 제안과 헨리 스탭의 제안은 해석이라고 부를 수도 있겠지만 사실은 의식에 관한 물리학적 사변을 포함한다. 우리는 이 해석들을 17장에서 다룰 것이다.

해석들이 무엇을 성취할 수 있을까?

몇몇 양자역학 해석은 측정 문제를 모든 실용적인 맥락에서 해결한다. 그러나 말할 필요도 없겠지만, 모든 실용적인 맥락에서는, 애당초 문제가 없었다. 양자이론의 예측들은 완벽하게 유효하다. 우리로 하여금 '이게 뭐지?'라고 묻게 하는 것은 실험적 사실들이 의미하는 기이한 세계관이다. 현재 경쟁 중인 해석들의 폭넓은 다양성은 우리 세계(그리고 우리 자신)에 관한 근본적인 질문들에 거의 해답이 없음을 보여준다.

양자역학은 우리의 상식적이고 합당한 세계관에 근본적인 결함이 있음을 보여준다. 양자이론이 해주는 말에 대한 해석들은 다양한 세계관들을 제의한다. 그러나 그 해석들에 한결같이 포함된 한 요소는 의식 있는 관찰자가 물리적 세계에 불가사의하게 침입하는 것이다. 아직 등장하지 않은 어떤 해석이 의식과의 만남 없이 양자 불가사의를 해결할 수도 있을까?

그럴 가능성은 없다. 의식과의 만남은 양자이론에 대해 중립적인 실험에서 직접 이루어진다. 그러므로 한낱 양자이론 해석은 어떤 해석이든 그 만남을 피할 수 없다. 그럼에도 모든 해석들은 한결같이 물리학이 의식을 다루지 않아도 되도록 해준다. 이 양면성을 존 휠러John Wheeler는 이렇게 표현한다.

일상적인 상황에서는 세계가 우리에 대해 독립적으로 '저 바깥에' 존재한다는 말이 유용하지만, 그런 생각은 이제 유지될 수 없다. 이 우주가 '참여하는 우주participatory universe'라는 기이한 느낌이 든다.

그러나 휠러는 곧바로 경고를 덧붙인다.

'의식'은 양자 과정과 전혀 무관하다. 지금 우리가 다루는 것은 비가역적 증폭 행위에 의해, 지울 수 없는 기록에 의해, 등록 행위에 의해 알려지는 사건이다. …… [의미는] 전체 이야기에서 별개의 부분, 중요하지만 '양자 현상'과 혼동하면 안 되는 부분이다.

우리는 이것을 양자현상의 의미가 아니라 양자현상 자체에 집중하라는, 물리학자들을 향한 명령으로 받아들인다. 모든 실용적인 맥락에서 양자이론은 해석이 필요 없다. 양자이론은 완벽하게 작동한다. 우리가 어떤 실험을 선택하든지 그 실험의 결과를 옳게 예측한다.

그러나 물리학자이거나 그저 방랑자인 일부 사람들은 양자이론의 의미를 숙고하고 '이것이 무엇인지' 이해하려고 애쓴다. 오래 전부터 많은 저명한 물리학자들이 (때때로 휠러도) 이런 태도를 취해 왔고, 지금은 이런 태도를 취하는 물리학자가 늘어나는 추세다.

일부 물리학자들은 이 추세를 못마땅하게 여긴다. 게다가 영화 「왓 더 블립 두 위 노?」와 같은 양자역학에 관한 사이비과학 작품들이 갈수록 많아지는 현재의 상황은 물리학자로 하여금 양자 불가사의를 언급한 것을 후회하게 하고 그런 언급을 최소화하게 만든다. 우리 물리학자들은 감추고 싶은 비밀을 그냥 감춰두는 경향이 있다. 심지어 일부 물리학자는 그런 비밀의 존재를 부인한다.

예컨대 1998년에 『피직스 투데이』 두 호에 걸쳐 게재된 논문 「관찰자 없는 양자이론」은 양자역학에서 관찰자의 역할을 봄의 해석을 비롯한 여러 해석들이 제거한다고 주장했다(앞의 인용문에서 드러나듯이, 봄 자신은 이 주장에 동의하지 않을 것이다). 이런 주장들을 제기할 때면 대개 그렇듯이, 그 논문을 보면, 관찰자 제거를 원리적으로 주장하는 것인지, 아니면 단지 모든 실용적 맥락에서 양자 불가사의의 해결을 주장하는 것인지가 불분명하다. 비록 지금은 아마도 물리학계의 과반수가 이런 불분명한 태도에 공감하겠지만, 시대는 바뀌는 중이다.

　슈뢰딩거 방정식이 나오고 80년이 지난 지금, 물리학과 의식의 만남을 둘러싼 논쟁은 갈수록 확산되고 있다. 전문가들의 의견이 엇갈린다면, 당신은 나름대로 당신의 전문가를 선택할 수 있다. 또는 당신 스스로 생각해볼 수 있다.

　'이게 뭐지?'는 열려 있는 질문이다. 이 질문은 우리로 하여금 이 장의 서두에 인용한 다음과 같은 문구를 되새기게 한다.

　"당신은 여기에서 무언가 일어나고 있음을 알지만, 그것이 무엇인지 모른다."

　우리는 양자역학에서 출발하여 의식을 만났다. 다음 장에서 우리는 의식에서 출발하여 반대 방향의 만남에 접근할 것이다.

16

의식이라는 미스터리

의식이 무엇을 뜻하는지는 의심의 여지가 없으므로 논할 필요가 없다.
_지그문트 프로이트

의식은 정신을 다루는 과학에서 가장 당혹스러운 질문들을 야기한다.
우리는 의식적인 경험보다 더 친밀한 것을 알지 못한다. 그러나 의식적
인 경험보다 더 설명하기 어려운 것은 없다.
_데이비드 차머스

의식이 파동함수를 붕괴시킬까? 양자이론의 시초에 제기된 이 질문
에는 답이 없다. 심지어 이 질문을 제대로 제기할 수조차 없다. 의식
자체가 미스터리이기 때문이다.

지금까지 우리는 실험에서 입증된 양자적 사실들과 이를 설명하는
양자이론을 서술하면서 물리학계 전체가 논란 없이 공유하는 견해를
제시했다. 그러나 의식을 논의할 때는 그런 공통 견해를 제시할 수 없
다. 왜냐하면 의식이 무엇인지 알 수 없기 때문이다. 물론 논란 없는
실험 데이터는 많이 있지만, 그 데이터에 대한 설명들은 극적으로 엇
갈리면서도 제각각 강력하게 옹호된다. 우리 저자들도 나름의 입장이
있다. 그러나 어쩌면 당신도 곧 눈치채겠지만, 우리는 동요한다.

1960년대까지만 해도, 행동주의가 주도한 심리학은 과학적이라고

자처하는 모든 토론에서 '의식'이라는 단어를 기피했다. 그러나 그때를 기점으로 의식에 대한 관심은 폭발적으로 증가했다. 어떤 이들은 이런 변화를 뇌 영상화 기술의 비약적인 발전 덕분으로 돌린다. 그 기술은 특정 자극을 가하면 어떤 뇌 부분이 활성화하는지 볼 수 있게 해준다. 그러나 『의식 연구 저널Journal of Consciousness Studies』의 편집자는 다른 견해를 밝힌다.

의식 연구의 부활은 사회학적 이유 때문에 일어났을 가능성이 더 높다. 정규 교육과정 바깥의 '의식 연구'를 풍부하게 접한 1960년대의 대학생들이(물론 그런 연구를 거부한 이들도 있었지만) 지금 과학 학과들을 운영하고 있다.

의식에 대한 관심과 더불어 양자역학의 토대에 대한 관심도 증가하는 중이다. 더 나아가 의식과 양자역학 사이에 관련성이 있다는 주장이 진지하게 제기되고 있다. 한마디로 분위기가 심상치 않다.

의식이란 무엇일까?

우리는 의식을 언급해 왔지만 명확하게 정의한 적은 없다. 사전에 나오는 '의식'의 정의는 '물리학'의 정의보다 더 나을 것이 없다. 우리는 '의식consciousness'을 대충 '알아차림awareness'과 같은 말로 사용해 왔다. 우리가 보기에 '의식'이 가장 확실하게 포함하는 것은 실험자 자신이 자유롭게 선택했다는 지각perception이다. 이런 뜻으로 '의식'을 사용하는 어법은 양자 측정 문제를 다룰 때에는 충분히 표준적이다. 그리고 정의는 궁극적으로 단어 사용법에서 드러난다(험프덤피는 앨리스에게 말한다. "내가 단어를 사용할 때는 …… 단어의 뜻은 내가 정하는 대로야." 철학자 비트겐슈타인은 단어는 단어 사용에 의해 정의된다고 했다).

의식의 존재를 아는 길은 우리 자신이 알아차리고 있다는 1인칭 느낌을 통한 길, 또는 타인의 2인칭 보고를 통한 길밖에 없다(곧 보겠지만, 양자이론은 이 제한에 도전하는 듯하다).

우리는 심리학의 관점에서 의식을 연구하여 이룬 많은 발견들을 논하지 않을 것이다. 예컨대 착시 현상, 정신장애, 자아의식, 프로이트식의 숨은 감정들, 무의식 등을 논하지 않을 것이다. 또한 현재의 문헌에 등장하지만 양자 불가사의와 직접 관련이 없고 아직 검증 불가능한 의식 이론들도 논하지 않을 것이다.

우리의 관심사는 관찰자의 자유로운 실험 선택과 관련이 있는 '의식', 물리학이 만나게 되는 의식이다. 우리 논의가 심리학 및 신경학과 어떻게 연결되는지는 곧이어 차머스의 '의식에 관한 어려운 문제'를 다룰 때 어느 정도 상세하게 설명할 것이다.

우리가 물리학과 의식의 만남을 이야기하기 위해 자주 예로 드는 것은, 대상이 한 상자에 들어 있는지 관찰하기를 선택하면 대상이 온전히 한 상자에 들어 있는 상황이 유발된다는 것이다. 이때 우리가 '유발된다'는 표현을 쓰는 것은 오로지 관찰자가 반대 상황(대상이 한 상자에 온전히 들어 있지 않은 상황)을 확정하는 간섭 관찰을 하기로 선택할 수도 있었다는 전제 때문이다. 관찰자는 대상이 두 상자에 동시에 들어 있는 파동임을 확인하는 것을 선택할 수도 있었다고 우리는 전제한다.

그런데 이런 실험을 하려면 반드시 의식 있는 관찰자가 필요할까? 의식 없는 로봇이나 심지어 가이거계수기가 관찰자의 역할을 맡을 수는 없을까? 대답은 '관찰'의 의미에 달려 있다. 지금은 이것만 상기하기로 하자. 만일 그 로봇이나 가이거계수기가 나머지 세계로부터 격리되어 있고 양자이론의 지배를 받는다면, 그 로봇이나 가이거계수기는 슈뢰딩거의 고양이와 마찬가지로 단지 얽혀서 포괄적 중첩 상태의 일부가 될 것이다. 따라서 이것들은 관찰자의 역할을 하지 못할 것이다.

양자 불가사의는, 상반된 결과를 산출하는 두 실험 중 하나를 실험자가 자유롭게 선택할 수 있다는 전제에서 비롯된다. 실험자가 그런 선택을 할 '자유의지'를 지녔다고 우리는 전제한다. 그러나 실험자의 선택은 그의 뇌의 전기화학에 의해 결정되고, 따라서 자유의지는 없다고 지적하는 것만으로는 양자 불가사의를 모면할 수 없다. 양자 불가사의를 모면하는 데 필요한 자유의지 부정은 그보다 훨씬 더 나아가야 한다. 즉, 양자 불가사의를 모면하려면, 반사실적 확실성마저 부정해야 한다. 이 부정은 세계가 '공모적conspiratoria'이라는(우리의 예에서는, 실험자의 '선택'이 상자 쌍 내부의 물리적 상황과 일치하게 되어 있다는) 전제를 불가피하게 포함한다.

오늘날 심리학이나 신경심리학에서 이루어지는 자유의지에 관한 논의는 대개 범위를 좁혀서, 우리의 선택이 뇌의 전기화학에 의해 미리 결정되는지 여부에 초점을 맞춘다. 따라서 양자 불가사의와 관련해서 주목할 만한 내용은 별로 없다. 그러나 '자유의지'는 양자 불가사의와 늘 함께 등장하는 논제이므로, 잠깐 동안 그런 제한적인 자유의지 논의를 살펴보기로 하자.

자유의지

자유의지는 여러 맥락에서 문제로 등장한다. 한 예로 다음과 같은 오래된 문제가 있다. 신은 전능하므로, 우리의 행위에 대해서 우리에게 책임을 묻는 것은 부당해 보인다. 어차피 결정권자는 신이니까 말이다. 이 문제를 해결하기 위해 중세 신학자들은, 사건들의 연쇄는 '먼 작용인remote efficient cause'에서 시작되어 '최종인final cause'에서 끝나며, 신은 이 처음과 끝의 두 원인을 지배한다고 설명했다. 그리고 그 사이의 원인들은 우리의 자유로운 선택을 통해 발생하므로, 우리는 심판의 날에 책임을 지게 될 것이라고 말이다.

오늘날의 철학자들도 도덕과 관련해서 이와 유사한 문제 제기와 해명을 한다. 형사 피고의 변호인은 피고의 행위가 그의 자유의지에 의해서가 아니라 유전과 환경에 의해서 결정되었다고 주장함으로써 피고를 두둔할 수 있다. 그러나 우리는 이런 문제들보다 더 단도직입적인 자유의지 문제를 다루고자 한다.

고전물리학, 즉 뉴턴식 물리학은 철저하게 결정론적이다. 한 시점에 우주의 상황을 두루 보는 '전지적인 눈'은 우주의 미래 전체를 알 수 있다. 만일 고전물리학이 모든 것에 적용된다면, 자유의지가 발붙일 자리는 없을 것이다.

그러나 자유의지는 고전물리학과 사이좋게 공존할 수 있었다. 뉴턴식 세계관을 다룬 3장에서 우리는, 어떻게 과거의 물리학이 인체의 경계에서(혹은 당시로서는 완전히 미지의 영역이었던 뇌의 경계에서) 멈출 수 있었는지 이야기했다. 과학자들은 자유의지를 자신들의 관심사가 아니라며 물리치고 철학자들과 신학자들에게 떠넘길 수 있었다.

그러나 과학자들이 뇌의 작동, 전기화학, 자극에 대한 반응을 연구하는 오늘날에는 그렇게 떠넘기기가 과거처럼 쉽지 않다. 현재의 과학자들은 뇌를 물리학 법칙들에 맞게 행동하는 물리적 대상으로 취급한다. 이런 상황에서 자유의지가 들어설 자리는 좀처럼 없다. 자유의지는 유령이 되어 구석에 숨었다.

대부분의 신경심리학자와 심리학자는 그 구석을 암묵적으로 무시한다. 그러나 일부는 물리적 모형을 폭넓게 적용함으로써 자유의지의 존재를 부정하고 우리의 자유의지 지각을 착각으로 규정한다. 우리는 이런 입장이 야기하는 논쟁을 잠시 후에 의식에 관한 '어려운 문제'를 논할 때 자세히 살펴볼 것이다.

자유의지의 존재를 어떻게 증명할 수 있을까? 우리가 가진 증거는 어쩌면 우리가 자유의지를 가졌다는 우리 자신의 느낌과 본인이 자유의지를 가졌다는 사람들의 주장뿐일 것이다. 어떤 증명도 불가능하다면, 자유의지의 존재는 무의미할 수도 있다. 그러나 이런 반론도 가능하다. 비록 당신은 당신의 통증 감각을 타인에게 보여줄 수는 없지만, 당신은 그것이 있음을 안다. 그것은 절대로 무의미하지 않다. 자유의지도 마찬가지다.

격렬한 논쟁을 일으킨 유명한 자유의지 실험이 있다. 1980년대 초, 벤자민 리벳Benjamin Libet은 피실험자로 하여금 미리 정하지 않고 즉석에서 스스로 선택한 시점에 자신의 손목을 굽히게 하고, 피실험자에게 일어나는 일을 관찰하는 실험을 했다. 그는 중요한 세 시점의 순서를 관찰했다. 첫 번째는 '준비 전위readiness potential'가 탐지되는 시점이다. 준비 전위는 피실험자의 두피에 설치한 전극으로 탐지할 수 있는 순간적인 전위로, 자발적인 행위가 실제로 일어나는 순간보다 거의 1초 전에 탐지된다. 두 번째는 손목이 굽어지는 시점, 세 번째는 피실험자가 손목을 굽히기로 결심했다고 (빠르게 움직이는 시계를 바라보는 방식으로) 보고하는 시점이다.

상식적으로 생각해 보면, (1) 결심, (2) 준비 전위, (3) 행위의 순서로 세 시점이 배열될 것이다. 그러나 실제로는 준비 전위가 결심 보고 시점보다 먼저 발생했다. 이 결과는 결정론에 부합하는 모종의 뇌 기능이 겉보기에만 자유로운 결심을 일으킨다는 것을 보여주는 걸까? 어떤 이들은 그렇다고 주장한다(리벳 자신의 입장은 모호하다). 그러나 준비 전위 발생 시점과 결심 보고 시점 사이의 간격은 1초보다 더 짧고, 결심 보고 시점이 무엇을 뜻하는지 판정하기 어렵다는 문제가 있다. 게다가 피실험자가 아무런 '사전 계획'도 없이 손목을 굽힌다는 전제하에 실험이 이루어지기 때문에, 이 실험 결과는 기껏해야 의식적인 자유의지를 반박하는 모호한 증거에 불과하다.

2008년, 존–딜런 헤인스John-Dylan Haynes는 더 긴 시간 간격을 관찰했다. 그와 동료들은 기능성 자기공명영상(fMRI)으로 뇌 활동을 관찰했다. 그들은 피실험자 앞의 스크린에 철자가 나타나게 하면서, 피실험자에게 마음 내키는 대로 오른손에 쥔 버튼이나 왼손에 쥔 버튼을 누르라고 요청했다. 그런 다음에 피실험자는 자신이 누를 버튼을 결정할 때 스크린에 나타난 철자를 보고했다. 실험자들은 fMRI를 분석함으로써, 피실험자가 어느 쪽 버튼을 누를지를 피실험자의 결정 보고 시점보다 무려 10초 먼저 70퍼센트 정확도로 예측할 수 있었다(마구잡이로 추측했다면 정확도가 50퍼센트에 불과했을 것이다). 헤인스는 이렇게 논평했다. "이 결과가 자유의지를 반박하는 것은 아니지만 자유의지를 미심쩍게 만드는 것은 사실이다."

정말 그럴까? 추측컨대 만일 그 10초 동안에 실험자들이 피실험자에게 '당신은 왼쪽 버튼을 누를 거예요'라고 말했다면, 피실험자는 오른쪽 버튼을 누르기로 자유롭게 선택할 수 있었을 것이다. fMRI에 근거하여 누군가의 행동을 대강 예측할 수 있다는 사실은 자유의지를 심각하게 위협하지 않는다. 얼굴 표정에 근거한 행동 예측도 꽤 잘 맞지만, 그렇다고 자유의지가 위태로워지지는 않는 것과 마찬가지다.

우리 자신이 자유의지를 지녔다는 믿음은, 우리가 가능한 선택지들 중에 하나를 선택한다는 것을 우리 자신이 의식적으로 지각하는 것에서 비롯된다. 만일 자유의지가 착각일 뿐이라면, 그리고 우리 모두는 아마도 열운동의 무작위성을 약간 동반한 신경화학에 의해 지배되는 정교한 로봇일 뿐이라면, 우리의 의식도 환상에 불과한 것일까? (만일 그렇다면, 그 환상을 지닌 주체는 무엇일까?)

당신이 자유의지를 부정하고자 한다면, 뇌의 전기화학에서 논증을 멈추는 것은 자의적이다. 따지고 보면, 그런 부정의 동기는 고전물리학의 뉴턴식 결정론이다. 논리적 일관성을 유지하여 논증의 마지막 결론까지 받아들이면, 우리는 완벽하게 결정론적인 세계에 도달한다. '전지적인 눈'은 그런 세계에 속한 모든 것의 미래 전체를 알 수 있다. 따라서 양자 불가사의를 일으키는, 겉보기에 자유로운 실험자의 선택도 미리 알 수 있다.

뇌의 전기화학에서 자의적으로 멈추는 논증과 달리, 철저한 결정론을 받아들이면 양자 불가사의를 정말로 모면할 수 있다. 그러나 자신이 완벽하게 결정론적인 세계 안의 '로봇'이라는 것을 받아들일 수 있는 사람은 거의 없다. 그리하여 자유의지와 명백한 양자 실험 결과를 둘 다 받아들이면, 우리는 양자 불가사의에 도달한다. 그리고 그 불가사의를 설명하는 양자이론에 도달한다.

고전물리학과 달리 양자이론은 실험자가 자유롭게 내린 결정(실험자의 자유의지)에 의존하지 않는 물리적 세계를 기술하는 이론이 아니다.

존 벨에 따르면,

적어도 자유롭게 활동하는 실험자들을 허용하는 한에서는, 양자역학은 국소 인과 이론locally causal theory으로 '완성'될 수 없다는 것이 밝혀졌다.

벨의 정리가 나오기 전에는, '자유의지'(또는 '자유롭게 활동하는 실험자들'이 있다는 명시적 전제)는 물리학에 관한 책에 등장할 성싶지 않았다. 진지한 물리학 저널에서는 확실히 찾아볼 수 없었다. 그러나 분위기는 바뀌고 있다. 예컨대 2010년 12월, 저명한 물리학 저널 『피지컬 리뷰 레터스』에 실린 한 논문은, 자유롭게 활동하는 실험자들이 쌍둥이 상태 광자 실험을 하면서 관찰하는 상관을 설명하려면 자유의지를 얼마나 많이 포기해야 하는지를 정확하게 계산하는 내용이다. 결론은 14퍼센트다. 하지만 이 수치의 인간적인 의미는 불분명하다.

우리는 벨이 말한 '자유롭게 활동하는 실험자들'이 하는 관찰을 탐구하고자 한다. 현장의 물리학자들이 받아들이는 코펜하겐 해석을 정의하는 파스쿠알 요르단Pascual Jordan의 문장을 돌이켜보자. "관찰은 측정할 대상을 교란하는 정도가 아니라 그 대상을 만들어낸다." 여기에서 '관찰'은 의미가 엄밀하게 정해져 있는 용어가 아니다. 그러나 어떤 유형의 관찰이든 간에 관찰이 물리적 실재를 창조한다는 것은 받아들이기 어렵다. 그러나 그것은 새로운 생각이 아니다.

버클리부터 행동주의까지

물리적 실재가 관찰에 의해 창조된다는 생각은 수천 년 전의 베다 철학까지 거슬러 올라가지만, 우리는 먼 과거를 생략하고 18세기부터 이야기하려 한다. 뉴턴 역학의 여파 속에서, 존재하는 모든 것은 역학적 힘에 지배되는 물질이라는 유물론이 폭넓은 지지를 얻었다. 하지만 모든 사람이 유물론을 반긴 것은 아니었다.

관념론 철학자 조지 버클리George Berkeley는 뉴턴의 사상이 자유롭게 선택하는 도덕적 존재로서 우리의 지위를 떨어뜨린다고 판단했다. 신을 위한 자리를 거의 남겨두지 않는 듯한 고전물리학 앞에서 버클리는 질겁했다. 다른 모든 것을 떠나서, 그는 주교였다. (당시에 학자가 영국 교회의 성직자가 되는 것은 흔한 일이었다. 뉴턴 시대에 학자가 지켜야 했던 독신 규정은 없어진 뒤였지만 말이다. 버클리는 기혼자였다.)

"존재한다는 것은 지각된다는 것이다esse est percipi." 버클리는 이와 같은 구호를 앞세워 유물론을 배척했다. 이 구호는 존재하는 모든 것이 관찰에 의해 창조된다는 것을 의미한다. '숲에서 나무가 쓰러질 때 근처에서 그 소리를 듣는 사람이 없다면, 그 소리는 존재하는 것일까?'라는 오래된 질문에 대한 버클리의 대답은 아마도 '소리는 말할 것도 없고 나무도 관찰되지 않으면 존재하지 않는다'였을 것이다.

유아론에 가까운 버클리의 입장이 어처구니없게 보일 수 있는 것은 사실이지만, 당대의 많은 관념론 철학자들은 그 사상에 열광했다. 하지만 사무엘 존슨Samuel Johnson은 달랐다. 그는 발가락이 아프게 돌멩이를 걷어차면서 이렇게 선언했다고 한다. "나는 이렇게 버클리를 반박한다." 버클리의 사상을 옹호하는 이들은 존슨의 돌멩이 걷어차기를 완전히 무시하다시피 했다. 당연한 말이지만, 버클리의 사상은 반증하기가 불가능하다.

다음은 비록 버클리의 입장을 정확히 반영하지는 않지만 그의 사상이 얻은 관심을 예증하는 몇백 년 된 풍자시다.

토드라는 젊은이가 있었네.
그가 말했지.
"이 근처에 아무도 없을 때에도
이 나무가 계속 있다는 생각은

정말 너무 괴상해."

짝을 이루는 답시는 이러하다.

별로 괴상할 것 없어.
내가 항상 이 근처에 있거든.
너의 충실한 신인 내가
관찰하고 있기 때문에
이 나무가 계속 있을 수 있는 거야.

신은 전능할지도 모르지만, 이 풍자시에 기초하여 판단하면 신은 전지하지 않다. 양자 실험들이 시사하듯이, 만일 신의 관찰이 큰 대상의 파동함수를 붕괴시켜 실재로 만드는 것이라면, 작은 대상들은 신의 관찰을 벗어나 있는 것일 테니까 말이다.

우리 주위의 세계가 관찰에 의해 창조된다는 생각은 한번도 득세하지 못했다. 실용주의적인 사람들 대부분, 특히 18세기 과학자들 대부분은 세계가 작고 단단한 입자들로 이루어졌다고 여겼다. 어떤 이들은 그 입자를 '원자'라고 불렀다. 원자는 더 큰 입자들이나 행성들과 마찬가지로 역학 법칙을 따른다고 여겨졌다. 정신에 관한 사변을 펼친 과학자들도 있었고, 어떤 이들은 오늘날의 컴퓨터가 아니라 수압 장치로 정신을 모형화했지만, 대부분의 과학자는 정신을 무시했다.

19세기, 그리고 20세기의 대부분 동안, 과학적 사유는 대체로 유물론적 사유와 동일시되었다. 심지어 심리학과에서도 때때로 의식은 진지한 연구의 대상에서 제외되었다. 행동주의가 지배적인 관점이 되었다. 사람은 입력으로 자극을 수용하고 출력으로 행동을 하는 '블랙박스'로 간주되었다. 블랙박스 안에서 일어나는 일에 관하여 과학이 말할 필요가 있는 것은 자극과 행동의 상관관계뿐이었다. 모든 각각의 자극에 대응하는 행동을 알면, 정신에 대해서 알아야 할 모든 것을 안 것이었다.

행동주의 접근법은 사람들이 어떻게 반응하는지 밝혀내는 데 성공적이었다. 또한 어떤 의미에서는, 왜 그렇게 반응하는지도 성공적으로 밝혀냈다. 그러나 내면 상태에는, 의식적으로 알아차린다는 느낌과 자유롭게 선택한다는 느낌에는 접근조차 하지 못했다. 선도적인 행동주의 대변인 격인 스키너에 따르면, 의식적인 자유의지는 비과학적 전제였다. 그러나 20세기 후반기에 인본주의심리학humanistic psychology이 부상함에 따라 행동주의는 비생산적인 관점으로 여겨지게 되었다.

의식에 관한 '어려운 문제'

행동주의가 이미 쇠퇴한 뒤인 1990년대 초, 젊은 오스트레일리아 철학자 데이비드 차머스David Chalmers는 의식에 관한 '어려운 문제'를 지적함으로써 의식 연구에 충격을 가했다. 간단히 말하자면, 그 어려운 문제란 어떻게 생물학적인 뇌가 주관적, 내면적 경험 세계를 발생시키는지를 설명하는 것이다. 한편 차머스가 지적한 '쉬운 문제들'은 자극에 대한 반응, 정신 상태의 보고 가능성 등, 의식 연구의 모든 과제를 아우른다. 차머스는 이 문제들이 절대적인 의미에서 쉽다는 말을 하려는 것이 아니다. 이것들은 어려운 문제에 비해 쉬울 뿐이다. 우리는 지금 의식, 혹은 알아차림, 혹은 경험에 관한 어려운 문제에 관심을 기울인다. 왜냐하면 그 문제가 양자역학에 관한 어려운 문제, 곧 관찰 문제와 유사한(또한 연결되어 있는) 듯하기 때문이다.

의식에 관한 어려운 문제와 그것을 둘러싸고 지속적으로 벌어지는 열띤 논쟁을 다루기 전에, 데이비드 차머스에 대해서 잠깐 언급하고자 한다. 그는 학부 시절에 물리학과 수학을 공부하고 수학 전공으로 졸업한 다음에 철학으로 전향했다. 차머스는 양자역학이 의식과 관련이 있을 가능성이 높다고 본다. 물론 이런 견해가 그의 논증에서 중요한 구실을 하는 것은 아니지만 말이다. 그의 획기적인 저서 『의식적인 정신Conscious Mind』의 마지막 장 제목은 「양자역학에 대한 해석」이다. 데이비드 차머스는 산타크루즈 소재 캘리포니아대학의 철학과 교수로 있다가 애리조나대학으로 일터를 옮겨 의식연구센터 소장이 되었다. 우리가 이 글을 쓰고 있는 지금, 그는 오스트레일리아국립대학 의식연구센터 소장으로 재직 중이다.

차머스의 쉬운 문제들은 대개 의식과 신경 활동의 상관성, 즉 '의식의 신경 상관물neural correlate'과 관련이 있다. 오늘날의 뇌 영상화 기술은 생각하고 느끼는 뇌의 물질대사 활동을 자세히 볼 수 있게 해준다. 그 기술은 사고 과정에 대한 매혹적인 연구들을 가능케 했다.

뇌에서 일어나는 일에 대한 탐구는 새롭지 않다. 오래 전부터 신경외과의사들은, 노출된 뇌에 직접 전극들을 설치하고 전기 자극을 가하면서 피실험자로부터 의식적인 지각에 관한 보고를 듣는 방식으로, 전기 활동과 지각을 관련짓는 연구를 해왔다. 물론 이런 실험은 주로 치료 목적으로 이루어졌고, 과학 연구를 위한 실험은 제한적이었다. 두피에서 전기 전위를 탐지하여 작성하는 뇌전도(EEG)는 더 오래되었다. 뇌전도는 신경 활동을 신속하게 탐지할 수 있지만, 그 활동이 뇌 속 어디에서 일어나는지에 대해서는 많은 정보를 주지 못한다.

뇌 속 어디에서 뉴런들이 점화하는지 알아내는 데는 양전자방출단층촬영(PET)이 더 효과적이다. 이 기술에서는 방사성 원자들(예컨대 방사성 산소 원자들)이 환자의 혈류 속으로 주입된다. 이어서 방사능 탐지기로 그 원자들을 포착하고 컴퓨터 분석을 거치면, 뇌의 어느 부위에서 물질대사 활동이 증가하는지 알아낼 수 있고, 그 산소 수요 증가를 환자가 보고하는 의식적 지각과 관련지을 수 있다.

가장 대단한 뇌 영상화 기술은 기능성 자기공명영상(fMRI)이다. 이 기술은 활동 부위를 식별하는 능력이 PET보다 더 뛰어나면서도 방사능과 무관하다(하지만 fMRI 검사를 받으려면, 크고 소음이 심한 자석 안에 머리를 넣고 가만히 있어야 한다). 자기공명영상(MRI)은 우리가 9장에서 양자역학의 실용적 성과의 하나로 다룬 의료용 영상화 기술이다. 기능성 자기공명영상은, 외부 자극에 따라 특정 뇌 기능이 일어나는 동안 더 많은 산소를 사용하는 뇌 부위를 식별할 수 있다.

fMRI는 예컨대 기억, 말하기, 시각, 알아차림 보고를 담당하는 뇌 구역을 식별할 수 있게 해준다. 컴퓨터로 알록달록하게 색을 입힌 fMRI 뇌 영상을 보면, 환자가 예컨대 음식을 생각하거나 통증을 느낄 때 어느 뇌 구역들이 더 많은 혈액을 필요로 하는지 확인할 수 있다.

그러나 물질대사 활동에 기초를 둔 기술이 다 그렇듯이, fMRI는 변화를 신속하게 포착하지 못하는 것이 단점이다.

이런 기술들이 포착하는 물리적인 뇌가 뇌의 전부, 또한 정신의 전부일까? 신경의 전기화학과 의식을 관련짓는 연구는 현재 초보적인 수준이지만, 개량된 fMRI나 어떤 미래 기술은 뇌 활동 하나하나와 의식적 경험 하나하나를 완벽하게 연결할 수 있게 해준다고 가정해 보자. 그러면 우리는 모든 (보고된) 의식적 느낌을 물질대사 활동과, 또한 심지어 그 바탕에 깔린 전기화학 현상과도 연결할 수 있을 것이다. 현재의 뇌 관련 의식 연구들은 대부분 그런 식으로 의식의 신경 상관물들의 집합을 완성하는 것을 최종 목표로 삼는다.

이 목표가 성취되면 가능한 모든 것이 성취되는 것이라고 말하는 이들도 있다. 그들의 주장에 따르면, 그 목표가 이루어지면 의식은 완전하게 설명된 셈이다. 왜냐하면 의식이란, 우리가 '의식'이라고 부르는 경험들에 대응하는 신경 활동일 뿐이기 때문이다. 우리가 낡은 추시계를 분해해서 스프링이 추를 흔들고 추가 톱니바퀴들을 돌린다는 것을 알게 되면, 그 시계의 작동에 대해서 알아야 할 모든 것을 안 셈인 것과 마찬가지다. 과연 그럴까? 뇌를 이루는 뉴런들에 관해서 모든 것을 알면 의식을 설명할 수 있을까?

DNA 이중나선의 공동 발견자이며 뇌과학으로 전향한 물리학자 프랜시스 크릭Francis Crick은 '알아차림 뉴런'을 찾으려 애썼다. 그가 보기에 우리의 주관적 경험, 우리의 의식은 단지 그에 대응하는 뉴런들의 활동일 뿐이다. 그는 이 가설을 그의 저서 『놀라운 가설』에서 이렇게 표현한다.

'당신', 당신의 기쁨과 슬픔, 당신의 기억과 야망, 당신의 개인적 정체감과 자유의지는 실은 방대한 신경세포 집단과 관련 분자들의 행동일 뿐이다.

그렇다면 우리의 의식과 자유의지가 뇌 속 전자들과 분자들의 기능 이상이라는 직관은 착각이다. 그러므로 의식은 결국엔 환원주의적으로 설명되어야 한다. 적어도 원리적으로는, 의식을 더 단순한 항목들, 즉 의식의 신경 상관물들을 통해 완전하게 기술할 수 있어야 한다. 주관적인 느낌은 뉴런들의 전기화학에서 '창발emerge'하는 것으로 보인다. 이것은, 이웃한 물 분자들 속 수소 원자들과 산소 원자들의 상호작용에서 표면장력이 창발한다는, 쉽게 받아들여지는 생각과 유사하다.

바로 이런 창발이 크릭의 '놀라운 가설'이다. 그런데 이것이 정말 놀라운 가설일까? 우리가 보기에 이것은 적어도 대부분의 물리학자에게는 가장 자연스러운 추측인 듯하다.

오랫동안 크릭과 함께 연구한 젊은 동료 크리스토프 코흐Christof Koch는 더 미묘한 입장을 취한다.

일상생활에서 주관적인 느낌들이 중요함을 감안할 때, 퀄리아qualia와 느낌이 환상이라고 결론 내릴 수 있으려면 이례적인 사실을 증거로 확보해야 할 것이다. 내가 잠정적으로 채택한 접근법은 일인칭 경험을 엄연한 사실로 간주하고 그 사실을 설명하려 애쓰는 것이다.

코흐가 다양한 견해들 사이에서 균형을 추구하는 모습은 약간 다른 맥락에서도 확인된다.

의식을 설명하려면 근본적으로 새로운 법칙들이 필요할 가능성을 나는 배제할 수 없다. 그러나 현재 나는 그런 방향으로 나아갈 필요성을 절박하게 느끼지 않는다.

…… 그러나 뇌 상태와 현상적 상태[경험]는 특성들이 너무 달라서 하나를 다른 하나로 완전히 환원하기는 불가능한 듯하다. 이들의 관계는 전통적으로 생각되는 것보다 더 복잡한 듯하다.

크릭과 극적으로 대비되는 입장의 주요 대변인격인 데이비드 차머스는 오로지 신경 상관물들만 가지고 의식을 설명하는 것은 불가능하다고 본다. 그런 설명을 추구하는 물리적 이론들은 기껏해야, 의식이 담당할지도 모르는 물리적 역할을 알려줄 뿐, 어떻게 의식이 발생하는지는 알려주지 못한다고 차머스는 주장한다.

우리가 어떤 물리적 과정을 지목하든지, 다음과 같은 질문에는 대답할 수 없을 것이다. 왜 이 과정이 [의식적인] 경험을 발생시켜야 하는가? 경험 없이 그 과정만 존재하더라도 개념적인 비일관성은 없다. 결론적으로 한갓 물리적 과정에 관한 설명은 왜 경험이 발생하는지를 알려주지 못할 것이다. 경험의 발생은 물리적 이론에서 도출할 수 있는 것을 넘어선다.

원자론은 물의 표면장력을, 물이 왜 당신의 손가락에 달라붙는지를 환원주의적으로 설명할 수 있겠지만, 이런 설명은 왜 당신이 물의 축축함을 느끼는지에 대한 설명과 아예 차원이 다르다. 차머스는 의식에 대한 환원주의적 설명의 가능성을 전면 부정하면서, 의식 이론은 경험을 질량, 전하, 시공과 어깨를 나란히 하는 원초적 항목으로 삼아야 한다고 제안한다. 이 새로운 근본 속성은 그가 '심리물리적 원리들'이라고 명명한 새로운 근본 법칙들을 요구할 것이다.

차머스는 그 원리들을 추측하는 데까지 나아간다. 우리에게 가장 흥미로운 것은 그가 기초라고 여기는 한 원리다. 그 원리는 '자연적 가설 natural hypothesis'로 귀결되는데, 이 가설에 따르면 정보(적어도 일부 정보)는 두 개의 기본 측면, 즉 물리적 측면과 현상적 측면을 가진다. 이 같은 이중성 가설은 양자역학에서 파동함수가 양면을 지닌 것을 연상시킨다. 파동함수는 한편으로 대상의 물리적 실재 자체이지만, 다른 한편으로 어떤 이들의 추측에 따르면 그 실재는 순전히 (여기에서 정보가 무슨 의미이든 간에) '정보'이다.

의식적 경험이 지성적인 앎을 벗어남을 논증하기 위해 어떤 이들은 매리 이야기를 언급한다. 매리는 색 지각에 관해서 알아야 할 모든 것을 아는 미래의 과학자이다. 그런데 매리는 검은색과 흰색만 있는 방 바깥으로 나가본 적이 없다. 어느 날 누군가가 그녀에게 빨간 물건을 보여준다. 매리는 난생 처음으로 빨간색을 경험한다. 그녀의 빨간색 경험은 그녀의 완벽한 빨간색 지식을 넘어선 어떤 것일까? 또는 그 지식의 일부일 뿐일까? 독자 스스로 한쪽 입장을 취하고 그것을 지지하는 논증과 반박하는 논증을 구성해보라.

철학자 대니얼 데닛Daniel Dennett은 널리 인용되는 저서 『의식의 해석 Consciousness Explained』에서 뇌가 정보를 다루는 과정을, '다수의 초안들

multiple drafts'이 끊임없이 편집되고 때때로 합쳐져 경험을 산출하는 과정으로 묘사했다. 데닛은 의식에 관한 '어려운 문제'의 존재를 부정한다. 그 문제를 일종의 정신-뇌 이원론으로 간주하는 그는 다음과 같은 논증으로 이 이원론을 반박할 수 있다고 주장한다.

그것들(정신에서 뇌로 가는 신호들)은 물리적 에너지나 질량과 전혀 관련이 없다. 그렇다면, 만일 정신이 신체에 조금이라도 영향을 미칠 수 있으려면 그것들이 뇌세포들에 영향을 미쳐야 할 텐데, 어떻게 그것들이 뇌세포들에서 일어나는 일을 변화시킬까? …… 충분히 표준적인 물리학과 이원론의 이 같은 대립은 일반적으로 이원론의 불가피하고 치명적인 결함으로 여겨진다.

차머스는 의식이 표준 물리학을 벗어난 원리들을 따른다고 주장하므로, '충분히 표준적인 물리학quit standard physics'에 기초한 논증으로 차머스를 반박할 수 있는지는 불분명하다. 게다가 양자이론이 옳다면, 데닛의 논증은 결함이 있다. 무슨 말이냐면, 파동함수가 관찰되는 순간 가능한 상태들 중 어느 것으로 붕괴할지가 결정되는 데 반드시 질량이나 에너지가 필요한 것은 아니다.

우리가 의식에 관한 어려운 문제에 관심을 기울이는 것은 양자 불가사의에서 물리학과 의식이 만났기 때문이다. 그 불가사의를 물리학자들은 '측정 문제'라고 부른다. 여기에서 물리적 관찰은 의식적 경험과 여러 모로 유사하다. 두 경우 중 어느 쪽에서든 문제를 해결하려면 평범한 물리학이나 심리학을 넘어선 무언가가 필요한 듯하다.

양자역학에서 측정 문제의 본성은 양자이론이 등장한 이래로 줄곧 논란거리였다. 마찬가지로 의식이 심리학과 철학에서 과학적으로 논의된 이래로 의식의 본성은 줄곧 논란거리였다. 꽤나 극단적인 의견 불일치의 실례를 2005년『뉴욕타임스』에서 볼 수 있었다. 그 신문은 일류 과학자들에게 자신의 믿음을 밝힐 것을 요청했다. 인지과학자 도널드 호프먼Donald Hoffman은 이렇게 답했다.

나는 의식과 의식의 내용이 존재하는 모든 것이라고 믿는다. 시공, 물질, 장은 우주의 근본적인 거주자였던 적이 없고 처음부터 항상 더 보잘것없는 의식 내용들과 함께 의식에 의존하여 존재해 왔다.

심리학자 니콜라스 험프리Nicholas Humphrey는 견해가 다르다.

인간의 의식은, 우리를 속여서 우리 앞에 설명할 수 없는 미스터리가 있다고 생각하도록 만들려고 고안된 속임수라고 나는 믿는다.

의식의 본성과 존재를 탐구하는 한 가지 방법은 누가 또는 무엇이 의식을 가질 수 있는가라는 질문을 제기하는 것이다.

의식 있는 컴퓨터?

우리 각자는 자신이 의식을 지녔음을 안다. 타인들이 의식을 지녔다는 믿음의 유일한 증거는 아마도 타인들과 우리의 외모와 행동이 다소 유사하다는 점일 것이다. 다른 증거로는 무엇이 있을까? 동료 인간들이 의식을 지녔다는 전제는 우리가 그것을 받아들이는 이유를 명시하기가 어려울 정도로 뿌리 깊다. 인간이 아닌 동물들도 의식을 지녔을까? 고양이와 개는 어떨까? 지렁이나 박테리아는? 어떤 철학자들은 의식이 두루 분포한다고 보고 심지어 자동 온도 조절기에도 약간의 의식을 부여한다. 하지만 존재 사슬의 어느 한 지점에서 갑자기 의식이 생겨나는 것일 수도 있다. 실제로 자연은 불연속적일 수 있다. 온도가 섭씨 0도 아래로 내려가면, 액체인 물은 갑자기 고체인 얼음이 된다.

의식에서 한걸음 물러나 '생각' 혹은 지성만 화제로 삼아보자. 오늘날 '인공지능'(약자로 AI)이라 불리는 컴퓨터 시스템은 의사를 도와 병을 진단하고, 장군을 도와 전투를 계획하고, 기술자를 도와 더 나은 컴퓨터를 설계한다. 1997년, IBM의 인공지능 '딥블루Deep Blue'는 체스 세계 챔피언 개리 카스파로프를 이겼다.

그때 딥블루는 생각을 했을까? 대답은 생각을 어떻게 정의하느냐에 달려 있다. 정보이론가 클로드 섀넌Claude Shannon은 언젠가 컴퓨터가 생각을 하게 되겠느냐는 질문을 받고 이렇게 대답했다고 한다. "당연하죠. 나는 컴퓨터예요. 그리고 나는 생각합니다." 그러나 딥블루를 설계한 IBM의 과학자들은 그 기계가 체스 국면 1억 개를 순식간에 평가하는 고속 계산기일 뿐이라고 강조한다. 딥블루가 생각을 하든 안 하든, 딥블루가 의식이 없다는 것만큼은 확실하다.

그러나 만일 어떤 컴퓨터가 모든 면에서 의식이 있는 것처럼 보인다면, 우리는 그 컴퓨터가 의식이 있다고 인정해야 하지 않을까? 인정해야 한다고 대답한다면 우리는, 어떤 놈이 생김새가 오리 같고 걸음걸이가 오리 같고 우는 소리가 오리 같다면 그놈은 틀림없이 오리라는 유서 깊은 원리를 따르는 셈이다.

흥미로운 질문은, 의식 있는 컴퓨터를(따라서 로봇을) 제작하는 것이 가능하냐는 것이다. 의식 있는 컴퓨터는 강한 인공지능, 줄여서 '강한 AI'로도 불린다. (진정으로 의식이 있는 로봇의 플러그를 뽑는 행위는 살해에 해당할까?) 강한 AI가 원리적으로 가능하다는 논리적 '증명들'이 제시되었다. 하지만 그것이 불가능하다는 '증명들'도 있다. 컴퓨터가 의식을 지녔는지 여부를 당신이라면 어떻게 판정하겠는가?

앨런 튜링Alan Turing은 1950년에 컴퓨터 의식 검사법을 내놓았다. 실제로 그는 그 검사법을 컴퓨터가 생각할 수 있는지 여부를 검사하는 방법이라고 설명했다. 당시의 과학자들은 '의식'이라는 단어를 기피했다. (또한 튜링은 프로그래밍이 가능한 컴퓨터를 최초로 설계했고, 컴퓨터가 해낼 수 있는 것과 없는 것에 관한 정리를 개발했다. 그는 나중에 동성애 혐의로 체포되었고 1954년에 자살로 생을 마감했다. 그가 죽고 여러 해가 지난 후, 독일군의 에니그마 암호를 뚫은 장본인이 튜링이라는 사실이 장교들에 의해 공개되었다. 연합군은 튜링 덕분에 적군의 일급비밀 메시지를 해독할 수 있었다. 튜링의 공로가 없었다면, 제2차 세계대전은 아마 여러 달 더 지속되었을 것이다.)

튜링 검사는 우리가 타인에게 의식을 부여할 때 따르는 기준과 본질적으로 같은 기준으로 컴퓨터가 의식을 지녔는지 여부를 판정한다. 우리가 따르는 기준을 다음 질문으로 요약할 수 있다. 저놈의 외모와 행동이 나와 비슷한가? '외모' 부분에는 신경을 쓰지 말기로 하자. 사람처럼 보이는 로봇을 만들 수 있다는 것은 의심의 여지가 없다. 중요한 것은 그런 로봇의 컴퓨터 뇌가 의식을 가질 수 있느냐 하는 문제다.

튜링에 따르면, 어떤 특정한 컴퓨터가 의식을 지녔는지에 대한 검사는 당신이 키보드를 통해 원하는 만큼 오랫동안 그 컴퓨터와 소통하고 임의의 대화를 해보는 것으로 충분해야 마땅하다. 만일 당신이 컴퓨터와 소통하는지 아니면 인간과 소통하는지를 판별할 수 없다면, 그 컴퓨터는 튜링 검사를 통과한다. 그럴 경우에 당신은 그 컴퓨터가 의식을 지녔다는 것을 부정할 수 없다고 일부 사람들은 말한다.

어느 날 강의실에서 나(브루스 로젠블룸)는 무심코, 사람이라면 누구나 튜링 검사를 쉽게 통과할 수 있다고 말했다. 그러자 여학생 하나가 반론을 제기했다. "제가 데이트한 남자 몇 명은 튜링 검사를 통과하지 못했어요."

우리가 의식이라는 미스터리를 탐구하는 것은 의식과 물리학의 만남이 양자 불가사의를 일으키기 때문이다. 다음 장에서는 미스터리와 불가사의가 만나게 될 것이다.

17

미스터리와 불가사의의 만남

> 물리학 이론의 범위가 양자역학을 통해 확장되어 미시 현상을 포괄하게 되었을 때, 의식의 개념이 다시 전면에 등장했다. 의식을 언급하지 않고 양자역학 법칙들을 일관되게 정식화하는 것은 불가능했다.
> _유진 위그너

> 미스터리 두 개가 있으면, 그것들이 공통의 원천에서 비롯된다는 생각을 품게 되는 경향이 있다. 양자역학 문제들이 관찰자 개념과 심층적으로 연결되어 있고, 이 개념은 주관의 경험과 나머지 세계 사이의 관계와 결정적인 관련이 있는 듯하다는 사실은 그 경향을 부추긴다.
> _데이비드 차머스

의식과 양자 불가사의는 그냥 두 개의 미스터리에 불과하지 않다. 이것들은 최대의 미스터리 쌍이다. 첫째 미스터리, 곧 실험에서 확인되는 양자 불가사의는 '저 바깥의' 객관적·물리적 세계에 관한 것이다. 둘째 미스터리, 곧 의식은 '여기 내면의' 주관적, 정신적 세계에 관한 것이다. 양자역학은 이 두 미스터리를 연결하는 듯하다.

공식적으로 선언된 만남

존 폰 노이만은 1932년의 논문 「양자역학의 수학적 토대」에서 양자 이론과 의식의 만남이 불가피함을 엄밀하게 보여주었다. 그는 중첩 상태의 미시적 대상에서 시작하여 관찰자에서 끝나는 이상화된 양자적 측정을 고찰했다. 예컨대 나머지 세계로부터 완전히 격리된 가이거계수기가 양자 시스템과, 이를테면 동시에 두 상자에 들어 있는 원자 하나와 접촉한다고 해보자. 가이거계수기는 원자가 아래 상자에 들어 있으면 반응하고 위 상자에 들어 있으면 반응하지 않게 되어 있다. 폰 노이만은 양자역학의 지배를 받는 물리적 대상인 이 격리된 가이거계수기가 상자 쌍 안의 원자와 얽힐 것임을 보여주었다. 따라서 가이거계수기는 원자와 함께 중첩 상태에 놓일 것이다. 요컨대 반응한 동시에 반응하지 않은 상태에 놓일 것이다(우리는 이런 상태를 슈뢰딩거의 고양이에서 본 바 있다).

만일 역시 나머지 세계로부터 격리된 또 하나의 장치(이를테면 가이거계수기의 반응 여부를 표시하는 전자장치)가 그 가이거계수기와 접촉한다면, 그 장치도 중첩 상태 파동함수에 가담하여 동시에 두 상황을 표시할 것이다. '폰 노이만 사슬'이라 불리는 이 연쇄는 무한정 이어질 수 있다. 물리학 법칙(즉, 양자이론의 법칙)을 따르는 물리적 시스템은 어떤 것이라도 중첩 상태 파동함수를 붕괴시켜 특정 결과를 산출할 수 없음을 폰 노이만은 보여주었다. 그러나 폰 노이만 사슬의 맨 끝에 위치한 관찰자는 항상 중첩 상태가 아니라 특정 결과를, 반응하거나 반응하지 않은 가이거계수기를 본다는 것을 우리는 안다. 모든 실용적인 맥락에서는 측정 사슬에 속한 임의의 거시적 고리(간섭실험이 사실상 불가능해지는 지점)에서 파동함수가 붕괴된다고 간주할 수 있음을 폰 노이만은 보여주었다. 그렇지만 엄밀히 말하면, 붕괴는 오로지 '이히Ich'에서 일어난다고 그는 결론지었다. 나를 뜻하는 독일어 '이히'는 프로이트가 자아, 곧 의식적 정신을 가리킬 때 쓴 단어이기도 하다.

몇 년 후, 슈뢰딩거는 자신의 양자이론이 '부조리함'을 예증하기 위해 고양이 이야기를 제시했다. 그의 이야기는 양자이론이 중첩 상태의 붕괴를 위해 의식적인 관찰을, 의식을 원리적으로 요구한다는 폰 노이만의 결론을 사실상의 기초로 삼았다. 그런데 이 결론은 정말 옳을까?

의식 있는 관찰자가 필요할까?

파동함수가 붕괴하려면 의식 있는 관찰자가 필요할까? '그렇다'라는 대답을 옹호할 수도 있고 '아니다'라는 대답을 옹호할 수도 있다. '붕괴'와 '의식'은 둘 다 의미의 스펙트럼이 넓다. 슈뢰딩거의 고양이 이야기에서 우리는 코펜하겐 해석을 취하여, 원자와 가이거계수기가 만나자마자 거시적인 가이거계수기의 파동함수가 반응한 상태나 반응하지 않은 상태로 붕괴한다고 간주할 수 있다. 그렇다면 고양이는 중첩 상태에 처할 새도 없이 신속하게 죽은 상태나 살아있는 상태가 될 것이다. 다른 한편, 가이거계수기를 포함한 슈뢰딩거의 '극악무도한 장치'는 환경으로부터 격리되어 있으므로, 살아 있는 동시에 죽은 고양이는 관찰자가 고양이의 상태를 살아 있음이나 죽었음으로 의식할 때까지는 살아 있는 상태나 죽은 상태가 되지 않을 수도 있다.

두 번째 경우가 옳다면, 사정은 복잡해진다. '의식한다'는 고양이를 보고 그것이 이를테면 죽었음을 완전하게 알아차린다는 의미일 수 있다. 또는 상자에 뚫린 구멍으로 나오는, 고양이가 서 있으면 나오지 않을 섬광을 보는 것도 고양이의 상태를 '의식적으로 관찰'하는 것일 수 있다. (혹시 고양이도 의식 있는 관찰자가 아닐까? 명확한 논증을 위해서 우리가 거론하는 고양이는 가이거계수기가 반응하면 쓰러지게 되어 있는 로봇 고양이라고 하자.)

그 섬광의 의미를 아는 관찰자는 고양이가 죽었음을 의식적으로 관찰한 셈이다. 그러나 그 의미를 모르는 채로 단지 섬광만 의식한 관찰자는 어떨까? 혹은 섬광이 관찰자의 눈에 들어오긴 하지만, 관찰자가 그것을 전혀 알아차리지 못한다면 어떨까? 아무튼 관찰자는 광자들과 얽히고 따라서 고양이와 얽힐 것이다. 의식 있는 관찰자와 이런 식으로 얽혀도 붕괴가 일어난다고 간주한다면, 우리는 '의식'의 의미를 대폭 확장하는 셈이다.

거듭 강조하지만, 파동함수의 붕괴에 관한 질문은 양자이론에서 발생한다. '붕괴'와 '파동함수'는 그 이론의 용어이다. 반면에 양자 불가사의는 양자 실험에서 실험자의 자유로운 선택을 통해 직접 발생한다. 양자 불가사의의 발생을 이야기할 때는 '붕괴'나 '파동함수'를 언급할 필요가 없다.

의식적으로 알아차림 대 얽힘

다시 상자 쌍 안의 원자를 생각해보자. 이번에는 상자들이 투명하다고 가정하자. 원자가 위 상자에 들어 있다면, 위 상자를 향해 발사한 광자는 원자와 충돌하여 방향이 바뀔 것이다. 원자가 아래 상자가 들어있다면, 그 광자는 곧장 나아갈 것이다. 원자가 중첩 상태로 두 상자 모두에 들어 있다면, 광자는 원자와 얽혀 그 중첩 상태에 가담한다. 즉, 광자는 튕겨지고 또한 곧장 나아간다. 곧장 나아가는 광자의 경로에 놓인 고립된 가이거계수기는 광자–원자 파동함수와 얽혀서 반응한 동시에 반응하지 않은 상태가 될 것이다.

그런데 광자와 만나는 가이거계수기가 테이블 위에 놓여 있고, 테이블은 방바닥에 놓여 있다고 해보자. 이 경우에 가이거계수기는 고립되어 있지 않고 테이블과 상호작용한다(테이블을 이루는 원자들이 가이거계수기를 이루는 원자들과 충돌한다). 따라서 가이거계수기는 테이블과, 더 나아가 사람들을 포함한 나머지 세계와 얽힌다. 광자와 얽히고 가이거계수기와 얽힌 원자는 이제 의식 있는 관찰자들과 얽힌다. 하지만 아무도 가이거계수기를 관찰하지 않는다면(또는 가이거계수기의 반응이 무슨 뜻인지 모른다면), 원자가 어느 상자에 들어 있는지 아무도 모른다.

의식 있는 관찰자들을 포함한 나머지 세계와 이런 식으로 얽혀도 원자는 온전히 한 상자 안으로 붕괴할까? 혹은, 원자가 한 상자 안으로 붕괴하려면, 실제로 가이거계수기를 관찰함으로써 원자가 어느 상자에 들어 있는지를 의식적으로 알아차리는 행위가 필요할까? 현재 양자이론의 범위를 벗어나지 않고 엄밀하게 대답하면, 그 원자는 아마도 여전히 두 상자에 들어 있고 가이거계수기는 반응한 동시에 반응하지 않은 상태일 것이다 (13장에서 우리는 이 추측을 검증하기 위해 우주에 관찰자들을 배치하고 실험을 하자는 제안을 했다).

광자가 고립되지 않은 가이거계수기와 만나자마자, 광자와 나머지 세계는 즉시 얽힌다. 양자이론에 따르면, 얽힘은 무한히 **빠르게** 전달된다. 그러나 멀리 떨어진 사람이 그 계수기의 상태를 알아채려면, 그 사람은 어떤 물리적 수단으로 통신해야 할 것이다. 그리고 이 통신은 빛보다 더 빠를 수 없다.

벨 정리 실험에서 보았듯이, 얽힘은 빛보다 더 빨리, 아마도 무한히 빨리 전달된다. 쌍둥이 상태 광자 하나의 편광을 관찰하자마자 곧바로 다른 하나의 편광이 결정된다.

이것이 얽힘이다. 그러나 두 관찰자는 상대방의 관찰 결과를 알아챌 때 비로소 두 결과가 일치하거나 불일치함을 알 수 있다. 광자는 자신의 쌍둥이의 행동을 즉시 '알아채지만', 앨리스와 밥은 광속에 의해 제한된 속도로만 상대방의 관찰 결과를 알아챌 수 있다.

그림17.1은 2000년 5월에 『피직스 투데이』에 실린 만화인데 몇 가지 점에서 언급할 만하다(물리학 저널에 등장하는 양자 불가사의는, 그것을 해결한다고 주장하는 논문에서 등장하는 경우가 아니라면, 흔히 유머로 취급된다). 에릭과 얽히고 더 나아가 나머지 세계와 얽힌 크리스는, 에릭이 다른 곳으로 시선을 돌릴 때, 당연히 '모든 가능상태들의 중첩'에 처하지 않을 것이

그림17.1 닉 킴의 만화(2000년작). 미국물리학회 제공

다. 그러나 미시적 대상도 마찬가지다. 당신이 특정 상자 안에서 발견한 원자는, 당신이 다른 곳으로 시선을 돌릴 때, 두 상자 모두에 들어 있는 중첩 상태에 처하지 않을 것이다.

의식과 환원

양자 실험에서 이루어지는 물리학과 의식의 만남은 우리에게 환원주의의 문제를 일깨워준다. 환원주의 관점은 복잡한 시스템을 그 바탕에 깔린 과학으로 환원하여 설명하려 한다. 예컨대 심리 현상을 생물학으로 설명하려 애쓴다. 생물 현상은 궁극적으로 화학 현상으로 간주할 수 있다. 또한 모든 화학자가 믿어 의심치 않듯이, 화학 현상은 근본적으로 양자물리학을 따르는 원자들의 상호작용이다. 물리학도 원초적 경험을 굳건한 기반으로 삼을 수 있다고 여겨진다.

3장에서 우리는 이 관점을 환원주의 피라미드로 표현했다. 양자역

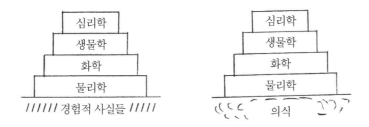

그림17.2 개정된 과학적 설명의 위계

학은 물리학이 원초적 경험을 기반으로 삼는다는 생각을 위태롭게 만든다. 양자역학에서 물리학은 궁극적으로 관찰에 의존한다. 관찰에는 어떤 식으로든 의식이(의식이 무엇이든 간에) 연루된다. 그러므로 그림17.2의 환원주의 피라미드의 기반에 그 의미가 약간 모호한 의식을 추가해야 한다. 모든 실용적 맥락에서 과학은 항상 위계적일 것이다. 위계의 각 층은 고유한 개념 집합을 필요로 할 것이다. 그럼에도 이 새로운 환원관은 과학 활동에 대한 우리의 생각을 바꿀 수 있다.

로봇 논증

의식과의 만남을 부정하기 위해 흔히 기계적 로봇 논증이 제시된다. 이 논증의 개요는 이러하다. 파동함수 붕괴에 반드시 의식 있는 관찰자가 필요한 것은 아니다. 왜냐하면 의식 없는 로봇도 그 붕괴를 일으킬 수 있기 때문이다. 7장에서 서술한 대로 준비된 상자 쌍 집합들을 로봇에게 제공한다고 해보자. 로봇은 각 집합을 가지고 '어느 상자?' 실험이나 '간섭실험'을 하고 그 결과를 담은 보고서를 인쇄하도록 프로그램되어 있다. 인쇄된 보고서는 의식 있는 실험자가 작성한 보고서와 구별할 수 없을 것이다. 이 실험에는 의식이 관여하지 않으므로, 의식과 관련된 불가사의는 전혀 존재하지 않는다.

이 논증이 타당하지 않은 이유는 다음과 같다. 로봇의 보고서는 예컨대 로봇이 특정 상자 쌍 집합을 가지고 '어느 상자?' 실험을 했고 그 결과로 대상들이 온전히 한 상자에 들어 있었음이 확인되었다고 말할 것이다. 또한 로봇이 다른 상자 쌍 집합으로는 '간섭실험'을 하여 그 집합에서는 대상들 각각이 두 상자에 퍼져 있었음이 밝혀졌다고 말할 것이다. 요컨대 로봇의 보고서는 상이한 상자 쌍 집합들에 상이한 유형의 대상들이 들어 있었다고 말할 것이다.

그런데 문제는 이것이다. 어떻게 로봇은 상자 쌍 집합 각각에 적합한 실험을 '선택'할 수 있었을까? 만일 로봇이 온전히 한 상자에 들어 있는 대상들을 가지고 '간섭실험'을 한다면, 간섭무늬가 아니라 그냥 균일한 분포를 얻을 것이다. 그러나 이런 일은 일어나지 않는다. 또한 만일 로봇이 각각 두 상자에 퍼져 있는 대상들을 가지고 '어느 상자?' 실험을 한다면, 로봇은 어떤 보고를 하겠는가? 대상의 절반을 발견했다고 보고할 것이다. 하지만 그런 보고는 아무리 찾아도 없다.

로봇이 신기하게도 매번 적절한 선택을 하는 까닭을 당신이 탐구한다고 해보자. 당신은 로봇의 선택 방법이 기계 로봇에게 가용한 가장 효율적인 방법인 동전 던지기임을 발견한다. 앞면이 나오면, 로봇은 '어느 상자?' 실험을 한다. 뒷면이 나오면 '간섭실험'을 한다. 로봇의 선택이 적절한 것은 동전 던지기 결과가 특정 상자 쌍 집합의 실제 상태와 연결되어 있기 때문인 듯하다. 당신이 보기에 이 연결은 신비롭다. 설명할 길이 없다.

탐구를 이어가기로 한 당신은 로봇의 동전 던지기를, 특정 상자 쌍 집합의 실제 상태와 연결되어 있지 않음을 당신이 확신하는 결정 방법으로, 즉 당신 자신이 자유롭게 선택하기로 대체한다. 이제 당신은 버튼을 눌러서 로봇에게 상자 쌍 집합 각각을 가지고 할 실험을 지시한다. 결과적으로 당신은 대상들이 한 상자에 집중되어 있었다는 결론이

나 두 상자에 퍼져있었다는 결론을(이 상반된 결론들 중 어느 것이라도) 당신이 자유롭게 선택해서 입증할 수 있음을 발견한다. 이제 당신은 양자 불가사의에 직면한다. 의식과의 만남이 이루어진다. 의식과의 만남을 부정하는 로봇 논증은 타당하지 않다.

로봇 논증을 반박하려면, 우리가 자유롭게 선택할 수 있다는 우리의 선택이 외부의 물리적 세계에 대해 적어도 부분적으로 독립적일 수 있다는 우리 자신의 의식적 지각을 받아들여야 한다. 이를 받아들이지 않을 때 나오는 결론은 우리가 철저히 결정론적인 세계 안의 로봇들이라는 것이다.

의식의 존재를 뒷받침하는 유일한 객관적 증거

우리가 말하는 '객관적 증거'란 본질적으로 누구에게나 보여줄 수 있는 3인칭 증거다. 이런 의미의 객관적 증거는 과학 이론의 입증을 위한 표준 요구 사항이다. 우리 각자는 자신이 의식을 지녔음을 안다. 이 앎은 의식의 1인칭 증거다. 타인들은 자신이 의식을 지녔다고 보고한다. 이것은 2인칭 증거다. 그러나 의식 자체가 물리적으로 관찰 가능한 무언가를 직접 수반할 수 있다는 3인칭 증거, 객관적 증거가 없다면, 의식의 존재 자체를 부정할 수 있다. 실제로 의식은 종종 부정된다.

어떤 이들은 '의식'이란 우리 뇌 속의 방대한 신경세포 집합과 관련 분자들의 전기화학적 행동을 가리키는 이름일 뿐이라고 주장한다. 이 주장에 맞서 우리의 신체 내부에 국한된 전기화학적 면모들을 넘어선,

의식의 직접적 역할을 보여줄 수 있을까?

의식이 물리적 세계와 직접 관계함을 입증하는 개관적 증거는 어떤 조건을 갖춰야 할까? 이중슬릿 실험, 혹은 그것을 변형한 상자 쌍 실험은 그 조건을 거의 갖춘 듯하다. 물론 한 가지 약점이 있는데, 그것은 이 실험들이 직접증거가 아니라 간접증거를 제공한다는 것이다. 다시 말해 이 실험들에서는 한 사실(간섭무늬가 두 상자의 간격에 따라 달라진다)을 이용하여 다른 사실(대상이 두 상자 모두에 들어 있었다)을 끌어낸다.

간접증거도 합당한 의심이 불가능할 정도로 확실할 수 있다. 예컨대 판사는 간접증거에 의지하여 유죄판결을 내리기도 한다. 그러나 간접증거의 논리는 순환적일 수 있다. 따라서 우리는, 넥 아네 폭 이야기와 상통하는 방식으로, 먼저 의식의 역할을 직접 입증하는 비현실적인 상황을 제시하려 한다. 이 예가 제공하는 직접증거는 분석하기 쉽다. 또 이 예를 양자 실험과 비교하면, 양자 실험이 제공하는 증거가 왜 간접증거인지를 더 잘 이해할 수 있다. 이제 우리의 이야기를 들어보라.

당신에게 상자 쌍 집합이 주어졌다. 쌍을 이룬 두 상자를 차례로 열어보기로 선택한 당신은 예외 없이 한 상자에 구슬이 들어 있고 다른 상자는 비어 있음을 발견한다. 구슬은 당신이 처음 연 상자나 두 번째 연 상자에 무작위로 들어 있고, 나머지 상자는 비어 있다. 다른 한편, 당신이 쌍을 이룬 두 상자를 거의 동시에 열기로 선택하면, 당신은 항상 각 상자에서 구슬 반쪽을 발견한다.

당신은 무한정 많은 연구비로 고용한 전문가들과 함께, 상자를 여는 물리적 과정이 구슬의 상태에 영향을 끼쳤을 가능성을 탐색한다. 그러나 그런 물리적 영향은 없음이 합당한 의심이 불가능할 정도로 확실하다는 결론에 도달한다.

당연한 말이지만, 이 실험 시나리오를 실현하는 것은 불가능하다. 그러나 만약에 실현할 수 있다면, 당신은 이 실험의 결과를, 상자를 여는 방법에 대한 의식적 선택이 물리적 상황에 영향을 미칠 수 있다는 객관적 증거로 받아들일 수밖에 없을 것이다. 이 결과는 의식이 의식의 신경 상관물을 넘어선 무언가로서 존재한다는, 객관적 3인칭 증명까지는 아니더라도, 증거일 것이다(비록 증명은 아니지만).

대표적인 양자 실험, 즉 이중슬릿 실험이나 상자 쌍 실험은 위 실험과 유사하다. 상자 쌍 열기의 물리적 영향은 발견되지 않는다. 어느 실험을 할 것인가('어느 상자?' 실험을 할 것인가, 아니면 '간섭실험'을 할 것인가)에 대한 당신의 의식적 선택이 상자 쌍의 두 가지 상반된 물리적 상태 가운데 어느 것이라도 창조할 수 있는 듯하다. 양자 실험은 누구에게나 보여줄 수 있으므로 객관적 증거다.

양자 실험은 비록 간섭에 의지할 수밖에 없고 따라서 기껏해야 간접 증거이지만, 의식에 관해서 우리가 가진 유일한 객관적 증거다. 당연한 말이지만, 증거는 증명이 아니다. 양자 실험은 범죄 현장에 남아 있는 수상한 발자국이다.

양자 실험은 의식이 외부 세계에 물리적 영향을 미친다는 것을 보여줄까? 물리학자로서 진지하게 대답하자면, 우리는 그런 영향 미침을 반쯤도 믿을 수 없다. 그러나 양자이론을 발전시킨 노벨상 수상자 유진 위그너는 이렇게 추측했다.

의식이 물리적 세계에 영향을 미친다는 믿음에 대한 옹호는, 우리가 아는 한에서 한 주체가 다른 주체에 영향을 미치면서 그 주체로부터 영향을 받지는 않는 그런 현상은 없다는 관찰 사실에 근거를 둔다. 필자는 이 논증이 그럴싸하다고 본다. 물론 물리학이나 생물학의 평범한 실험 조건에서는 의식의 영향이 아주 작을 것이 분명하다. 어떤 이들은 이렇게 말한다. "그런 영향이 존재한다고 전제할 필요가 없다." 그러나 빛과 역학적 대상 사이의 관계에 대해서도 똑같은 말을 할 수 있음을 상기하는 것이 좋다. …… 빛이 역학적 대상에 미치는 미세한 영향은 더 먼저 이론적으로 주장되지 않았더라면 아마 탐지되지 않았을 것이다. ……

일부 물리학자들은 이런 유형의 추측에 분개할 것이다. 그러나 적어도 우리는 위그너의 과감한 추측이 논란의 여지가 없는 실험적 사실들에 기초한다는 것을 안다.

위치는 특별하다

왜 우리는 동시에 두 상자에 들어 있는 대상을 볼 수 없을까? 양자이론에서는 답을 얻을 수 없다. 엄밀히 말하면, 온전히 상자A에 들어 있는 대상도 '중첩 상태'에 있다고 간주할 수 있다. 즉, 그 대상은 {상자A에 들어 있음 + 상자B에 들어 있음} 상태와 {상자A에 들어 있음 − 상자B에 들어 있음} 상태의 중첩(혹은 합)이라고 할 수 있다. 이 두 상태를 합하면 {상자A에 들어 있음}이 나온다. 마찬가지로, 살아 있는 고양이의 상태는 {살아 있음+죽어 있음} 상태 더하기 {살아 있음-죽어 있음} 상태 꼴의 중첩 상태다. 물론 정확한 덧셈 결과는 2{상자A에 들어 있음}, 또는 2{살아 있음}이다. 우리는 이들 결과에 붙은 계수 2를 무시하지만, 실제 양자이론의 수학은 이 계수를 감안한다.

이 모든 상태들은 적어도 양자이론의 범위 안에서는 지위가 동등하다. 그렇다면 왜 우리는 항상 특정 유형의 상태, 위치가 하나로 정해진 상태만 볼까? 동일한 대상이 동시에 여러 곳에 있는 기괴한 상태를 우리는 현실에서 전혀 보지 못한다(살아 있는 동시에 죽어 있는 슈뢰딩거의 고양이는 그런 기괴한 상태다. 왜냐하면 살아 있음 상태와 죽어 있음 상태가 구별되려면, 살아 있는 고양이 속 일부 원자들은 죽어 있는 고양이 속 해당 원자들과 다른 위치에 있어야 하기 때문이다).

상자 쌍 실험에서 우리는 간섭실험을 함으로써 대상이 동시에 두 상자에 들어 있었다고 추론했다. 그러나 우리가 간섭실험에서 실제로 경험한 것은 대상들이 도달한 영사막 상의 위치들이었다.

우리가 단 하나의 위치로 특징지어지는 상태만 관찰하는 것은 우리 인간이 오직 위치(그리고 시간)만 경험할 수 있는 존재이기 때문이라고 주장할 수 있다. 우리는 예컨대 속력을 상이한 두 시점에서의 위치로 경험한다. 우리 눈에 사물이 보이는 것은 우리 망막의 특정 위치에 빛이 도달하기 때문이다. 우리는 우리의 피부에 닿은 대상의 위치를 촉각으로 감지한다. 우리는 고막의 위치 변화 덕분에 소리를 듣는다. 우리는 콧속 특정 수용 기관들의 자세 변화 덕분에 냄새를 맡는다. 우리에게는 이처럼 위치가 중요하기 때문에, 우리는 측정 결과를 위치로 표시하는 장치를 제작한다. 전형적인 측정 장치는 바늘의 위치나 스크린상의 빛 패턴의 위치로 측정 결과를 표시한다. 이래야만 하는 이유를 양자이론에서는 발견할 수 없다. 단지 우리 인간이 이렇게 특수하게 생겨먹은 존재라는 것이 그 이유인 듯하다.

다른 존재들은 실재를 다르게 경험할 수도 있을까? 우리가 단지 추론만 할 수 있는 중첩 상태를 직접 경험하는 존재도 있을까? 그런 존재에게는, 동시에 두 상자에 들어 있는 원자, 혹은 살아 있는 동시에 죽은 슈뢰딩거의 고양이는 '자연스러울' 것이다. 따지고 보면, 그것이 양자의 방식이요, 아마도 자연의 방식이니까 말이다. 그러므로 그런 존재는 측정 문제를, 양자 불가사의를 경험하지 않을 것이다.

두 가지 불가사의

실은 두 가지 측정 문제, 두 가지 불가사의가 있다. 우리는 관찰자의 실재 창조에 초점을 맞췄다. 관찰로 인해, 관찰된 원자가 온전히 한 상자에 들어 있게 되거나 슈뢰딩거의 고양이가 살아 있게(또는 죽어 있게) 되는 것을 주목했다(아인슈타인은 아무도 바라보지 않아도 달은 거기에 있다고 자신은 믿는다는 명언으로 이 불가사의에 도전했다). 이보다 덜 곤혹스러운 불가사의는 자연의 무작위성이다. 어째서 원자는 무작위하게 이를테면 상자B가 아니라 상자A에서 나타날까? 어째서 고양이는 무작위하게 이를테면 살아 있는 상태로 발견될까?(신은 주사위놀이를 하지 않는다는 아인슈타인의 명언은 이 불가사의에 대한 도전이다.)

양자역학에 대한 에버렛의 여러 세계 해석에 따르면, 당신은 모든 가능한 실험을 선택하고 모든 가능한 결과를 본다. 이 해석에 따르면, 한 세계에 있는 '당신'이 두 가지 불가사의를 붙들고 고민하는 것은, 단지 매번 관찰하거나 선택할 때마다 당신이 갈라져서 여러 세계에 동시에 존재하게 된다는 점을 당신이 깨닫지 못하기 때문이다. 에버렛의 입장에서 보면, 완전한 '당신'은 두 가지 불가사의를 경험하지 않아야 마땅하다.

상상력을 약간 동원해서 두 가지 불가사의를 대조해보자(이 대목은 롤런드 옴네스가 지은 우화에서 영감을 받아 쓴 것이다). 높은 곳에 사는 에버렛주의자들은 양자이론이 제공하는 다수의 동시적인 실재들을 행복하게 경험한다. 그들을 괴롭히는 불가사의는 없다. 젊은 에버렛주의자 한 명이 지구 탐사를 위해 파견된다. 그는 (마치 파동함수가 붕괴하여 온전히 한 상자에 들어 있게 되는 것처럼) 동시적인 여러 실재들이 단 하나의 현실로 붕괴하는 것을 발견하고 놀란다. 그는 호기심이 많아서 지구를 여러 번 방문한다. 매번 그는 여러 실재들이 무작위하게 (그가 높은 곳에서 동시에 지각해온 여러 실재들 가운데) 한 실재로 붕괴하는 것을 본다. 그가 아주 잘 아는 양자이론으로는 설명할 수 없는 이 붕괴에 당황한 그는 불가사의를 발견했다고 보고한다. 즉, 저 아래 지구에서는 자연이 무작위하게 단 하나의 실재를 선택한다고 보고한다.

우리의 주인공은 그가 경험할 수 있는 여러 실재들을 관찰할 때 특정한 방식으로 관찰하기를 좋아한다. 그래서 특별한 이유가 없으면 그 방식을 선택한다(우리가 상자 쌍들을 가지고 어느 실험을 할지 선택하는 것과 유사하다). 그러나 양자이론에 따르면 그런 개인적인 선택(물리학의 용어로는

'기저basis')은 어느 것이나 동등함을 그는 잘 안다. 그런데 한번은 지구로 내려갈 때 기분이 조금 유별나서, 우리의 에버렛주의자는 다른 기저를 채택한다. 그리고 두 번째로 놀란다. 어느새 익숙해진 무작위한 붕괴는 알고 보니 그저 특정한 실재를 향해 일어나는 것이 아니었다. 새 기저를 채택하니, 옛 기저로 포착한 실재와 논리적으로 일관되지 않은 실재를 향해 붕괴가 일어난다. 그리하여 그는 더 곤혹스러운 두 번째 불가사의를 보고할 수밖에 없다. 저 아래 지구에서는 그의 의식적인 관찰 방식 선택이 서로 일관되지 않은 실재들을 창조할 수 있다고 말이다.

두 가지 양자 의식 이론

유추를 넘어선 방식으로 정신과 물질을 아우르는 이론은 크고 과감해야 한다. 그런 이론은 불가피하게 논쟁을 일으킨다. 펜로즈-하머로프 접근법은 양자중력이론에 기초를 둔다. 이것은 블랙홀과 빅뱅을 기술하는, 아직 개발 중인 이론으로, 로저 펜로즈는 이 이론에 기여한 주요 인물이다. 의식에 다가가는 펜로즈-하머로프 접근법은 수리논리학과 신경생물학의 개념들을 동원한다.

수학자 쿠르트 괴델Kurt Gödel은 임의의 논리 시스템은 참이지만 증명할 수 없는 명제를 포함함을 증명했다. 그러나 우리는 그런 명제가 참임을 통찰과 직관으로 알 수 있다. 비록 논란이 많기는 하지만, 펜로즈는 이 사실로부터 의식의 작용은 계산 불가능하다non-computable는

그림17.3 쿠르트 괴델Kruet Gödel

결론을 도출한다. 바꿔 말해서, 의식의 작용을 컴퓨터로 재현할 수 없다고 주장한다. 요컨대 펜로즈는 강한 인공지능(AI)의 가능성을 부정한다. 강한 AI가 존재할 수 없다면, 의식은 양자 불가사의와 마찬가지로 현재의 과학이 설명할 수 있는 범위를 벗어난다.

펜로즈는 현재의 양자이론을 넘어선 어떤 물리적 과정이 거시적인 중첩을 신속하게 현실로 붕괴시킨다고 주장한다. 그 과정으로 인해, 동시에 상자A와 상자B에 들어 있던 거시적 대상은 신속하게 상자A나 상자B에 들어 있게 된다. 그 과정으로 인해, 살아 있는 동시에 죽어 있던 슈뢰딩거의 고양이는 신속하게 살아 있거나 죽어 있게 된다. 이처럼 그 과정은 일반적으로 '그리고'를 '또는'으로 바꿔놓는다. 그 과정은 관찰자가 없더라도 파동함수를 객관적으로, 즉 모든 사람이 보기에 붕괴시킨다. 혹은 '환원한다reduce.' 펜로즈는 그 과정을 '객관적 환원objective reduction'으로 명명하고 약자 OR로 표기한다. 이것은 아주 적절한 약자인데, 왜냐하면 OR은 '또는or' 상황을 만들어내는 과정이기 때문이라고 그는 말한다.

펜로즈의 추측에 따르면, OR은 두 가지 시공 기하학이, 따라서 두 가지 중력 효과가 상당히 다를 때면 언제나 자발적으로 일어난다. 의식을 껐다가 다시 켜는 일을 밥 먹듯이 한다고 스스로 말하는 마취과 의사 스튜어트 하머로프Stuart Hameroff는 뇌 속에서 의식이 꺼지고 켜지는 과정에 관한 제안을 내놓았다. 그것은 뉴런 속에 있는 특정 단백질(튜불린tubulin)의 두 가지 상태가 펜로즈가 말한 OR을 신경 기능에 적합한 시간 규모에서 나타낼 가능성이 있다는 제안이다. 펜로즈와 하머로프는, 비록 뇌는 환경과 물리적으로 접촉하고 있지만, 뇌 속에는 중첩 상태와 장기적 양자 결맞음이 존재할 가능성이 있고, 자발적인 OR들이 신경 기능을 통제할 수도 있다고 주장한다.

그런 OR들, 곧 객관적 환원들은 '경험의 기회들occasions of experience'일 것이다. 관찰자 외부의 대상과 얽힌 뇌 속 OR은 관찰되는 대상 및 그것과 얽힌 모든 것의 파동함수를 붕괴시킬 것이다.

펜로즈–하머로프 이론의 세 기둥(계산 불가능성, 양자중력이론, 튜불린의 역할)은 모두 논란거리다. 전체 이론 역시 '시냅스 틈새의 요정 먼지pixie dust'만큼의 설명력밖에 지니지 못했다는 비난을 받는다. 그러나 양자이론과 관련이 있거나 없는 거의 모든 의식 이론과 달리 이들의 이론은 구체적인 물리적 메커니즘을 제시한다. 더구나 그 메커니즘의 근본적인 측면 몇 가지는 오늘날의 기술로 검증 가능하다. 실제로 검증들이 진행되고 있다. 비록 그 결과는 논쟁거리지만 말이다.

헨리 스탭은 또 다른 이론을 제시하면서, 어떻게 의식이 물리적 영향력을 발휘할 수 있는지를 고전물리학은 절대로 설명할 수 없지만, 그 영향력에 대한 설명이 양자역학에서는 자연스럽게 이루어진다고 주장한다. 앞에서 보았듯이, 결정론적인 고전물리학에서는 오직 정신을 물리학의 영역에서 추방함으로써만 자유의지가 허용된다. 고전물리학을 뇌-정신에까지 확장하면, 우리의 생각은 입자들과 장들의 결정론적 운동에 의해 '상향식으로' 통제될 것이라고 스탭은 지적한다. 고전물리학은 의식이 '하향식으로' 영향력을 발휘하는 메커니즘을 허용하지 않는다.

스탭은 폰 노이만이 재구성한 코펜하겐 해석을 출발점으로 삼는다. 기억하겠지만, 폰 노이만은 중첩 상태의 미시적 대상을 관찰하는 상황에서, 예컨대 원자에서부터 가이거계수기를 거쳐 인간 관찰자의 눈, 관찰자의 뇌 속 시냅스들까지 이어진 사슬 전체를, 엄밀히 말하면, 포괄적인 중첩 상태의 일부로 간주해야 함을 보여주었다. 폰 노이만에 따르면, 오로지 슈뢰딩거 방정식과 현재의 물리학을 넘어선 무언가인 의식만이 파동함수를 붕괴시킬 수 있다.

스탭은 두 가지 실재, 즉 물리적 실재와 정신적 실재를 전제한다. 물리적 실재는 뇌를 포함한다. 정신적 실재는 의식을, 특히 의도intention를 포함한다. 정신적 실재는 의도로서 물리적 뇌에 작용하여 뇌로 하여금 특정 중첩 상태를 선택하게 한다. 이어서 그 상태는 현실적인 상황 하나로 붕괴한다. 이 이론에서 의식은 외부 세계로 직접 '뻗어나가지' 않는다. 하지만 그럼에도 정신적 선택이 신체 바깥 물리적 세계의 특징을 부분적으로 결정한다. 예컨대 대상이 쌍을 이룬 두 상자 중 하나에 온전히 들어 있을지, 아니면 두 상자 모두에 들어 있을지를 결정한다. 그 다음에 마지막 무작위 선택(예컨대 대상이 어느 상자에서, 혹은 간섭무늬의 어디에서 발견될지에 대한 선택)은 자연에 의해 이루어진다.

크고 따뜻한 뇌가 어떻게 당사자의 의도의 영향을 받을 수 있을 만 큰 충분히 오랫동안 특정 양자상태를 유지할 수 있을까? 뇌를 이루는 원자들의 무작위한 열운동을 감안하면, 뇌의 양자상태의 지속 시간은 정신의 작용에 필요한 시간보다 훨씬 더 짧을 것으로 예상된다. 이 같은 문제 제기에 대응하기 위해 스탭은 증명된 '양자 제논 효과quantum Zenon effect'를 들이댄다(이 효과는 제논의 역설과 유사하기 때문에 이렇게 명명되었다). 원자 하나, 혹은 임의의 양자 시스템이 높은 에너지 상태에서 낮은 에너지 상태로 붕괴하는 과정은 처음에는 아주 느리다. 만일 붕괴 과정이 시작된 후 거의 곧바로 시스템을 관찰하면, 시스템은 붕괴하지 않은 처음 상태로 발견될 것이 거의 확실하다. 시스템이 그렇게 처음 상태로 발견되고 나면, 붕괴 과정은 다시 처음부터 시작된다. 따라서 만일 시스템을 거의 매순간 관찰한다면, 시스템은 거의 붕괴하지 않을 것이다. 이처럼 관찰로 인해 시스템의 붕괴가 지연되는 현상을 일컬어 양사 제논 효과라고 한다. 스탭은 이 효과를 정신의 뇌 관찰에 적용한다. 정신의 의도가 뇌를 '관찰'함으로써 특정 양자상태에 충분히 오랫동안 붙들어둔다고 스탭은 설명한다.

스탭은 자신의 이론을 뒷받침하는 증거로 다양한 심리학적 발견들을 열거한다. 당연히 그의 이론은 논란거리다.

양자역학에 대한 심리학적 해석

양자이론은 심하게 반직관적임에도 불구하고 완벽하게 유효하다. 자연은 우리의 직관에 맞게 행동할 필요가 없다. 그러므로 측정 문제,

즉 양자 불가사의는 단지 우리에게만 문제인 것이 아닐까? 그럴지도 모른다. 하지만 그렇더라도 왜 우리는 양자역학을 이토록 수용하기 어려워하는 것일까? 왜 관찰된 사실들이 이토록 극심한 인지 부조화를 일으키는 것일까? 우리에게 자유의지가 있다는 느낌과 물리적 세계가 관찰에 대해 독립적으로 실재한다는 믿음을 둘 다 가지고 있는 한, 우리는 갈등할 수밖에 없다. 왜 우리는 그 느낌과 그 믿음을 둘 다 가지고 있을까?

우리가 고전물리학을 통해 근사적으로 잘 기술되는 세계에서 진화했기 때문이라는 대답만으로는 불충분하다. 우리는 겉보기에 태양이 움직이고 지구가 멈춰 있는 세계에서 진화했다. 그럼에도 한때 반직관적이었던 코페르니쿠스의 우주관은 이제 기꺼이 수용된다. 또한 우리는 물체들이 빛보다 훨씬 느리게 운동하는 세계에서 진화했다. 아인슈타인의 상대성이론은 지극히 반직관적일 수 있다. 물리학을 배우는 학생은 날아가는 우주선 안에서 시간이 느리게 흐른다는 사실을 처음엔 받아들이기 어려워하지만 머지않아 그 사실을 받아들일 수 있도록 자신의 직관을 교정한다. 상대성이론에 대한 '해석'은 존재하지 않는다. 깊이 숙고할수록 상대성이론은 덜 이상하게 느껴진다. 반면에 양자역학은 깊이 숙고할수록 더 이상하게 느껴진다.

우리 뇌가 어떻게 조직되어 있기에 양자역학이 이토록 기괴하게 느껴지는 것일까? 이 질문을 던지면서 대부분의 물리학자는 양자 불가사의를 심리적인 문제로 돌릴지도 모른다. 그런 태도를 취하면, 관찰에 의해 창조되는 물리적 실재에 대한 우리의 거리낌은 단지 심리적 장애일 뿐이다. 이를 양자역학에 대한 심리학적 해석이라고 할 수 있을 것이다.

이 해석에 따르면, 양자 불가사의는 물리학의 문제가 아니라 심리학의 문제다. 양자 불가사의는 심리학자가 다뤄야 할 문제일지도 모른다.

양자역학은 신비주의와 한편일까?

고대 종교의 현자들이 현대 물리학의 여러 측면을 직관했다는 주장이 때때로 제기된다. 더 나아가 그 현자들의 신비주의적 가르침이 옳음을 양자역학이 보여준다는 주장도 나온다. 물론 강한 설득력을 지닌 주장들은 아니다.

그런데 뉴턴식 세계관은 일부 사람들이 보기에 그런 신비주의를 전면 부정하는 반면, 보편적 연결성과 실재의 본성에 관여하는 관찰을 이야기하는 양사역학은 그런 전면 부정을 부정한다. 이런 매우 일반적인 의미에서 우리는 현대물리학의 발견들이 고대 현자들의 특정 생각들을 지지한다고 말할 수 있다(보어는 작위를 받을 때 태극 문양으로 장식된 코트를 입었다).

양자역학은 우리의 세계에 대해서 기이한 이야기를 들려준다. 우리는 그 이야기를 완전히 이해하지 못했다. 그 기이한 이야기는 통상 물리학으로 간주되는 범위를 벗어난 귀결들도 함축한다. 그러므로 물리학자들은 비물리학자들이 양자이론의 개념을 가져다 쓰는 것을 너그럽게 받아들일 수도 있을 것이다.

그러나 양자이론의 개념들이 오용되는 것을 볼 때, 예컨대 무슨 의학적 치료법이나 심리학적 치료법(또는 투자 전략)의 기초로 양자이론이 거론되는 것을 볼 때, 우리 물리학자들은 마음이 불편하고 때로는 낭패감까지 느낀다. 오용 여부를 대번에 판정하는 방법이 있다. 자신의 주장이 양자물리학의 주장과 단지 유사한 정도가 아니라 양자물리학에서 도출된다고 말하는 사람은 양자역학을 오용하는 사람이다.

그러나 양자역학은 풍부한 상상을 위한 구름판의 구실을 할 수 있다. 「스타트렉」에 등장하는 순간 이동('스카티, 나를 광선으로 변환해서 발사해줘!')은 상상의 산물이지만 「EPR」 유형 실험에서 나타나는 양자 효과 전달을 약간 변형한 것으로 이해할 수 있다. 「스타트렉」이 허구라는 것을 모르는 사람은 없다. 이런 식으로 허구라는 점이 분명히 알려지기만 한다면, 「스타트렉」과 같은 이야기들은 나무랄 데 없이 훌륭하다. 그러나 안타깝게도 항상 그런 것은 아니다.

유비 추론들

의식이 뇌 바깥의 세계에 직접 영향을 미칠 수 있는지 여부를 떠나서, 양자물리학은 의식에 관해서 설득력 있는 유비 추론을 몇 가지 제시한다. 유비 추론은 비록 증명력이 없지만 생각을 북돋고 이끌 수 있다. 뉴턴 역학과의 유사성에 의지한 추론들은 계몽사상의 씨앗이 되었다. 다음은 닐스 보어가 지적한 매우 일반적인 유사성이다.

끊임없는 연상을 통한 생각의 흐름과 개인의 통일성 보존 사이의 뚜렷한 대비는, 물질 입자의 운동에 대한 (중첩 원리가 지배하는) 파동 기술

description과 물질 입자의 파괴 불가능한 개별성 사이의 대비와 의미심장하게 유사하다.

다른 사람들이 지적한 유사성을 몇 개 더 살펴보자.

이중성: 의식적인 경험의 존재를 물질적인 뇌의 물리적 속성들에서 도출할 수 없다는 주장이 흔히 제기된다. 이 경우에는 질적으로 다른 두 과정이 얽혀 있는 듯하다. 이와 유사하게 양자이론에서는 실제 사건이 파동함수의 진화에 의해서가 아니라 관찰에 의한 파동함수 붕괴에 의해서 일어난다. 역시 질적으로 다른 두 과정이 얽혀 있는 듯하다.

'비물리적' 영향 미침: 만일 물리적인 뇌와 별도로 '정신'이 존재한다면, 정신과 뇌는 어떻게 소통할까? 이 미스터리는, 아인슈타인이 '도깨비 같은 작용'이라 부르고 보어가 '영향 미침'이라고 부른 것에 의해 서로 얽힌 두 개의 양자적 대상을 연상시킨다.

관찰자의 실재 창조: '존재한다는 것은 지각된다는 것'이라는 버클리의 입장은 모든 실재가 관찰에 의해 창조된다는 터무니없는 유아론이다. 그러나 이 입장은 상자 쌍 실험에 쓰이는 대상이나 슈뢰딩거의 고양이에게 일어나는 일을 연상시킨다.

생각을 관찰하기: 당신이 생각의 내용(생각의 위치)에 대해서 생각하면, 불가피하게 생각의 진행 방향(생각의 운동)이 바뀐다. 거꾸로, 당신이 생

각의 진행 방향에 대해서 생각하면, 생각의 내용이 불명확해진다. 이와 유사하게, 불확정성원리에 따르면 당신이 대상의 위치를 관찰하면, 대상의 운동이 교란된다. 거꾸로 당신이 대상의 운동을 관찰하면, 대상의 위치가 불명확해진다.

병렬 처리: 신경의 활동 속도는 컴퓨터보다 수십억 배 느리다. 그럼에도 복잡한 문제를 풀 때는 인간의 뇌가 최고의 컴퓨터를 능가할 수 있다. 뇌는 동시에 여러 경로로 작업을 진행함으로써 그처럼 뛰어난 성능을 성취하는 것으로 추정된다. 컴퓨터 과학자들은 바로 그런 대규모 병렬 처리를 양자컴퓨터로 성취하려 노력한다. 양자컴퓨터의 요소들은 동시에 여러 상태에 놓인다.

의식과 양자역학 사이의 유사성은 한 분야의 진보가 다른 분야의 진보를 북돋우리라고 기대하게 한다. 더 나아가 그 유사성은 의식과 양자역학 사이에 검증 가능한 연관성이 있음을 시사하는지도 모른다.

초자연현상

초자연현상이란 평범한 과학으로 설명할 수 없다고 여겨지는 현상이다. 의식과 관련이 있는 초자연현상의 예로 다음 세 가지를 들 수 있다. 첫째, 초감각적 지각(ESP), 즉 평범한 감각 이외의 다른 수단을 통한 정보 취득. 둘째, 예지, 즉 미래에 일어날 일을 알아내기. 셋째, 염력, 즉 정신적 활동만으로 물리적 효과를 일으키기.

여론조사에 따르면, 미국인(또한 영국인)의 대부분은 이런 현상들이 실재함을 상당한 정도로 믿는다. 우리 저자들은 대규모 일반물리학 강의를 듣는 대학생들에게 '당신은 초감각적 지각이 최소한 조금은 존재할 법하다고 생각합니까?'라는, 긍정적인 답변을 유도하는 질문을 던졌다. 그러자 과반수가 손을 들었다(우리라면 '존재할 법하지 않다'고 대답했을 것이다).

초자연현상을 양자역학의 미스터리들과 연관짓는 사람들이 꽤 많으므로, 이 대목에서 우리의 입장을 밝힐 필요가 있다. 흔히 이루어지는 연관짓기는 오해를 일으킬 소지가 있으며 때로는 사기에 해당한다. 우리가 몸소 체험하고 증언하는데, 그런 연관성 주장은 물리학자들을 곤혹스럽게 만든다. 물리학자들이 양자 불가사의에 관한 논의를 꺼리는 것은 그런 난감한 주장들 때문이기도 하다.

그러나 초자연현상을 보여주겠다고 나서는 유능한 과학자들도 있다. 그들의 주장은 흔히 단박에 일축되지만, 그런 대응은 오만과 편견에서 비롯된 것처럼 보일 수 있으며 분명히 효과도 없다.

진지하게 취급해야 할 초자연현상 보고의 최근 예를 하나 살펴보자. 2011년 1월 『뉴욕타임스』에 '저널에 실린 초감각적 지각 관련 논문이 격노를 일으킬 것으로 예상된다'는 표제의 기사가 실렸다. 그리고 실제로 격노가 일어났다.

가장 저명한 심리학 저널 중 하나의 심사를 통과한 그 논문의 저자는 뛰어난 심리학자이며 코넬대학 교수인 다릴 벰Daryl Bem이다. 그는 초감각적 지각과 예지의 실험적 증거를 풍부하게 제시한다. 그런 초자연현상에 대한 인정은 평범한 과학적 세계관에 대한 부정임을 잘 아는 뱀은 독자들에게 이렇게 말한다. "[논란의 여지가 없는] 양자 현상의 여러 특징들도 물리적 실재에 대한 우리의 일상적인 생각과 양립할 수 없다."

과학자는 열린 마음으로 관찰한다고, 믿기 어려운 것에 대해서도 마음이 열려 있다고 여겨진다. 일부 과학자는 마음이 너무 열려 있는 나머지 초자연현상 실험에서 자기 자신을 속인다. 반면에 마술사는 속이기 전문가여서 쉽게 속지 않는다. 초자연현상의 증거를 발견했다는 과학자의 주장을 마술사가 반박한 유명한 사례들도 있다. 우리 저자들이 보기에 심리학자 뱀은 숙달된 마술사이므로 그가 속았을 가능성은 낮다.

믿기 어려운 일을 믿게 하려면 강력한 증거가 필요하다. 초자연현상의 존재를 입증하는, 회의주의자도 충분히 확신시킬 만큼 강력한 증거는 아직 존재하지 않는다.

그러나 만일 초자연현상이 하나라도 신뢰할 만하게 증명된다면, 그래서 처음에 회의적이었던 과학자들(그리고 마술사들)이 확신하게 된다면, 그 현상에 대한 설명을 어디에서 찾아야 할지 우리는 안다. 다름 아니라 아인슈타인의 '도깨비 같은 작용'에서 찾아야 한다. 조금 더 과감하게 말하자면, 양자현상의 존재는 생각할 수 있는 것들의 범위를 확장하고 따라서 초자연현상의 주관적 개연성(여기에서 '주관적' 개연성이란 베이즈 확률Bayesian probability이라는 뜻이다)을 증가시킨다. 현재 물리학 이론의 틀 안에서 초자연현상의 개연성이 지극히 낮다는 사실은, 아무리 미약한 초자연현상이라도 단 하나만 입증되면 우리의 세계관이 근본적으로 변화할 수밖에 없음을 의미한다.

다음 장에서 우리는 양자 불가사의가 온 우주에 관해서 함축하는 바
를 살펴볼 것이다.

18

의식과 양자적 우주

태초에는 확률만 있었다.
우주는 누군가 우주를 관찰해야만 존재할 수 있었다. 관찰자들이 수십
억 년 뒤에 등장했다는 것은 문제가 되지 않는다. 우주는 우리가 우주
를 알아차리기 때문에 존재한다.
_마틴 리스

케임브리지대학 교수이며 영국왕립천문학자인 마틴 리스Martin Rees
는 틀림없이 위 인용문이 곧이곧대로 수용되기를 바라지 않았을 것이
다. 여기까지 따라온 독자라면 우리가 왜 이런 말을 하는지 짐작하리
라 믿는다. 작은 대상들에 대해서는 관찰자의 실재 창조가 입증되었
다. 그러나 그런 대상들과 온 우주 사이에는 어마어마한 간극이 있다.
그러나 양자이론은 모든 것에 적용된다고 여겨진다.

양자이론은 물리 현상(또한 생물 현상)의 대부분을 포괄한다고 여겨진
다. 오직 양자실험에서 불거지는 미스터리들과 우주론에서 등장하는
미스터리들만이 완전히 새로운 개념들을 요구하는 듯하다. 일류 양자
우주론자들인 위그너, 펜로즈, 린데는 우리가 그 새로운 개념들을 추
구하는 과정에서 의식과 마주치게 될 것이라고 암시한다. 이들의 예감

에 동의하는 우리 저자들은 이 책에 우주를 다루는 장을 삽입하지 않을 수 없다.

아인슈타인의 중력 이론인 '일반상대성이론'은 큰 규모의 우주에 완벽하게 들어맞는 듯하다. 또한 그 이론은 블랙홀을 예측하고 빅뱅을 다루는 데 필요하다. 그러나 블랙홀과 빅뱅을 이해하려면 작은 규모의 대상도 다뤄야 하고, 따라서 양자이론이 필요하다. 일반상대성이론과 양자이론이 둘 다 필요하다는 것은 예사로운 문제가 아니다. 왜냐하면 이 두 이론은 상호 연결을 거부하기 때문이다.

문제는 양자이론이 고정된 무대와 같은 공간과 시간을 전제하고 그 무대 위에서 일어나는 물질의 운동을 기술한다는 점에 있다. 반면에 일반상대성이론에서는 그 무대가 물질의 영향으로 휘어지고 공간이 물질의 운동 방식을 결정한다. 끈이론가들과 기타 물리학자들은 자연에 관한 두 가지 근본적인 기술인 일반상대성이론과 양자이론을 결합하여 양자중력이론을 구성하려고 수십 년 전부터 노력해왔다. 그러나 아직 성과가 없다.

여러 해 전에 내가 끈이론가인 동료에게 양자 불가사의에 대한 나의 관심을 이야기했을 때, 그 동료는 이렇게 말했다. "브루스, 그 연구는 우리에게 아직 벽차." 양자 측정 문제를 해결하려면 아마 아직 이루어지지 않은 양자중력이론의 발전이 필요할 것이라는 점을 그는 지적하고 있었다. 그리고 그는 그 발전이 의식과 전혀 무관할 것이라고 예상했다. 그의 예상이 맞을 수도 있다. 그러나 오늘날의 우주론, 즉 우주 전체에 대한 우리의 설명에서 발생하는 양자 불가사의는 의식과 관련이 있는 듯하다. 또한 갈수록 더 큰 규모에서의 관련 가능성이 제기되고 있다.

블랙홀, 암흑에너지, 빅뱅

블랙홀

별이 열을 내면서 팽창하는 데 필요한 핵연료가 소진되면, 별은 자체 중력에 의해 쪼그라든다. 이때 별의 질량이 특정 한계량보다 크면, 어떤 힘도 별의 지속적인 수축을 멈출 수 없다. 일반상대성이론의 예측에 따르면, 이 경우에 별은 질량이 대단히 크고 크기는 무한히 작은 점으로, 이른바 '특이점'으로 수축한다. 물리학자들은 특이점을 기피한다. 양자이론이라면 특이점 대신에, 아직 이해되지 않은 방식으로 지극히 조밀하지만 크기가 유한한 질량 덩어리를 언급했을 것이다.

이 조밀한 질량 덩어리를 중심으로 일정한 거리(몇 킬로미터일 수도 있다) 이내의 공간에서, 다시 말해 이른바 '사건 지평선' 내부에서는 중력이 워낙 강해서 빛도 그 공간을 탈출할 수 없다. 따라서 이런 식으로 붕괴한 별은 빛을 내지 않는다. 즉, 검다. 사건 지평선 내부로 들어간 것은 무엇이라도 다시 외부로 나올 수 없다. 바로 이것이 블랙홀이다.

스티븐 호킹은 양자역학이 블랙홀 중심의 특이점에서뿐 아니라 사건 지평선에서도 구실을 한다는 것을 보여주었다. 블랙홀 지평선은 양자 효과들로 인해 이른바 '호킹 복사'를 방출한다. 그렇게 끊임없이 에

그림18.1 스티븐 호킹

너지를 방출하므로, 주변에서 질량을 끌어들일 수 없는 블랙홀은 결국 모든 에너지를 잃고 '증발하여' 사라진다.

큰 블랙홀의 증발 시간은 우주의 나이보다 더 길 수도 있다. 그런데 블랙홀 증발은 역설을 일으킨다. 양자이론은 '정보'의 총량이 항상 보존된다고 단언한다('정보' 개념이 '관찰' 개념에 대해 독립적일 수 있을까?). 그런데 만일 호킹 복사가 호킹이 처음에 생각한 대로 무작위한 열복사라면, 블랙홀로 빨려든 대상들이 보유했던 모든 정보는 블랙홀이 증발할 때 사라질 것이다.

지금 우리는 '정보'라는 단어를 억지스러울 정도로 넓은 의미로 사용하고 있다. 우리의 어법에서는, 예를 들어 당신이 일기장을 불 속에 집어넣더라도, 누군가가 불빛과 연기와 재를 분석함으로써 그 일기장에 담긴 정보를 되찾는 것이 원리적으로 가능하다. 블랙홀 증발이 동반하는 정보 소멸이 양자이론을 위반하는 듯하다는 점 때문에 호킹은 블랙홀이 증발할 때 정보가 평행 우주로 흘러갈 가능성을 숙고했다.

최근에 호킹은 블랙홀 복사가 무작위하지 않으며, 연기가 불타는 일기장에 들어있는 정보를 실어 나르는 것과 같은 방식으로, 블랙홀로 빨려든 대상들이 보유했던 정보를 실어 나른다는 결론을 내렸다. 그렇다면 블랙홀의 정보를 수취할 평행우주는 필요하지 않다. 그럼에도 일부 우주론자는 양자이론에서 도출한 다른 근거들에 입각하여 우리 우주가 유일한 우주가 아닐 가능성이 높다고 주장한다. 심지어 우리 우주가 유일하지 않음을 입증하는 관찰 증거까지(비록 약한 증거이긴 하지만) 거론된다.

블랙홀은 2009년에 대중 언론의 주목을 받았다. 스위스 제네바 근처에 건설된 55억 달러짜리 대형 강입자충돌기(LHC)의 가동을 멈춰달라는 청원이 유엔에 접수된 탓이었다. 청원을 낸 집단은 사상 최대 에너지(14TeV)를 지닌 양성자들을 충돌시키는 그 기계가 블랙홀을 만들어내고, 그 블랙홀이 지구를 삼켜버릴 것이라고 걱정했다. 실제로 소형 블랙홀이 만들어질 가능성이 이론적으로 주장된 바 있었지만, 그런 소형 블랙홀은 피해를 일으키지 않고 신속하게 증발해버릴 것으로 추정되었다. 그럼에도 소형 블랙홀 문제를 연구하고 대응책을 마련하기 위한 위원회가 물리학자들로 구성되었다. 그 위원회는 우리 지구가 오래전부터, LHC로 도달할 수 있는 에너지와 대등하거나 그보다 훨씬 더 큰 에너지를 지닌 우주선의 폭격을 받아왔지만 이렇게 멀쩡하다는 점을 지적하면서 LHC 가동이 위험하지 않음을 설득력 있게 논증했다. LHC는 현재 가동 중이다. 블랙홀은 아직까지 만들어지지 않았다.

암흑에너지

현대 우주론의 기초는 아인슈타인의 일반상대성이론이다. 이 이론은 더 먼저 나온 특수상대성이론보다 범위를 넓혀서 가속도운동과 중력까지 아우른다는 의미에서 '일반적이다.' 일반상대성이론에 따르면 중력과 가속도운동은 등가이다. 예컨대 당신이 탄 엘리베이터의 케이블이 끊어지면, 당신은 아래쪽으로 가속도운동을 하면서 중력을 느낄 수 없게 될 것이다.

일반상대성이론은 수학적으로는 복잡하지만 개념적으로는 아름답고 간단명료하다. 그러나 아인슈타인이 1916년에 처음 제시한 형태 그대로는 심각한 문제가 있는 듯했다. 그 형태의 이론은 우주가 안정적이지 않다고 진술했다. 은하들이 중력으로 서로를 끌어당기기 때문에 우주가 수축할 것이라고 예측했다. 아인슈타인은 이 문제를 해결하기 위해 자신의 이론에 '우주상수'를 추가로 도입했다. 우주상수는 중력에 반하는 척력을 의미했다.

1929년에 에드윈 허블은 우주가 안정적이지 않다고 선언했다. 우주는 실제로 팽창하고 있었다. 우리에게서 멀리 떨어진 은하일수록 더 빠르게 멀어지고 있었다. 그렇다면 과거 언젠가는 모든 것이 한 곳에 뭉쳐 있었다고 추론할 수 있었다. 그리하여 우주가 '빅뱅'이라는 큰 폭발로 탄생했으며, 지금도 그 폭발의 영향으로 은하들이 서로 멀어지고 있다는 생각이 등장했다. 이 생각을 채택하면 왜 은하들이 서로에게 끌려 충돌하지 않는지를 설명할 수 있었다. 척력이나 우주상수는 필요하지 않았다. 빅뱅을 폭발에 빗대는 것은 그리 정확한 비유가 아니다. 일반상대성이론에 따르면, 고정된 공간 안에서 은하들이 서로 멀어지는 것이 아니라, 공간 자체가 팽창한다. 풍선 표면에 띄엄띄엄 점들을 찍고 풍선을 불면, 그 점들은 서로 멀어지는데, 서로 멀리 떨어진 점들일수록 더 빠르게 멀어진다. 이런 풍선의 팽창이 빅뱅의 비유로 적합하다.

우주가 실제로 불안정함을 깨달은 아인슈타인은 우주상수를 '내 생애 최대의 실수'라면서 폐기했다. 그 자신이 원래 제시했던 더 아름다운 이론을 믿기만 했더라면 아인슈타인은 우주 팽창이 관찰로 발견되기 십년 전에 그것을(또는 우주 수축을) 예측할 수 있었을 것이다.

은하들은 중력으로 서로를 끌어당기므로, 우주 팽창은 점차 느려져야 한다. 마치 던져 올린 돌멩이의 속력이 중력 때문에 점차 느려지는 것처럼 말이다. 던져 올린 돌멩이는 특정 높이까지 올라간 다음에 다시 아래로 떨어진다. 이와 유사하게 은하들 사이 간격도 점차 느리게 증가하다가 최대값에 도달하고 결국 다시 줄어들 것이라고, 즉 우주가 '대수축Big Crunch'을 맞게 될 것이라고 예상할 수도 있을 것이다.

충분히 빠르게 던져 올린 돌멩이는 영원히 멀어질 것이다. 그러나 그런 돌멩이도 지구의 중력에 끌려서 속도가 계속 느려질 것이다. 같은 논리로, 만일 빅뱅이 충분히 강력했다면, 우주는 비록 팽창 속도는 점점 느려지더라도 영원히 팽창할 것이다. 던져 올린 돌멩이의 속도가 줄어드는 정도를 알면, 그것이 다시 떨어질지 아니면 영원히 멀어질지 알 수 있다. 마찬가지로 우주 팽창이 느려지는 정도를 알면, 우주가 대수축을 맞을지 여부를 알 수 있다.

수십 년 전에 밝혀졌듯이, 은하들은 우주 질량의 전부는커녕 가장 큰 몫도 차지하지 못한다. 은하 내부 별들의 운동을 비롯한 여러 증거들은 별과 행성과 우리 인간의 재료가 되는 물질 외에 다른 종류의 물질이 우주에 있음을 알려준다. 그 물질은 중력을 발휘하지만 빛을 방출하거나 흡수하거나 반사하지 않는다. 따라서 우리는 그 물질을 볼 수 없다. 그것은 '암흑물질'이다. 암흑물질의 정체를 아는 사람은 없지만, 암흑물질의 후보자들을 찾기 위한 탐지기들이 건설되었다. 우주 팽창의 감속 정도와 우주의 최종 운명은 평범한 물질과 암흑물질의 총합에 의해 결정될 것으로 예상된다.

(최근에 PBS 방송의 대중과학 프로그램 「노바Nova」에 출연한 어느 천문학자는 인류에게 가장 근본적인 질문은 이것이라고 생각한다고 말했다. "우리 우주의 최종 운명은 무엇일까?" 이것은 어쩌면 정말로 긴급한 질문일 것이다. 그러나 연상되는 이야기가 하나 있다. 어느 천문학자가 대중 강연에서 이렇게 말했다. "그러므로 약 50억 년 후에는 태양이 적색거성으로 팽창하여 지구를 포함한 내행성들을 태워버릴 것입니다." 뒷줄에 앉은 한 남자가 "아, 안돼!"라고 비통하게 외쳤다. "아니 그렇게 걱정하지 않으셔도 됩니다. 앞으로 50억 년이 지나서야 일어날 일이니까요." 천문학자가 그 남자를 안심시켰다. 그러자 남자는 이렇게 대꾸했다. "아, 그렇군요. 천만다행이네요. 저는 500만 년 후라고 하신 줄 알았어요.")

지난 10년 동안 천문학자들은 머나먼 곳에서 폭발하는 특별한 별들(초신성들)이 얼마나 빠르게 멀어지는지 측정함으로써 우주의 운명을 알아내려 애썼다. 그 특별한 별들은 본래의 밝기가 정해져 있다. 따라서 그것들의 겉보기 밝기를 측정하면, 그것들까지의 거리를 알아낼 수 있다. 별까지의 거리가 멀면 멀수록, 우리가 지금 보는 별빛은 더 일찍 별에서 출발했어야 한다. 이 모든 것을 감안하여 천문학자들은 과거 여러 시기에 우주가 얼마나 빠르게 팽창했는지 알아내고 따라서 우주 팽창이 얼마나 감속하고 있는지 알아낼 수 있었다.

결과는 놀라웠다. 우주 팽창은 감속하고 있지 않다. 오히려 가속하고 있다. 이는 은하들 사이의 중력을 능가하는 척력이 공간에 존재한다는 것을 의미한다. 따라서 미지의 에너지도 존재한다는 결론이 불가피하다.

질량과 에너지는 등가($E = mc^2$)이므로, 이 미지의 척력 에너지는 질량을 가진다. 실제로 우주의 대부분은 이 미지의 '암흑에너지'로 이루어졌다. 우주의 약 70퍼센트는 암흑에너지이고 25퍼센트는 암흑물질인 것으로 보인다. 별과 행성과 우리의 재료가 되는 물질은 고작 우주의 5퍼센트를 차지하는 듯하다.

암흑에너지의 정체를 아는 사람은 없지만, 형식적인 면에서 암흑에너지는 아인슈타인의 '최대 실수'인 우주상수가 일반상대성이론 방정식에 재등장하게 만든다. 이론적인 추측이 기묘한 과정을 거쳐 결국 옳은 것으로 밝혀진 셈이다.

혹시 미지의 암흑에너지는 이 장 서두의 인용문에서 마틴 리스가 암시하는 우주와 의식 사이의 연관성과 무언가 관계가 있을까? 그럴 가능성은 희박하다. 그러나 암흑에너지가 발견되기도 전에 양자 이론가 프리먼 다이슨Freeman Dyson이 쓴 글을 인용하겠다.

우주에 있는 에너지의 기원과 운명을 생명 및 의식 현상으로부터 격리

해서는 완전히 이해할 수 없음이 밝혀지더라도, 그것은 놀라운 일이 아닐 것이다. …… 생명이 우리가 상상해온 것보다 더 큰 역할을 할 수도 있다. 생명이 온갖 난관을 극복하고 우주를 자신의 목적에 맞게 만들어왔을 수도 있다. 생명 없는 우주의 설계는 잠재적인 생명 및 지능과 무관하다는 20세기 과학자 대부분의 생각은 틀린 것일 수도 있다.

빅뱅

천문학자들은 은하가 우리에게서 멀어지는 속도를 은하가 내는 빛의 '빨강치우침'을 통해 알아낸다. 멀어지는 광원에서 나오는 빛의 진동수가 낮아지는 현상인 빨강치우침은, 멀어지는 구급차의 사이렌 소리가 낮은 음으로 들리는 '도플러효과'와 유사하다.

천문학자들은 절대광도가 알려져 있고 따라서 거리가 알려져 있는 천체들의 빨강치우침을 연구함으로써 천체의 빨강치우침과 거리 사이의 관계를 알아냈다. 그들은 우리가 볼 수 있는 가장 먼 은하들이 거의 광속으로 멀어지고 있음을 발견했다. 지금 우리가 포착하는 그 은하들의 빛은 약 130억 년 전에 방출된 것이다. 그 빛이 방출되었을 때 그 은하들의 나이는 아마 10억 년 정도였을 것이다. 이는 빅뱅이 약 140억 년 전에 일어났음을 시사한다. 늦어도 우주의 나이가 40만 년이 되었을 때, 우주는 충분히 식어서 전자들과 양성자들이 결합하여 중성 원자들을 이룰 수 있게 되었다. 그리하여 우주는 처음으로 투명해졌고, 빅뱅으로 창조된 복사가 장애 없이 퍼져나갈 수 있게 되었다. 그렇게 물질과 복사가 각각 독립하게 되었다. 이 시기의 복사는 주로 자외선과 가시광선 영역에 속했다. 그러나 그 후 우주는 1000배 넘게 팽창했다. 그리하여 그 최초의 빛은 지금 파장이 1,000배 넘게 길어져서 모든 방향에서 우리에게 다가오는 절대온도 3도의 '우주배경복사'가 되었다. 1965년에 AT&T사 벨 연구소의 물리학자들이 통신 위성을 연구하다가 우연히 발견한 이 마이크로파 배경복사는 빅뱅을 입증하는 가장 강력한 증거다. 우주배경복사의 세부 사항은 이론적으로 계산한 빅뱅의 속성들과 놀랄 만큼 정확하게 일치한다.

그림18.2 마이크로파 우주배경 복사 사진

'급팽창' 이론은 큰 규모에서 우주가 나타내는 (은하들의 분포와 우주배경복사에서 확인되는) 놀라운 균일성을 설명하기 위해 빅뱅 직후에 관심을 기울인다. 이 이론에 따르면, 우주는 빅뱅 직후의 아주 짧은 기간에 극격하게 팽창했다. 즉, '급팽창했다.' 우주의 부분들은 광속보다 훨씬 더 빠르게 서로 멀어졌다. 하지만 광속이 한계속도라는 특수상대성이론의 규정이 위반된 것은 아니다. 급팽창 시기에 우주 안의 물체들이 광속보다 빠르게 움직인 것은 아니기 때문이다. 우주 자체가 급팽창했고, 그로 인해 물체들이 서로 멀어졌던 것이다. 우리가 지금 관찰하는 우주 전체는 급팽창 전에 원자보다 훨씬 더 작았다가 거의 순간적으로 자몽만큼 커졌을 것으로 추정된다.

여담 삼아 한마디 하자면, 우리는 지금 의식을 지닌 관찰자로부터 가장 멀리 떨어진 시대를 거론하고 있다. 그러므로 이런 물리학을 연구하는 전문가들은 의식을 다룰 일이 거의 없으리라 생각할 수도 있을 것이다. 그러나 반드시 그렇지는 않다. 이 분야에서 가장 중요한 책으로 손꼽히는 『입자물리학과 급팽창 우주론*Particle Physics and Inflationary Cosmology*』(읽기 쉬운 책은 아니다)에서 스탠퍼드대학 물리학교수 안드레이 린데 Andrei Linde는 이렇게 말한다.

> 과학이 더 발전하면, 우주에 대한 연구와 의식에 대한 연구가 뗄 수 없게 연결되고 한 분야의 진보 없이는 다른 분야의 진보가 불가능해지지 않을까? …… 중요한 다음 단계는 의식의 세계를 포함한 세계 전체에 접근하는 통합적인 방법을 개발하는 것이 아닐까?

최근의 인터뷰 동영상(http://www.closertotruth.com/video-profile/Why-Explore-Consciousness-and-Cosmos-Andrei-Linde-/874)에서 린데가 밝힌 바에 따르면, 그의 책을 담당한 편집자는 의식에 관한 언급을 빼자고 제안

했다. 그 언급 때문에 그가 '친구들의 존중을 잃을지도 모른다'는 것이 이유였다. 린데는 편집자에게, 만일 그 언급을 빼면, '내가 자아존중을 잃게 될 것'이라고 말했다.

터무니없이 짧은 급팽창 기간 이후에 대해서는 어느 정도 상세한 설명이 가능한 듯하다. 우주의 나이가 1초 이하였을 때, 쿼크들이 결합하여 양성자와 중성자를 형성했다. 몇 분 뒤에 양성자들과 중성자들이 결합하여 가장 가벼운 원자들의 원자핵을 형성했다. 즉, 수소 원자핵, 중수소 원자핵(양성자 하나와 중성자 하나로 이루어짐), 헬륨 원자핵, 그리고 약간의 리튬 원자핵이 형성되었다. 가장 오래된 별과 기체 구름에 들어 있는 수소와 헬륨의 비율은 이 창조 과정을 토대로 예측할 수 있는 값과 일치한다.

그러나 우리에게 '익숙한' 쿼크들과 전자들이 존재하기 이전의 짧은 시간 동안에, 빅뱅은 우리가 살 수 있는 우주를 산출하기 위해 정밀한 조정을 거쳐야 했다. 그것은 정말 정밀한 조정이었다. 다양한 이론이 있지만 한 이론에 따르면, 우주의 초기조건이 무작위하게 선택되었다면, 우주가 생명을 허용할 확률은 10^{120}분의 1에 불과할 것이다. 우주론자이며 의식 이론가인 로저 펜로즈는 그 확률이 훨씬 더 작은 10^{123}분의 1이라고 주장한다(10^{123}처럼 큰 수는 그 의미를 가늠하기 어렵다). 어느 이론의 추정에 따르든, 우리 우주처럼 생명이 거주할 수 있는 우주가 창조될 확률은 우주에 있는 모든 원자들 가운데 한 원자를 무작위로 선택했을 때 마침 원하는 원자가 선택될 확률보다 훨씬 더 작다.

이처럼 확률이 낮은 사건의 발생을 우연으로 돌릴 수 있을까? 아직 알려지지 않은 어떤 물리학 원리들 때문에 우주가 생명을 허용하는 초기조건에서 출발했을 가능성이 더 높다는 생각이 들 만하다. 그런 원리들을 포함한 새로운 물리학은 아마 양자중력이론을 포함할 것이며, 더 나아가 물리학자들이 오랫동안 추구해온, 자연의 네 가지 근본 힘들을 통일하는 '만물의 이론'일지도 모른다. 만물의 이론은 적어도 원리적으로는 모든 물리 현상을 설명할 수 있을 것이다.

우리는 만물의 이론이 어떤 모습일지 안다. 그 이론은 방정식들의 집합일 것이다. 실제로 연구자들은 방정식들의 집합을 추구한다. 그런데 방정식들의 집합이 양자 불가사의를 해결할 수 있을까? 물리학과 의식의 만남은 이론 중립적인 양자 실험에서 직접 확인된다는 사실을 상기하라. 양자 불가사의는 논리적으로 양자이론보다 먼저 자유의지를 비롯한 전제들에서 발생한다. 그러므로 우리의 의식적인 선택 과정을 배제하면서 양자이론에 대한 해석으로, 또는 양자이론을 귀결로 가지는 더 일반적인 수학적 이론으로 양자 불가사의를 해결할 수는 없다.

우리가 관찰하는 것을 만물의 이론이 설명해줄지 여부와 관련하여 스티븐 호킹은 아마도 우리와 비슷한 관점에서 이런 질문을 던진다.

설령 가능한 통일이론이 단 하나라 하더라도, 그것은 규칙들과 방정식들의 집합에 불과하다. 방정식들에 불을 불어넣고 그 방정식들이 기술할 우주를 만드는 것은 무엇일까? 수학적 모형을 만드는 통상적인 과학의 접근법은 왜 그 모형이 기술하는 우주가 있어야 하는가라는 질문에 대답할 수 없다. 왜 우주는 굳이 존재하는 것일까?

어떤 이들의 주장에 따르면, 언젠가 등장할 만물의 이론은 우리가 보는 모든 것을 비록 '설명하지는' 못해도 예측할 것이다. 그러므로 우리는 만물의 이론을 최종 목표로 추구하고 그것을 발견하면 만족해야 한다. 이것은 우리 저자들이 거의 언제나 채택하는 태도이기도 하다. 그러나 항상 채택하는 것은 아니다.

이 태도를 비판하는 사람들은 인간원리를 언급한다. 우리는 비교적 받아들이기 쉬운 형태의 인간원리부터 이야기하려 한다. 이어서 더 무모한 생각에 대한 경고로 책을 마무리할 것이다.

인간원리

빅뱅으로 창조된 것은 아주 가벼운 원자핵들뿐이다. 무거운 원소들, 즉 탄소, 산소, 철 등은 빅뱅 후 한참이 지나 형성된 별들의 내부에서 창조되었다. 수소와 헬륨보다 무거운 이 원소들은 무거운 별이 핵연료를 소진하여 격하게 붕괴하고 이어서 초신성으로 폭발할 때 우주 공간으로 방출된다. 이 찌꺼기는 우리 태양계를 포함한 다음 세대 별들과 행성들의 재료가 된다. 우리는 별 찌꺼기인 셈이다.

방금 언급한 빅뱅의 지극히 정밀한 조정 외에 또 하나의 행운이 별 내부에서의 창조에 관여하는 것으로 보인다. 과거 계산들은 별 내부에서의 원소 형성 과정이 탄소 원자핵(양성자 6개, 중성자 6개로 이루어짐)에도 도달할 수 없다는 결과를 내놓았다. 우주론자 프레드 호일Fred Hoyle은 실제로 우주에 탄소가 존재하므로, 탄소가 만들어질 길이 있어야 한다고 추론했다. 그는 당시까지 예측되지 않았던 탄소 원자핵의 특정 양자상태가 별 내부에서의 원소 형성이 탄소, 질소, 산소를 지나 그 너머까지 진행되는 것을 허용할 수 있음을 깨달았다. 호일은 전혀 예측되지 않았던 그 양자상태를 탐색할 것을 제안했다. 그리고 그 양자상태가 발견되었다.

다른 행운들도 있다. 만일 전자기력과 중력의 세기가 실제와 조금이라도 다르다면, 또는 약한 핵력이 약간 더 강하거나 약하다면, 우주는 생명이 살 수 있는 곳이 아닐 것이다. 그런데 이 힘들의 세기가 꼭 지금과 같아야 한다고 규정하는 물리학 법칙은 알려져 있지 않다.

다른 행운들도 지적되었다. 그럴 확률이 매우 낮은데도 일이 잘 풀렸다면, 왜 그랬는지 설명해야 할까? 반드시 그런 것은 아니다. 만일 일이 잘 풀리지 않았다면, 우리가 지금 여기에 존재하면서 이런 질문을 던질 수조차 없을 것이다. 따라서 우리가 존재한다는 것은 일이 잘 풀린 것에 대한 설명으로 충분하다. 하지만 이것이 과연 충분한 설명일까? 이런 식으로 우리와 우리 세계가 존재한다는 사실을 기초로 삼아 거꾸로 거슬러 오르는 추론을 일컬어 '인간원리'라고 한다.

인간원리는 우리 우주가 생명에 우호적인 것이 우연임을 함축할 수 있다. 다른 한편, 어떤 이들은 수많은 우주들, 심지어 무한히 많은 우주들이 제각각 무작위하게 정해진 초기조건을 갖추고, 또한 심지어 고유한 물리학 법칙들을 갖추고 생겨났다는 이론을 내놓는다. 어떤 이론들은 끊임없이 새 우주들을 낳는 거대한 '다중우주'를 이야기한다. 이런 수많은 우주들의 대다수는 생명에 우호적이지 않은 물리학을 지닐 가능성이 높다. 우리가 생명이 거주할 수 있는 드문 우주에 존재한다는 것은 정말 있을 법하지 않은 일이다. 그렇다면 이 일을 설명할 필요가 있을까?

비유를 들겠다. 당신이 얼마나 있을 법하지 않은 존재인지 생각해보자. 당신이 잉태될 확률을 생각해보라. 당신의 형제는 수백만 명일 수도 있었다. 그러나 그 수많은 가능성들 중에서 유독 당신이 잉태되었다. 몇 세대 거슬러 올라가면서 똑같은 생각을 해보라. 유독 당신의 부모, 당신의 조부모가 잉태될 확률까지 따지면, 당신은 잉태될 확률이 0에 가까운 존재다. 그런 당신의 존재는 설명을 필요로 할까?

이런 비유들에 아랑곳없이 어떤 이들은 과학이 인간원리를 멀리해야 한다고 역설한다. 인간원리는 아무것도 설명하지 못한다고 그들은 말한다. 따라서 '과학의 개념 상자에 들어 있는 불필요한 잡동사니'인 인간원리를 배척해야 한다고 말이다. 인간원리가 과학자들의 의욕을 꺾어 더 심층적인 탐구를 방해하는 악영향을 미칠 수 있다는 것은 일리가 있는 지적이다. 그러나 인간원리도 더러는 생산적일 수 있다. 호일이 탄소 원자핵의 특정 양자상태를 예측한 것을 생각해보라.

지금까지 설명한 인간원리를 일컬어 '약한 인간원리'라고 하는데, 이것에 반발하는 사람들은 '강한 인간원리'에는 더욱더 반발할 것이다. 강한 인간원리에 따르면, 우주는 우리를 위해 맞춤 제작되었다. '맞춤 제작'은 제작자, 아마도 신을 함축한다. 그러나 가끔 제기되는 주장과 달리 강한 인간원리가 지적 설계론을 위한 논증이 되기는 어렵다. '방정식들에 불을 불어넣는' 자라면 아마도 충분히 전능해서 진화의 매 단계에 개입할 필요 없이 태초에 제작을 완수할 것이다.

이 장의 서두에 나오는 인용문은 또 다른 형태의 강한 인간원리를 함축한다. 즉, 우리가 우주를 창조했음을 함축한다. 양자이론에 따르면 미시적 대상의 속성은 관찰에 의해 창조된다. 그리고 우리는 양자이론이 보편적으로 적용됨을 일반적으로 받아들인다. 그렇다면 더 광범위한 실재도 우리의 관찰에 의해 창조되지 않을까? 이 형태의 강한 인간원리를 끝까지 밀어붙이면, 우리는 우리가 존재할 수 없는 우주를 창조할 수 없기 때문에, 우리 우주는 우리의 거주를 허용한다는 결론에 도달한다. 약한 인간원리는 시간을 거슬러 오르는 추론을 포함하는 반면, 이 형태의 강한 인간원리는 시간을 거슬러 오르는 작용을 포함한다.

양자 우주론자 존 휠러John Wheeler는 일찍이 1970년대에 빅뱅의 증거를 바라보는 눈을 그린 그림과 함께 이런 질문을 제시했다. '지금' 되돌아보기가 '그때' 일어난 일에 실재성을 부여할까?' 그의 도발적인 그림은 지금도 충격적이다. 최근에 나(프레드 커트너)는 휠러의 90세 생일을 기념한 학회에 참석했다. 그 학회의 기조 강연자 한 명은 강연의 첫머리에 휠러의 그림을 언급했다.

휠러의 그림에 담긴, 인간원리와 맥을 같이하는 의미들은 휠러 자신에게도 버거웠던 것이 분명하다. '되돌아보기' 질문에 이어 그는 곧바로 다음과 같이 덧붙였다. "눈 대신에 운모 조각이 있어도 상관없다. 그것이 지적인 존재의 일부일 필요는 없다." 당연한 말이지만, 빅뱅에 실재성을 부여한다는 그 운모 조각은 아마도 빅뱅 이후에 창조되었을 것이다(물리학자에게는 의식적인 관찰이 빅뱅을 창조하는 것보다 운모 조각이 빅뱅을 창조하는 것이 덜 불온할 수 있다).

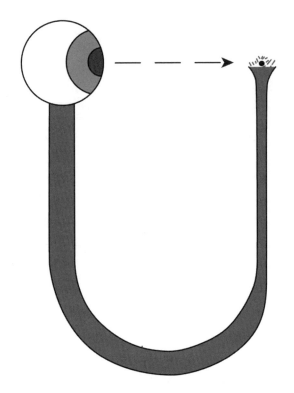

그림18.3 '지금' 되돌아보기가 '그때' 일어난 일에 실재성을 부여할까?

　강한 인간원리는 아마도 누가 보든지 너무 과도해서 받아들일 수 없고 심지어 이해할 수도 없을 것이다. 우리의 관찰이 우리를 포함한 만물을 창조한다면, 우리는 논리적으로 자기-지시적self-referential이고 따라서 도저히 이해할 수 없는 생각을 하고 있는 셈이다. 우리는 이런 질문을 던질 수도 있을 것이다. 우리는 우리가 존재할 수 있는 우주만 창조할 수 있다고 치자. 하지만 그렇다 하더라도 우리가 실제로 창조한 우주는 우리가 창조할 수 있었던 유일한 우주일까? 우리가 다른 관찰이나 전제를 선택했다면, 우주가 달라졌을까? 어떤 이들은 기존 관찰과 상충하지 않는 이론을 전제하기만 해도 새로운 실재가 창조된다는 과감한 생각을 내놓았다.

예컨대 헨드릭 카시미르Hendrick Casimir는, 양전자가 존재한다는, 옳을 가능성이 낮아 보이는 예측이 나온 후에 실제로 양전자가 발견된 것에 착안하여 이렇게 말했다. "이론이 거의 접근 불가능한 실재에 대한 기술인 것이 아니라 이른바 실재가 이론의 산물이라는 것이 때로는 거의 맞는 듯하다." 카시미르는, 공간에 있는 양자역학적 진공에너지 때문에 거시적인 두 물체가 서로를 끌어당길 것이라는 그 자신의 예측이 나중에 입증된 것에도 착안했을 수 있다.

그저 재미 삼아 한번 생각해보자. 만일 카시미르의 말이 옳다면, 아인슈타인이 처음에 우주상수를 도입했기 때문에 이 우주가 가속 팽창하는 것인지도 모른다(이런 식의 추측은 반증될 수 없다. 따라서 과학적 추측이 아니다). 이런 생각을 곧이곧대로 받아들이는 것은 확실히 어리석은 짓이지만, 양자 불가사의는 터무니없는 추측을 부추길 수 있다.

존 벨은 실재를 보는 새로운 방식이 우리를 깜짝 놀라게 할 가능성이 높다고 말한다. 진정으로 놀라운 것이 처음에 터무니없다고 여겨져 배제되지 않는 경우는 상상하기 어렵다. 과감한 추측은 나쁘지 않을 수 있다. 하지만 겸허함과 조심성도 나쁘지 않다. 추측은 검증 가능한 예측과 그것의 입증으로 이어지지 않는다면 그저 추측일 뿐이다.

책을 마무리하며

우리는 양자실험에서 드러나는 엄연한 사실들에서 유래하는 양자 불가사의를 제시했다. 우리는 양자 불가사의를 해결했다고 자처하지 않는다. 그 불가사의가 일으키는 질문들은 우리가 진지하게 내놓을 만한 어떤 해결책보다 더 심오하다.

양자이론은 완벽하게 유효하다. 양자이론의 예측 가운데 오류로 밝혀진 것은 지금까지 하나도 없다. 양자이론은 모든 물리학, 따라서 모든 과학의 기초다. 우리 경제의 3분의 1이 양자이론으로 개발한 생산물에 의존한다. 모든 실용적인 맥락에서 우리는 양자이론에 완전히 만족할 수 있다. 그러나 실용적인 맥락을 넘어서서 양자이론을 진지하게 숙고하면, 우리는 그 이론의 당혹스러운 의미들과 마주치게 된다.

양자이론은 물리학이 의식과 만난다고 말해준다. 작은 대상들에 대해서 입증된 그 만남은 원리적으로 만물에 적용된다. 그리고 이 '만물'은 온 우주일 수도 있다. 코페르니쿠스는 인류를 우주의 중심에서 몰아냈다. 이제 양자이론은 우리가 어떤 신비로운 의미에서 우주의 중심이라고 말해주는 것일까?

물리학과 의식의 만남은 80여 년 전 양자이론이 태동할 때부터 물리학자들을 괴롭혀왔다. 대부분의 물리학자는 관찰에 의한 실재 창조를 미시 영역을 벗어나면 거의 무의미한 문제로 여기면서 무시한다. 그러나 자연이 우리에게 무언가 말해주고 있고 우리는 귀를 기울여야 한다고 주장하는 물리학자들도 있다. 우리 저자들은 다음과 같은 슈뢰딩거의 말에 공감한다.

현명한 합리주의자들의 비웃음이 두려워서 이 난관을 벗어날 길을 찾으려는 욕구를 억누르는 것은 옳지 않다.

전문가들의 의견이 엇갈리면, 당신은 나름대로 당신의 전문가를 선택할 수 있다. 양자 불가사의는 가장 간단한 양자실험에서 발생하므로, 그 불가사의의 핵심은 전문적인 배경 지식이 없어도 완전하게 이해할 수 있다. 그러므로 비전문가들도 나름의 결론에 도달할 수 있다. 우리는 독자들의 결론이 우리의 결론과 마찬가지로 잠정적이기를 바란다.

호레이쇼, 하늘과 땅에는 자네의 철학이 꿈꾸는 것보다 더 많은 것이 있네.
_셰익스피어, 『햄릿』

옮긴이의 말

  이 책의 제목을 처음 보았을 때 매우 당혹스러웠다. 난해한 양자이
론을 다루는 책이니 이 정도 표현은 받아들일 수 있다고 느꼈지만, 문
제는 「물리학과 의식의 만남」이라는 부제였다.
  물리학의 본분은 객관적 세계를 서술하는 것이다. 따라서 물리학은
모든 주관적 요소를 배제해야 한다. 예컨대 주관성이 가미된 빨강이라
는 속성을 철저히 객관적인 파장 측정값으로 환원해야 한다. 심지어
인간의 심리 활동을 다룰 때도 마찬가지다. 물리학에 기초한 뇌과학은
분노라는 주관적 감정을 특정 뇌 부위의 객관적 활동 양상으로 환원한
다. 다른 한편, 의식이란 한마디로 주관성의 전제다. 의식 있는 존재만
이 주관성이 가미된 세계를 대면할 수 있다. 따라서 주관성 배제는 의
식 배제를 뜻한다. 그러므로 본분에 충실한 물리학이 의식과 만난다는
것은 어불성설에 가깝다.

  그러나 이 책을 읽는 동안 이러한 의혹과 우려는 차츰 공감과 납득
으로 바뀌었다. 왜냐하면 양자역학이 우리에게 안겨준 근본적인 질문
들이 '어불성설'과 '불가사의'를 운운하기에 충분할 만큼 충격적이라
는 엄연한 사실을 새삼 확인하게 되었기 때문이다. 전형적인 양자역학
실험의 결과는 자유로운 관찰자의 선택이 실재를 창조한다는 해석을
거의 불가피하게 만든다. 이 충격적인 사실 앞에서 물리학의 본분과
우리의 상식적 세계관은 위태로워진다.

요컨대 이 책에서 말하는 물리학과 의식의 만남은 물리 세계 안에서 의식이 하나의 대상으로서 발견된다는 뜻이 아니다. 오히려 물리 세계 전체가 의식에 의존한다는 뜻에 가깝다. 이렇게 한마디로 설명하고 보니, 이 책의 요지는 결국 유서 깊은 관념론이라는 손쉬운 평가를 유도한 것처럼 보여 서둘러 덧붙이겠다. 중요한 것은 저자들이 양자역학 실험의 결과를 출발점으로 삼아서 치밀하게 전개하는 논증이다. 그리고 섣불리 매듭짓기를 경계하는 열린 마음과 균형 감각이다.

　양자역학의 충격 앞에서 어느 쪽으로도 치우치지 않고 균형 있게 대응하기는 어렵다. 저자들도 여러 번 지적하듯이, 현장의 물리학자들은 거의 다 그 충격을 최소화하고 은폐하는 쪽으로 치우친다. 이른바 코펜하겐 해석에 기대어, 그저 부지런히 계산만 하기로 마음먹는 것이다. 그들은 물리학자의 본분에 충실한 것일까? 누구보다도 성실했던 물리학자 아인슈타인은 객관적 실재와 양자역학의 상충을 평생 문제시했다는 사실을 기억해야 할 것이다. 다른 한편, 양자역학의 충격을 부풀리다 못해 사이비과학을 현란하게 펼쳐놓으며 호들갑을 떠는 이들도 있다. 그 호들갑 속에서 양자와 도(道)가 만나고, 에너지와 마음이 만나고, 온갖 것이 뒤엉켜 춤을 춘다. 그 요란한 춤은 과학자들에겐 실소를 불러일으키지만 보통 사람들을 현혹하기도 한다. 이 책의 저자들은 양자역학을 들먹이는 논의의 품질을 판별하는 방법을 알려준다. "자신의 주장이 양자물리학의 주장과 단지 유사한 정도가 아니라 양자물리학에서 도출된다고 말하는 사람은 양자역학을 오용하는 사람이다"(본문 중).

저자들의 말처럼 "양자역학의 수수께끼들을 다루는 것은 미끄러져 넘어지기 쉬운 길을 걷는 것과 같다"(본문 중). 사이비과학을 경계해야 하지만, 다른 한편으로 고전물리학의 토대를 흔드는 양자의 불가사의를 마냥 외면할 수도 없다. "우리 물리학자들이 감추고 싶은 비밀을 감추고만 있는 것은 사이비과학자들의 활갯짓을 용인하는 것이다"(본문 중). 그러므로 양자역학이 가한 충격을 드러내놓고 이야기하되, 과학과 상식을 무시하지 않는 균형 잡힌 마음가짐이 요구된다. 저자들은 그런 마음가짐으로 기꺼이 끝을 열어두면서 이렇게 말한다. "우리는 독자들의 결론이 우리의 결론과 마찬가지로 잠정적이기를 바란다."

물리학자들이 쓴 책이지만 철학적 논의가 상당히 본격적으로 펼쳐진다. 그래서 과학에 발을 디딘 독자에게는 조금 불편하기도 하고 버겁기도 할 것이다. 반면에 철학에 발을 디딘 독자에게는 과학적 내용이 중심이고 철학적 논의는 간략해서 불만스러울 수도 있다. 역시 균형 잡기는 어렵다. 어쩌면 균형이란 갈등의 다른 이름인지도 모르겠다. 이 책이 던지는 가장 철학적인 화두에도 갈등이 등장한다. "우리에게 자유의지가 있다는 느낌과 물리적 세계가 관찰에 대해 독립적으로 실재한다는 믿음을 둘 다 가지고 있는 한, 우리는 갈등할 수밖에 없다. 왜 우리는 그 느낌과 그 믿음을 둘 다 가지고 있을까?"(본문 중). 양자역학에서 새로운 세계관을 읽어내려는 원대한 포부를 바탕에 깔고 있기에 결코 쉽지 않은 이 책이 독자들의 즐거운 탐구와 심오한 갈등을 촉발할 수 있기 바란다.

간섭 interference 干涉

둘 또는 그 이상의 파동이 서로 만났을 때 중첩의 원리에 따라서 서로 더해지면서 나타나는 현상이다. 호수에서 두 개의 물결이 만난다고 생각해 보자. 만나는 지점의 물결파의 높이는 두 물결파 각각의 높이를 더해서 얻은 결과와 같다. 파동의 중첩으로 나타나는 이런 현상을 파동의 간섭이라 한다.

보강간섭과 상쇄간섭: 파장과 진폭이 같은 두 파동이 서로 만나서 마루와 마루 또는 골과 골이 일치하면 파동의 진폭은 원래 파동의 2배가 되고, 세기는 4배가 된다. 이 같은 경우를 보강간섭이라 한다. 이에 비해 마루와 골이 일치하여 파동의 진폭이 0이 되는 경우를 상쇄간섭이라 한다. 보강간섭과 상쇄간섭으로 일정한 무늬가 보이는 것이 간섭무늬이다.

뒤늦은 선택 실험 delayed-choice experiment

존 휠러가 제기한 사고실험으로 이중슬릿을 통과한 대상을 관찰함에 있어서 입자 관찰을 할 것인지, 파동 관찰을 할 것인지, 뒤늦은 선택을 하여 시간의 역진성을 확인하는 실험.

이에 대한 상세한 서술은 김재영의 논문 「역행인과 다시 보기: 뉴컴의 문제, 뒤늦은 선택 실험, 예측가능성 Revisiting Backward Causation - Newcombs Problem, Delayed Choice Experiment, and Predictability」을 참조. 인터넷에서 국회도서관에 회원 가입 후, 위 논문을 검색하여 내려 받아 읽을 수 있다.

불확정성원리|uncertainty principle 不確定性原理

양자역학에서의 기본적인 원리 중 하나로 입자의 위치와 운동량을 모두 정확하게는 알 수 없다는 원리이다. 이 원리는 입자의 에너지와 그 에너지가 지속되는 시간에 대해서도 성립한다. 하이젠베르크의 불확정성원리라고도 한다. 고전역학에 의하면 전자의 위치와 운동량은 전자가 어떤 상태에 있든지 항상 동시 측정이 가능하다고 생각했다. 그 물리량의 측정값이 불확정하다는 것은 측정기술이 불충분하기 때문인 것으로 여겼다. 그러나 양자역학에서는 입자의 위치 x와 운동량 p는 동시에 확정된 값을 가질 수 없고, 쌍방의 불확정성 Δx와 Δp가 $\Delta x \Delta p \geq h/2\pi$(h는 플랑크상수)에 의해 서로 제약되어, 입자의 위치를 정하려고 하면 운동량이 확정되지 않고, 운동량을 정확히 측정하려하면 위치가 불확정해진다.

이러한 견해는 1927년 베르너 하이젠베르크가 발견한 불확정성원리에 의해 정식화되었다. 이 원리의 기본 골격은 입자성을 특징 짓는 위치의 확정성과 파동성을 특징짓는 파장의 확정성은 서로 제약을 받고, 입자성과 파동성이 서로 공존한다는 것이다.

양자역학에서는 한 현상을 설명하는 데는 어느 범위 내에서는 입자의 측면에서 보고, 다른 범위 내에서는 파동의 측면에서 본다. 여러 물리적 양을 측정한 결과가 반드시 확정된 값을 가지는 것이 아니며, 서로 다른 여러 값이 각각 정해진 확률을 가지고 얻어진다는 것이다. 따라서 미시적 세계에서 입자의 위치와 운동량은 동시에 확실하게 결정되지 않고, 불확정성원리가 성립한다.

이 원리는 입자의 에너지 E와 그 에너지가 측정되는 상태의 계속시간 Δt에 관해서도 성립된다. 시간이 길어질수록 에너지를 정확하게 측정할 수 있지만, 짧은 시간 동안만 존재하는 에너지를 측정하려고 하면 에너지의 불확정성

ΔE가 증가하여 $\Delta t\Delta E \geq h/2\pi$라는 관계가 성립된다. 이와 같이 서로 상대방의 측정값을 제약하는 물리량은 양자역학의 입장에서 볼 때 보편적인 것이다. 이런 의미에서 양자역학은 상보적으로 만들어진 이론이며, 고전역학과는 본질적으로 다른 상태개념의 규정과 시간적 변화의 법칙이라고 할 수 있다.

사고실험 thought experiment 思考實驗

머릿속에서 생각으로 진행하는 실험. 실험에 필요한 장치와 조건을 단순하게 가정한 후 이론을 바탕으로 일어날 현상을 예측한다. 실제로 만들 수 없는 장치나 조건을 가지고 실험할 수 있다. 실제의 실험 장치를 쓰지 않고 이론적 가능성에 따라 마치 실험을 한 것처럼 머릿속에서 결과를 유도한다. 실험실에서 실제로 하는 실험에는 여러 가지 오차가 포함되지만, 사고실험에서는 실험을 단순화하여 이상적인 결과를 얻을 수 있다.

그래서 물리량을 정의하는 수단으로서 이용되거나 이론체계 속에 있을 수 있는 모순을 검토하는 데 이용된다. 예를 들어 1N(뉴턴)의 정의는 1kg의 물체를 $1m/s^2$의 가속도로 가속하는 힘의 크기다. 이때 실제로 1kg의 질량을 정확히 재거나 $1m/s^2$의 가속도를 정확히 측정하지 않고서도 머릿속에서 생각하는 것으로도 1N의 크기를 알 수 있다. 20세기 초반에는 여러 가지 사고실험이 고안되어 양자역학의 발달에 이바지했다. 유명한 예로 하이젠베르크 현미경실험이나 슈뢰딩거의 고양이 등이 있다.

아인슈타인의 「EPR」 논문도 사고실험으로, 물리적 실재를 주장하여 양자이론의 불완전성을 공격했다. 이 논증은 존 벨에 의해 물리적 실재성과 분리성을 검증하는 '벨의 부등식' 도출을 위한 사고실험으로 이어지며, 후에 실제실험이 이루어져 양자이론이 옳다는 것이 입증되었다.

상보성 Complementarity 相補性

양자역학에 의하면, 고전물리학의 개념이나 방법의 적용에는 일반적으로 한계를 두어야 한다. 예를 들면 전자의 위치가 확정된 상태에서는 운동량이 완전히 결정되지 않고, 반대로 운동량이 확정된 상태에서는 위치가 결정되지 않는다(불확정성의 원리). 이와 같은 관계에 있는 양이나 개념을 서로 상보적이라고 한다. 원자에서 파동─입자의 이중성은 서로의 모형이 양립될 수 없으며 파동의 개념과 입자의 개념은 상보적이다.

또 현상의 시공적 기술과 인과적 기술도 상보적이라고 한다. 시공적 기술을 위해서는 끊임없는 측정을 계속해야 하지만, 양자역학에 의하면, 측정의 조작은 상태가 연속되지 않는 것에 확률적인 변화를 가져오게 하는 것으로 인과적 기술을 불가능하게 한다. 반대로 측정을 하지 않는 사이의 상태의 변화는 인과적으로는 가능하게 된다. 이와 같이 고전물리학에서 양립하는 두 개의 기술 방법은 한편을 채용하면 또 다른 한편이 성립되지 않는 서로 상보적인 관계이다.

상보성은 닐스 보어에 의해서 사용되기 시작한 용어로서 상보적인 것으로 여러 종류의 항목을 언급하고 있는데, 여기에는 같은 원자계의 현상을 포함할 뿐만이 아니라, 물리적으로 양립 불가능한 실험적 상황에서만 실현될 수 있는 현상을 포함한다.

양자 quantum 量子

어떤 물리량을 그 이상 더 나눌 수 없는 최소의 단위. 에너지양자, 광양자, 작용양자 등이 있다.

양자역학에서 물리량의 고유값이 어떤 최소단위의 정수배가 될 때의 그 최소 단위. 진동수가 ν인 빛의 에너지는 hν(h는 플랑크 상수)의 정수배로 주어진다. 이처럼 물리량의 값이 기초량의 정수배로 주어지는 경우 그 기초량을 양자라 한다. 또 전자기장에 대한 광자, 중간자장에 대한 중간자처럼 장을 양자화할 때 나타나는 입자를 양자라 하기도 한다.

고전물리학에서는 일반적으로 물리량이 연속적인 값을 가진다고 생각했다.

막스 플랑크의 양자 발견은 고전역학에서 양자역학으로 발전해 가는 데 결정적인 사건이다. 막스 플랑크는 공동空洞복사의 분포를 바르게 나타내기 위해서는 빛을 복사하고 흡수할 때 원자의 진동에너지가 연속적이 아니고 hν라는 정수배의 값으로 주어져야 된다고 주장했다.

또 아인슈타인은 빛에너지가 hν의 정수배라고 생각함으로써 비로소 빛의 흡수에 의해 전자를 방출하는 광전효과를 이해할 수 있다고 주장했다.

이들은 모두 에너지의 양자가설이 고전물리학으로는 이해 불가능한 현상에 새로운 이해를 줄 수 있음을 보여주고 있다.

닐스 보어는 그의 원자모형 중에서 수소원자 내 전자의 정상상태를 규정하는 조건으로 양자조건을 제시했다. 이 조건은 전자의 작용, 즉 운동량을 그 좌표에 대해 운동의 1주기에 걸쳐서 적분한 양이 플랑크상수의 정수배가 된다는 형태를 취하고 있다.

중력·전자기력·약력·강력

중력gravitational force : 질량을 갖고 있는 두 물체 사이에 작용하는 힘으로 4가지 기본 힘 중 가장 약한 힘이다.

전자기력electromagnetic force : 전하를 갖고 있는 물체 사이에서 작용하는 힘으로 두 번째로 강한 힘이다. 전기력과 자기력을 묶어 전자기력이라 한다.

약력(약한 핵력weak force): 원자핵의 붕괴에서 나타나는 짧은 거리에서 작용하는 힘으로 세 번째로 강한 힘이다.

강력(강한 핵력strong force): 원자핵을 이루는 양성자나 중성자와 같은 핵자 사이에 작용하는 힘으로 4가지 기본 힘 중에서 가장 강한 힘이다. 이 힘도 핵의 크기 정도의 매우 짧은 거리에서만 작용한다.

우주를 지배하고 있는 기본적인 힘은 중력, 전자기력, 약력, 강력 4가지로 이루어져 있다. 한편 물리학에서는 이 4가지 힘을 통합하려는 시도를 해 왔는데, 그 첫번째 시도는 1867년 전기력과 자기력을 통일한 맥스웰에서 시작된다. 그로부터 오랜 세월이 흐른 후 1967년 와인버그와 살람은 전자기력과 약력을 통일했다. 입자 물리학의 가장 기본적인 모델인 '표준모형이론'은 전자기력과 약력을 하나의 이론으로 묶는 데는 성공했으나, 강력을 제대로 결합하지 못했으며 중력에 대해서는 전혀 언급이 없다.

이후 표준이론에서 더 나아가 전자기력 • 약력 • 강력을 통일시키려는 이론을 '대통일장이론'이라 하며, 여기에 중력을 더한 것이 '초끈이론'이다.

파동함수 wave function 波動函數

양자역학에서 물질 입자인 전자, 양성자, 중성자 등의 상태를 나타내는 양을 말하며 슈뢰딩거의 파동방정식에 의해 얻어진다. 보통 공간좌표 x의 함수 $\psi(x)$라는 형식으로 표시되며, 양자역학의 기초 방정식이다.

슈뢰딩거 방정식은 뉴턴의 운동방정식과는 매우 다른 성질을 가지고 있다. 뉴턴의 운동방정식에 초기 조건을 대입하여 해를 구하면 단 하나의 해가 구해진다. 따라서 해를 구하기만 하면 앞으로 어떤 일이 일어날 지를 정확하게 예측할 수 있다.

그러나 슈뢰딩거 방정식에 초기 조건을 대입하여 방정식을 풀면 하나의 해가 아니라 여러 개의 해가 구해진다. 이런 해들은 각각 다른 물리량을 나타낸다. 다시 말해 원자 속에 들어 있는 전자의 파동함수를 구하면 서로 다른 에너지를 가지는 여러 가지 파동함수를 구할 수 있다. 우리는 전자가 이런 에너지 중의 한 에너지를 가질 것이라고 말할 수 있다. 그러나 그런 에너지 중의 어떤 에너지를 가질지는 알 수 없다.

　　따라서 양자 물리학에서는 슈뢰딩거 방정식을 풀어서 해를 구하는 것보다도 구한 해를 해석하는 것이 더 중요하게 되었다. 슈뢰딩거는 슈뢰딩거 방정식을 풀어서 구한 파동함수는 말 그대로 전자의 파동을 나타내는 파동함수라고 생각했다. 그러나 보른Max Born, 1882~1970은 1926년 10월 파동함수를 확률함수라고 새롭게 해석했다.

　　슈뢰딩거 방정식을 풀어 ε_1이라는 에너지를 가지는 상태를 나타내는 파동함수 Ψ_1, ε_2의 에너지 상태를 나타내는 파동함수 Ψ_2등의 해를 구할 수 있다고 하자. 슈뢰딩거는 Ψ_1은 ε_1의 에너지를 가지는 전자의 파동을, 그리고 Ψ_2는 ε_2의 에너지를 가지는 전자의 파동을 나타낸다고 생각했다.

　　그러나 보른은 Ψ_1은 전자가 ε_1의 에너지를 가질 확률을 나타내고, Ψ_2는 전자가 ε_2의 에너지를 가질 확률을 나타내는 확률함수라고 새롭게 해석한 것이다. 보른에 해석에 의하면 전자가 어떤 에너지를 가질지는 알 수 없지만 어떤 에너지를 가질 확률이 얼마인지는 알 수 있게 된다.

　　현재 물리학계에서는 일반적으로 보른의 해석이 받아들여진다.

| 참고문헌 |

Jim Baggott. *The Quantum Story: A History in Forty Moments*. New York: Oxford University Press, 2011.
An excellent treatment of the turbulent history of quantum mechanics by an author who is not only technically expert in the theory, but one who appreciates its profound implications.

J. S. Bell and Alain Aspect. *Speakable and Unspeakable in Quantum Mechanics*. *2nded*. London: Cambridge University Press, 2004.
The collected papers of John Bell. Most are quite technical. But even these have parts that, with wit, display the insights of the leading quantum theorist of the last half of the twentieth century.

Susan Blackmore. *Consciousness: An Introduction*. New York: Oxford University Press, 2004.
A wide-ranging overview of the modern literature of consciousness from the neural correlates of consciousness, to experimental and theoretical psychology, to paraphenomena. Some mentions of quantum mechanics are included.

Barbara Lovett Cline. *Men Who Made a New Physics*. Chicago: University of Chicago Press, 1987.
This light, well-written history of the early development of quantum mechanics emphasizes the biographical and includes many amusing anecdotes. Since it was originally written in the 1960s, it avoids any signifi -cant discussion of the quantum connection with consciousness. (One of the 'men' is Marie Curie.)

P. C. W. Davies and Julian R. Brown. *The Ghost in the Atom*. Cambridge : Cambridge University Press, 1993.

The first forty pages give a compact, understandable description of 'The Strange World of the Quantum. This is followed by a series of BBC Radio 3 interviews with leading quantum physicists. Their extemporaneous comments are not always readily understandable, but they clearly give the flavor of the mystery they see.

Bernard d'Espagnat. *On Physics and Philosophy*. Princeton, N.J: Princeton University Press, 2006.
An extended, authoritative treatment going deeply into the issues of reality and consciousness raised by quantum mechanics. No mathematical jargon, but not easy reading.

Avshalom C. Elitzuir, Shahar Dolev and Nancy Kolenda, eds, *Quo Vadis Quantum Mechanics?* Berlin: Springer, 2005.
A collection of articles, and transcripts of informal discussions, by leading researchers with an emphasis on the paradoxical aspects of quantum mechanics. Some of the papers are highly technical. But aspects of several are quite accessible and indicate how physics has encountered what seems a boundary of the discipline.

Louisa Gilder. *The Age of Entanglement: When Quantum Physics Was Reborn*. New York: Vintage Press, 2009.
Imagined conversations among the founders of quantum theory, all based on well-documented sources, and real conversations with recent workers. Engaging and easy reading.

David J. Griffiths. *Introduction to Quantum Mechanics*. Englewood Cliffs, N.J: Prentice Hall, 1995.
A serious text for a senior-level quantum physics course. The fi rst few pages, however, present interpretation options without mathematics. The EPR paradox, Bell's theorem, and Schrödinger's cat are treated in an 'Afterword' (The book's front cover pictures a live cat; it's dead on the back cover.)

Stephen Hawking and Leonard Mlodinow. *A Briefer History of Time*. New York:

Random House, 2005.

A brief, easy-to-read, but authoritative, presentation of cosmology, much of it from a quantum mechanical point of view. Metaphysics and God get substantial mention.

Charles H. Holbrow, James N. Lloyd and Joseph C. Amato. *Modern Introductory Physics*. New York: Springer, 1999.

An excellent introductory physics text with a truly modern perspective, including the topics of relativity and quantum mechanics.

Manjit Kumar. *Quantum: Einstein, Bohr, and the Great Debate about the Nature of Reality*. W. W. Norton & Company, 2010.

An authoritative and interestingly written treatment of Einstein-Bohr 'Debate.' Bell's theorem and the continuing debate are more briefly presented.

Robert L. Miller. *Finding Darwin's God: A Scientist's Search for Common Ground between God and Evolution*. New York: Harper Collins, 1999.

A convincing refutation of Intelligent Design that also argues that arrogant claims of some modern scientists that science has disproven the existence of God has promoted antipathy to evolution, both Darwinian and cosmological. Quantum mechanics plays a prominent role in Miller's treatment.

Robert L. Park. *Voodoo Science:The Road from Foolishness to Fraud*. New York: Oxford University Press, 2000.

A brief, cleverly written exposure of a wide range of purveyors of pseudoscience who exploit the respect people have for science by claiming that science gives credence to their particular nonsense.

E. Schrödinger. *What Is Life? and Mind and Matter*. London: Cambridge University Press, 1967.

An older but very influential collection of essays by a founder of quantum theory, including one titled 'The Physical Basis of Consciousness.'